Teubner Studienbücher Chemie

F. Vögtle
Reizvolle Moleküle
der Organischen Chemie

D1722558

Teubner Studienbücher Chemie

Herausgegeben von

Prof. Dr. rer. nat. Christoph Elschenbroich, Marburg
Prof. Dr. rer. nat. Friedrich Hensel, Marburg
Prof. Dr. phil. Henning Hopf, Braunschweig

Die Studienbücher der Reihe Chemie sollen in Form einzelner Bausteine grundlegende und weiterführende Themen aus allen Gebieten der Chemie umfassen. Sie streben nicht die Breite eines Lehrbuchs oder einer umfangreichen Monographie an, sondern sollen den Studenten der Chemie — aber auch den bereits im Berufsleben stehenden Chemiker — kompetent in aktuelle und sich in rascher Entwicklung befindende Gebiete der Chemie einführen. Die Bücher sind zum Gebrauch neben der Vorlesung, aber auch — da sie häufig auf Vorlesungsmanuskripten beruhen — anstelle von Vorlesungen geeignet. Es wird angestrebt, im Laufe der Zeit alle Bereiche der Chemie in derartigen Lernbüchern vorzustellen. Die Reihe richtet sich auch an Studenten anderer Naturwissenschaften, die an einer exemplarischen Darstellung der Chemie interessiert sind.

Reizvolle Moleküle der Organischen Chemie

Von Prof. Dr. rer. nat. Fritz Vögtle

unter Mitarbeit von F. Alfter, J. Böttcher, V. Hautzel, P. Knops, U. Müller, W. Jaworek, A. Ostrowicki, K. Saitmacher, Ch. Seel, G. Sendhoff, N. Sendhoff, L. Rossa, L. Radon, T. Papkalla, U. Wolf, E. Weber

Universität Bonn

Mit zahlreichen Abbildungen

B. G. Teubner Stuttgart 1989

Prof. Dr. rer. nat. Fritz Vögtle

Geboren 1939 in Ehingen/Donau. Studium der Chemie in Freiburg und Chemie und Medizin in Heidelberg. 1965 Promotion (bei Prof. Dr. H. A. Staab) mit der Arbeit »Valenzisomerisierung doppelter Schiffscher Basen«. 1969 Habilitation mit dem Thema »Sterische Wechselwirkungen im Innern cyclischer Verbindungen«. 1969 Professur an der Universität Würzburg. Seit 1975 C4-Professor und Direktor am Institut für Organische Chemie und Biochemie der Universität Bonn.

Das Umschlagbild (A. Ostrowicki, P. M. Windscheif, F. Vögtle) zeigt ein Computer-gezeichnetes Molekülmodell des Kekulens (auf der Grundlage der Röntgen-Kristallstrukturanalyse).

CIP-Titelaufnahme der Deutschen Bibliothek

Vögtle, Fritz:
Reizvolle Moleküle der organischen Chemie / von Fritz Vögtle.
Unter Mitarb. von F. Alfter . . . – Stuttgart : Teubner, 1989
  (Teubner-Studienbücher : Chemie)
  ISBN 3-519-03503-0

© B. G. Teubner Stuttgart 1989

Printed in Germany
Gesamtherstellung: Druckhaus Beltz, Hemsbach/Bergstraße
Umschlaggestaltung: M. Koch, Reutlingen

Vorwort

Grundlage dieses Bandes sind zum einen Vorlesungen an der Universität Bonn, die den Titel "Reizvolle Moleküle der Organischen Chemie", "Moderne Methoden, Reaktionen und Strukturen in der Organischen Chemie", "Neuere Ergebnisse und Probleme der Organischen Chemie", trugen. Zum anderen zeigte die Resonanz auf Zeitschriften-Beiträge "Schöne Moleküle in der Organischen Chemie" [1], daß dieser Bereich der Chemie und die Art der Vermittlung beim Leser Anklang fand. Durch die vor kurzem abgeschlossene Synthese des unsubstituierten Dodecahedrans und neuere Befunde und Erkenntnisse an zahlreichen anderen Molekülskeletten {Pagodan, Dodecahedran, Cuban, Cuben, [1.1.1]Propellan, Biphenylen, Helicene, Circulene, *Tröger*-Base...} wurde die Thematik inzwischen noch aktueller.

Attraktive Moleküle und das "Darumherum" (Historisches, Synthese, Eigenschaften, Spektroskopie, Anwendung...) sind zum Einstieg in die Chemie ebenso gut wie zur Fortbildung und für Seminare geeignet. In Streifzügen durch die Organische Chemie kann der Stoff lebendig gestaltet und mit zahlreichen Querverbindungen versehen werden.

Das Buch war zunächst so angelegt, daß auf die Erörterung einzelner exotischer Moleküle im ersten Teil ein zweiter, ebenso langer Teil über die Aggregation von Molekülen zu "Supramolekularen Strukturen" folgte. Da dieser "Supramolekularen Chemie" nach der Verleihung der Nobelpreise 1987 ein größerer Raum zugestanden werden mußte und da beide Teile zusammen den Rahmen der vorliegenden Studienbuch-Reihe gesprengt hätten, wurden sie getrennt, so daß nun zwei annähernd gleich umfangreiche und aufeinander abgestimmte Bände mit den Titeln *"Reizvolle Moleküle der Organischen Chemie"* und *"Supramolekulare Chemie - Eine Einführung"* vorliegen. Leider mußten wegen der Beschränkung der Seitenzahl bereits fertiggestellte weitere Abschnitte (z.B. über [n]Meta- und -Paracyclophane, [2.2]Metacyclophane, [2.2]Paracyclophane, [2.2]Metaparacyclophane, Bullvalen, Helicale Moleküle, Triphenylmethyl-Kation usw.) ersatzlos entfallen.

Im vorliegenden Band werden demnach reizvolle, interessante und wichtige Moleküle (niedriger Molekülmasse) herausgegriffen und - mit einer motivierenden Einführung meist historischen Inhalts versehen - im Zusammenhang mit dem Umfeld des Gebiets erörtert. Die Diskussion wird in der Regel bis in neuere Forschungsentwicklungen der Primärliteratur ausgedehnt.

Das Buch kann ein Lehrbuch der Organischen Chemie nicht ersetzen. Es ergänzt dieses jedoch, führt zur Vertiefung und Vernetzung von Grundlagenkenntnissen und Disziplinen und weckt Interesse an Besonderheiten von Strukturen, Synthesen und Mechanismen, spektroskopischen und biologischen Eigenschaften, an Denkweisen, Zusammenhängen und an Anwendungen der Chemie. Literaturangaben führen auf fast allen Bereichen der Chemie weiter.

Das Studienbuch besteht aus vergleichsweise kurzen, in sich nahezu geschlossenen Abschnitten über interessante Moleküle und Strukturen. Am Beispiel einer Anzahl von "molekularen Stars" (darunter einige "Supermoleküle", z.b. Superphan) wird versucht, von verschiedenen Ausgangspunkten in die Chemie einzuführen. Natürlich kann dieses "Lesebuch" über organischchemische Moleküle nicht erschöpfend sein. Auch über die Auswahl an Molekülen läßt sich sicherlich diskutieren; der Vorrat ist unbegrenzt. Bewußt wurden große Moleküle und solche mit weitgehend biochemischen Aspekten wie DNA sowie Polymere weggelassen; entsprechende Fragestellungen werden an einigen Stellen lediglich tangiert. Die Auswahl der Moleküle aus verschiedensten Gebieten der Chemie ermöglichte es jedoch, fast alle aktuellen Themen der organischen Chemie anklingen zu lassen.

Nicht jedes Molekül und Thema ließ sich gleich breit oder tief erörtern. Schließlich gibt es zu den verschiedenen Molekülen mehr oder weniger viel und mehr oder weniger wichtige Literatur. Auch die Zitate mußten je nach vorliegenden Fakten mehr oder weniger ausführlich gehalten werden: Wenn neuere Übersichten existieren, wurde in der Regel auf zahlreiche Originalzitate verzichtet. In Fällen, in denen keine neueren Übersichten vorliegen, wurde Originalliteratur z.T. detaillierter angegeben.

Das Buch beginnt mit kleinen, aber nichtsdestoweniger kunstvollen aliphatischen Molekülen und leitet am Ende zu den im erwähnten zweiten Studienbuch behandelten "Supramolekülen" und "Überstrukturen" über (Supramolekulare Chemie). Die Behandlung des *Phthalocyanins* am Ende des vorliegenden Bandes bereitet entsprechende Abschnitte des zweiten Bandes "Supramolekulare Chemie" vor, während das *Bipyridin* am Anfang der "Supramolekularen Chemie" die Molekülthematik des Bandes "Reizvolle Moleküle..." aufgreift und zu den supramolekularen Strukturen weiterentwickelt.

Die einführenden Teile des Buches können ohne große Vorkenntnisse verstanden werden. Mit Vordiplom-Wissen sind weite Teile lesbar. Schließlich bietet es fortgeschrittenen Studenten und Diplomchemikern mit den forschungsrelevanten Teilen am Ende jeden Abschnitts die Möglichkeit, neue Entwicklungen zu erfahren und mit Hilfe der zitierten Literatur Kenntnisse zu vertiefen.

Eine Besonderheit sind die zahlreichen Stereobilder der Moleküle, denen Ergebnisse von *Röntgen*-Kristallstrukturanalysen zugrundeliegen. Eine vergleichbare Sammlung von Raumstrukturen auf diesem Gebiet gibt es bisher kaum, wobei die Bilder überdies oft einen ästhetischen Genuß bieten.

Gedankt sei den Mitarbeitern, die an diesem Buch mitgeholfen haben. Ausser den auf der inneren Umschlagseite erwähnten Mitarbeitern und Prof. Dr. *E. Weber* (Bonn) haben zeitweilig beigetragen: *R. Baginski, R. Berscheid, S. Billen, J. Breitenbach, W. Bunzel, N. Eisen, R. Hochberg, E. Koepp, K. Meurer, K. Mittelbach, K.-H. Neumann, H. Schrage, A. Schröder, A. Wallon, P. M. Windscheif, D. Worsch.* Der Fa. *E. Merck* AG, besonders Herrn Dr. *R. Klink* (Darmstadt), sei für die Erlaubnis zur Übernahme des noch stark überarbeiteten und ergänzten Abschnitts "Platonische Kohlenwasserstoffe" aus der Zeitschrift "Kontakte" [1] gedankt. Herrn Dr. *E. Keller,* Freiburg, danke ich für die Überlassung des Computerprogramms "Schakal", den Herren Dr. *R. Hundt* und Dr. *R. Sievers* für Programmierhilfen. Herrn Prof. Dr. *H.-H. Hopf,* Braunschweig, bin ich für Verbesserungsvorschläge, dem Teubner-Verlag, besonders Herrn Dr. *P. Spuhler,* für die intensive Betreuung dankbar.

Bonn, im Sommer 1989   F. Vögtle

Modifiziert nach S. Misumi (Chemistry Today Nr. 78, S. 12, 22, Tokyo Kagaku Dozin 1977) von F. Vögtle, A. Schröder (Computer−Zeichnung, AutoCad−Programm)

Inhaltsverzeichnis

1 Einführung: Reizvolle Strukturen und Symmetrie

1.1 Reizvolle Strukturen in den Naturwissenschaften

Der Mensch hat sich schon immer nicht nur dafür interessiert, was "die Welt im Innersten zusammenhält", sondern auch, wie deren Bausteine im Raum angeordnet und zusammengesetzt sind. Die *Symmetrie* als Harmonie der Proportionen hat Generationen von Menschen nicht nur bei den in Abb.1 gezeigten *Platonischen Polyedern*, mit deren Behandlung das Buch beginnen soll (Abschnitt 2), fasziniert. Sie ist eines der fundamentalsten Prinzipien der Naturwissenschaften und außerdem *"eine der Ideen, mit denen die Menschheit durch die Jahrhunderte versucht hat, Ordnung, Schönheit und Perfektion zu verstehen und neu zu schöpfen"* (Weyl) [3]. Die Faszination von geometrisch ästhetisch, manchmal exotisch anmutenden Strukturen hat auch die Chemiker häufig inspiriert. Es wurde sogar postuliert [3e], daß die Kreativität im Denkprozeß ganz allgemein durch die Geometrie gelenkt wird. *"Wer die Geometrie begreift, vermag in dieser Welt alles zu verstehen"*, schrieb schon Galilei [3g].

a)

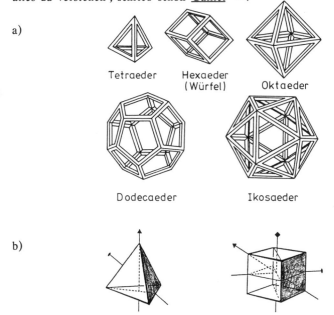

Tetraeder

Hexaeder
(Würfel)

Oktaeder

Dodecaeder

Ikosaeder

b)

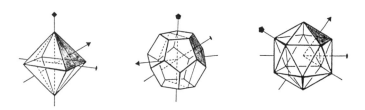

Abb.1. **Platonische Körper.** a) plastisch. Die exakte Konstruktion dieser regulären Gebilde wird *Theaitetos,* einem Schüler und Freund *Platons,* zugeschrieben. b) Mit eingezeichneten charakteristischen Symmetrieelementen (Symbole)

Platon sah in den regulären Polyedern die Grundelemente einer geometrischen Theorie der Materie, die in seinem Dialog *"Timaios"* skizziert ist (Feuer, Erde, Wasser, Luft). *Kepler* verknüpfte in seinem Buch "Mysterium

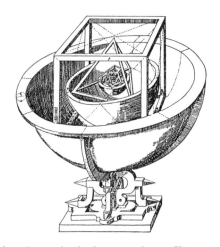

Abb.2. Die ineinandergeschachtelten regulären Körper aus *Keplers* "Weltgeheimnis". Die Kugelschalen entsprechen Planetenbahnen. Deren Abstände sind gerade so groß, daß jeweils einer der fünf "Platonischen Körper" dazwischen paßt. Zwischen die Sphäre des Saturn setzte *Kepler* den Würfel, danach folgen nach innen Tetraeder, Dodecaeder, Ikosaeder und schließlich, zwischen Venus und Merkur, das Oktaeder

Cosmographicum" die **Polyeder** mit der "harmonischen" Anordnung der Planeten im Kosmos. Stellt man die fünf *"platonischen Körper"* so ineinander, daß die umschreibende Sphäre des einen mit der einbeschriebenen Sphäre des nächsten zusammenfällt, so erhält man mit diesen Sphären die relativen Abstände der Planeten: Zwischen **Tetraeder** und **Kubus** der Merkur, zwischen Kubus und **Oktaeder** die Venus und so weiter. *Kepler* glaubte damit das Geheimnis der Welt gefunden zu haben.

Geometrische und symmetrische Strukturen spielen naturgemäß in der Mathematik eine Rolle. Vor 100 Jahren wurden Modelle mathematisch beschriebener Flächen oft in Gips oder Holz körperlich dargestellt. Abb.3 zeigt das Modell einer **Diagonalfläche** von *Clebsch*, das 1878 von *Rodenberg* aus Gips modelliert worden war. Auf den krummen Flächen gibt es exakt 27 gerade Linien, keine einzige mehr. Solche Modelle sind oft nicht nur ästhetisch, sondern veranschaulichen eindrucksvoll mathematische Begriffe.

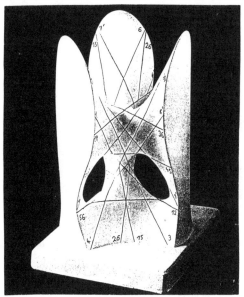

Abb.3. Gips-Modell einer Diagonalfläche von *Clebsch* [4]

Das Bild zeigt einen Abguß, in dessen Original die Geraden in drei verschiedenen Farben ausgezogen sind (die Farben konnten hier nicht wiedergegeben werden; sie lassen sich aus den Zahlen ableiten): Sechs rote Geraden sind markiert mit 1 bis 6; sechs grüne Geraden mit 1' bis 6' und die restlichen 15 schwarzen Geraden haben zweistellige Nummern ij, wobei $1 \leq i \leq j \leq 6$.

Wie sich die Geraden gegenseitig schneiden, erscheint auf den ersten Blick unübersichtlich, da im Modell nicht alle Schnittpunkte sichtbar sind. Folgende Regeln gelten dabei:

- Rote Geraden schneiden einander nicht, ebensowenig die grünen.
- Eine rote Gerade i schneidet alle grünen Geraden außer i' und umgekehrt.
- Eine schwarze Gerade ij schneidet: von den roten i und j, von den grünen i' und j' und von den schwarzen alle diejenigen Geraden kl, für die k und l von i und j verschieden sind. Schneidet man die abgebildete Fläche mit einer beliebig in den Raum gelegten Geraden, so beträgt die Höchstzahl der Schnittpunkte drei.

Heute übernimmt der Computer die graphische Darstellung mathematischer Beziehungen in Form von Kurven und Flächen. Die Computergraphik in Abb.4 zeigt als Beispiel den Übergang von einer **Ketten-** zu einer **Wendelfläche.**

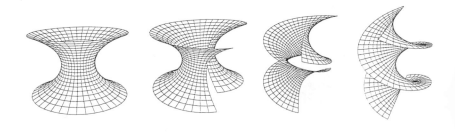

Abb.4. Längentreue Verbiegung zweier Minimalflächen: Das **Katenoid**, eine **Kettenfläche** (links) wird zum **Helikoid**, einer **Wendelfläche** (rechts) verbogen [3d]

In der Chemie werden heute Ergebnisse von *Röntgen*-Kristallstrukturanalysen graphisch wiedergegeben. Davon wird in diesem Buch viel Gebrauch gemacht werden (vgl. z.B. Abb.2, Abschnitt 2.1; Abb.1 und 4, Abschnitt 2.2; Abb.1, Abschnitt 2.3 usw.). In der Theoretischen Chemie dienen Computergraphiken z.B. zur Illustration der Hybridisierung von Atomen (Abb.5) [5] und von **Molekülorbitalen** [6].

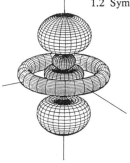

<u>Abb.5.</u> "Gestalt" des $4d_{z^2}$-Atomorbitals [5]

Harmonische Gebilde sind wie in den Wissenschaften auch in anderen Gebieten wesentliche Bestandteile, z.B. in den Künsten. Dieses Thema kann hier nur gestreift werden:

1.2 Symmetrie in der Kunst

*"Die einfachste Form der **Symmetrie** geht aus der Spiegelung an einer Geraden hervor. Es ist die 'rechts-links'- oder bilaterale Symmetrie, die besonders häufig auch bei den höheren Lebewesen vorkommt. Sie hat in der*

<u>Abb.6.</u> "Kleiner und Kleiner" (1956) von *Maurits Cornelius Escher* (1898-1972) [8]. (Copyright 1989 M. C. Escher Heirs/Cordon Art - Baarn - Holland)

Kunst... bis in die Moderne, etwa in den periodischen Zeichnungen von Maurits Cornelius Escher (siehe Abb.6, 7, 9), *ein variationsreiches Echo gefunden.* " [8,9]

Abb.7. *M. C. Escher:* Spiralen (1953) [8]. (Copyright 1989 M. C. Escher Heirs/Cordon Art - Baarn - Holland)

Die "Quadratur des Kreises" wird durch Abb.8 illustriert. Im 'Rosarium Philosophorum', einer alchimistischen Schrift des 17. Jahrhunderts, steht: *"Bilde aus Mann und Weib einen Kreis, aus diesem ein Viereck, daraus ein Dreieck und wieder einen Kreis, und du hast das Magisterium."* Die Versöhnung der Geschlechter als Quadratur des Zirkels.

Abb.8. Die "Quadratur des Kreises" (*Michael Maier*, 1618) [10]

1.3 Symmetrie, Symmetriebrüche, Paritätsverletzung

Auf die *Symmetrie* sei im folgenden näher eingegangen; <u>Schön</u> [11] um-
schreibt sie so: *"Was ist überhaupt Symmetrie? Da sind sich nicht einmal
die Nachschlagewerke einig. Vom Gleich- und Ebenmaß bis zur harmonischen Zuordnung mehrerer Teile reichen die Definitionsversuche, von spie-
gelbildlicher Gleichheit bis zur räumlichen und zeitlichen Wiederholung
gleicher Elemente. Im übertragenen Sinn steht der ursprünglich mathematische Begriff für Harmonie, Ordnung und Vollkommenheit, aber auch
für formelhafte Leere und autoritären Machtanspruch"* ... *"Symmetrie, sagen
die Symmetrie-Forscher, ist ein Sinnbild von Dauer und Ewigkeit, bietet Si-
cherheit im Tausch gegen Zufall und Vergänglichkeit. Und den Sinnen, wie
praktisch, prägen sich gesetzmäßig organisierte Formen wie Stempel ein. So
kommt es - und dies ist sicher die harmloseste Anwendung symmetrischer
Gestaltungsprinzipien -, daß Verkehrsschilder nicht vergeblich Aufmerk-
samkeit heischen."*
*"Der Autofahrer, der dank eines rot umrahmten Dreiecks freie Fahrt ge-
nießt, verdankt sein Privileg dem legendären Pythagoras und seiner Erkenntnis, daß die Welt aus Zahlen besteht. Die Griechen haben ja dem
Phänomen den Namen gegeben, daß der Mensch zwei Arme, Beine und
Hirnhälften besitzt, Blüten rund oder sternförmig wachsen und Bienen regelmäßige Waben bauen - "syn" und "metron" bedeutet das Zusammengemes-
sene oder das richtig Bemessene. Als erste stießen die Griechen auf ein
durchgehendes Ordnungsprinzip der Natur, das Gesetzbuch des Kosmos,
dessen Regeln bald auch die Philosophie und die schönen Künste gehorch-
ten: Ohne den richtigen Abstand der Gestirne voneinander kein Weltgefüge;
ohne eine ausbalancierte Gesellschaft Maßlosigkeit und Destruktion; ohne
ein ausgewogenes Temperament Unglück und Verzweiflung. Aber daraus
konnte noch nicht die abendländische Kultur erwachsen. Das glückte erst,
als Griechenland die Harmonie der Bewegung erfand, den im Ebenmaß zu
erstarren drohenden Kyros mit Stand- und Spielbein ins Leben entließ. Der
Diskuswerfer als Inbegriff von gespannter Ruhe und gebändigter Energie -
da beginnt wohl die hohe Schule symmetrischer Form."* ... *"Erstaunlich ist,
wie die Sehnsucht nach Harmonie und Stabilität (wie auch die aus Über-
druß erwachsenden Gegenreaktionen) alle Epochen miteinander verzahnt.
Die Korrespondenz von Innenwelt und Außenwelt bei Caspar David Fried-*

rich findet sich wieder in den abstrakten Andachtsbildern Mark Rothkos, der stille Morandi scheint eine Lobpreisung Xenophons (430-355 v.Chr.) sorgfältig aufgestellter Töpfe zu illustrieren: 'So sieht auch alles übrige schön aus, wenn es in Ordnung steht.'"

"Nicht nur geben sich frontal aufgerichtete Herrscher und Götter aus aller Welt als enge Verwandte aus dem Geist pathetisch-repräsentativen Herrschaftswillens zu erkennen. Darüber hinaus verschwistert die symmetrische Gestaltung fast alle Kulturen, die primitiven wie die hoch entwickelten: Weiter kann sich der Bogen kaum spannen als von der raffinierten Ornamentik des Islam bis zu den phantastischen Dekorationen der Südsee-Völker.

Im dickleibigen Katalog endlich versammeln sich Natur- und Geisteswissenschaften zum interdisziplinären Diskurs: Die Symmetrie als universelle Formkraft wird zum gemeinsamen Thema von Philosophie, Physik, Biologie, Mathematik, Technologie, Hirnforschung, Kristallographie, Musikwissenschaft, Literaturwissenschaft, Ethnologie, Archäologie und Kunstgeschichte."

<u>Eigen</u> und <u>Winkler</u> schreiben in der Monographie 'Das Spiel' [7] über **Symmetrie**: *"Die ursprüngliche Bedeutung des Wortes 'symmetros' ist 'ebenmäßig', 'wohlproportioniert', 'harmonisch'. Wie besonders das letztgenannte Synonym erkennen läßt, waren damit keineswegs allein Erscheinungen angesprochen, die sich auf den geometrischen Raum beschränken. Heute verbinden wir mit dem Symmetriebegriff eher einen abstrakt-mathematischen Sinn. Er hat ebenfalls seine Wurzel in der Naturbeobachtung der Griechen."*

"Eine Abhandlung über Form und Gestalt ohne einen Exkurs über die Symmetrie wäre eine Reise durch die Kunstlandschaften Italiens ohne einen Abstecher nach Florenz. Kaum ein Phänomen hat auf die Gelehrtenwelt eine ähnliche Faszination ausgeübt wie das der Symmetrie. 'Die letzte Wurzel der Erscheinungen ist das mathematische Gesetz' - schwärmt <u>Werner Heisenberg</u> - *'das fundamentale Symmetrieoperationen, wie zum Beispiel Verschiebung im Raum oder in der Zeit, definiert und damit den Rahmen bestimmt, in dem alles Geschehen stattfinden kann.' Formen und Gestalten der unserer Sinneswahrnehmung zugänglichen Welt sind aber keineswegs überwiegend von Symmetrie geprägt. Ja, selbst im Kristall, dem Inbegriff von Symmetrie, ist diese noch der Laune des Zufalls ausgesetzt. Betrachten wir nur die zauberhafte Vielfalt der Erscheinungsformen von Schneeflocken."*

"In seinem Buch 'Symmetry' vermittelt <u>Weyl</u> tiefste Einsicht in eben diesen Begriff, seine Begründung durch die Gruppentheorie, seine Auswirkungen

auf die Physik, Chemie und Biologie wie auch seine Offenbarung in der Kunst." "Hermann Weyl schrieb in seinem Buch 'Symmetry': 'So wie ich sehe, haben alle a-priori-Behauptungen in der Physik ihren Ursprung in Symmetrie'. Das Platonische Konzept sieht in der Symmetrie einer Relation ihre letzte Ursache. Symmetriebrüche deuten auf Lücken in unserem Verständnis fundamentaler Zusammenhänge hin. In den Strukturen der Wirklichkeit offenbart sich Symmetrie a posteriori. In der belebten Natur - wie auch im Spiel - tritt sie nur dann in Erscheinung, wenn sie durch selektive Vorteile ausgewiesen ist." [7]

"In der statistischen Physik wird der Symmetriebegriff häufig in einem Sinne verwandt, der im vorliegenden Zusammenhang leicht zu Mißverständnissen führen könnte. Wenn in einer statistischen Verteilung keinerlei räumliche Korrelation ausgezeichnet ist, pflegt man sie vollkommen symmetrisch zu nennen. So würde der Kristall, in dem bestimmte Abstände und Richtungen ausgezeichnet sind, erst durch 'Symmetriebruch' aus der homogenen Verteilung hervorgehen. Natürlich kann diese vollkommene Symmetrie der regellosen Verteilung nur im Raum- *oder* Zeitmittel *erfüllt sein. Jede individuelle Verteilung zu einem gegebenen Zeitpunkt wäre 'unsymmetrisch', während die iterativ-symmetrische Anordnung der Bausteine im Kristall auch in der individuellen Verteilung stets erhalten bleibt."* [7]

Der in Abb.9. gezeigte Holzschnitt *Eschers* - "Sterne" - versinnbildlicht, ohne daß Escher dies wissen konnte, Erkenntnisse der modernen Physik:

Abb.9. *M. C. Escher:* "Sterne" (1948) (Copyright 1989 M. C. Escher Heirs/ Cordon Art - Baarn - Holland)

Die Symmetrie erwies sich als Wurzel der Naturgesetze, als Grundlage der Elementarteilchen, der zwischen diesen wirkenden Kräfte und der Geschichte des Kosmos. Die Suche nach der - allem zugrundeliegenden - Ur-Symmetrie beschäftigt die Elementarteilchen-Physiker. Vielleicht ist sie der Schlüssel zu den innersten Geheimnissen der Materie. Birgt die Symmetrie die Weltformel?

So ist es zu verstehen, daß im Chaos des Urknalls höchste Symmetrie geherrscht haben soll. *"Für etwa 10^{-43} Sekunden erfüllte die Materie den Raum in ihrer vollen, ihr innewohnenden Symmetrie. Danach brach Stück für Stück davon zusammen: Ursprung der heutigen Vielfalt, mit der uns die Natur erscheint."* [12]

Das größte Chaos ist also genauso symmetrisch wie das fiktive Nichts. *"Eine Kugel besitzt die höchste für endliche Gebilde mögliche Symmetrie. Auch wenn sie - etwa als Wassertropfen - aus Molekülen in ständiger chaotischer Bewegung aufgebaut ist. Der kugelförmige Wassertropfen ist symmetrischer als der Schneekristall, aus dem er vielleicht durch Schmelzen entstanden ist. Denn der Tropfen geht bei Drehungen um beliebige Winkel in sich über. Um aber einen Schneekristall mit sich zur Deckung zu bringen, kann man ihn nur um Winkel drehen, die Vielfache des Winkelabstands identischer Bauteile sind: 60, 120, 180, 240, 300 und - natürlich - 360 Grad. Ein Kreis hat größere Symmetrie als ein gleichseitiges Sechseck und dieses wiederum höhere Symmetrie als ein gleichseitiges Dreieck, wobei jede der Symmetrien in der vorhergehenden enthalten ist. Drehungen - um beliebige Winkel beim Kreis, um Vielfache von 60 Grad beim Sechseck und um Vielfache von 120 Grad beim Dreieck - sind nicht die einzigen Transformationen, die diese Objekte unverändert lassen. Auch Spiegelungen sind möglich. Verschiebung, Drehung und Spiegelung - das sind die klassischen **Symmetrietransformationen.**"* [12,13]

*"Das Beispiel der Kristalle zeigt, wie mächtig das Instrument Symmetrie ist: Die möglichen **Kristallstrukturen** folgen allein aus der Symmetrie, sie sind unabhängig von den Kräften, die die Kristalle zusammenhalten. Erst wenn man wissen will, welcher Stoff in welcher Struktur kristallisiert, benötigt man Kenntnise über das Verhalten der Atome.*

Symmetrien erlauben also eine Klassifizierung, die über den konkreten Einzelfall, über das spezielle Modell hinaus Gültigkeit hat.

Neben den rein räumlichen gibt es weitere Symmetrien, die für das Verständnis der modernen Physik von entscheidender Bedeutung sind: die 'inneren' Symmetrien.

*Das chinesische Symbol des **Yin-Yang** ist ein Beispiel hierfür. Es ist ein Kreis, zusammengesetzt aus zwei gleichen, ineinander geschlungenen Trop-*

fen verschiedener Farbe, Yin und Yang. Die geometrische Form des Yin-Yang ist symmetrisch bezüglich einer Drehung um 180 Grad. Dabei vertauschen sich jedoch die Farben: Aus Yin wird Yang, aus Yang wird Yin. Die ursprüngliche Gestalt bleibt nur dann gewahrt, wenn man zusätzlich zur Drehung auch die Farben vertauscht. Jeder Punkt des Symbols hat eine Farbe, eine 'innere', nicht räumlich-geometrische Eigenschaft." [12]

Abb.10. Das **Yin-Yang-Symbol**; es demonstriert eine "**Farbsymmetrie**". Bei Drehung um 180 Grad und Vertauschung der beiden Farben geht es in sich über [12]

"Analog ist ein Elementarteilchen von anderen Elementarteilchen durch innere Eigenschaften unterschieden, zum Beispiel seine elektrische Ladung" (Elektron/Positron).

Andere innere Eigenschaften sind die Zeit (Zeitumkehr) und die **Parität** (räumliche Spiegelung). Diesen drei Gedankenoperationen hat man wegen ihrer Bedeutung eigene Symbole gegeben: C für Ladungs-Konjugation (Charge), T für Zeit-Umkehr (Time), P für Parität (Parity).

"C, P und T sind nur gedankliche Konstruktionen, denn die Materie läßt sich nicht wirklich gegen Antimaterie austauschen, das All nicht wirklich spiegeln und die Zeit nicht wirklich umkehren. Man kann aber die Frage stellen: Wie sähe die Welt aus, wenn man eine der drei Operationen durchführen könnte? Wäre die entstehende Welt mit den physikalischen Gesetzen unserer Welt vereinbar? Mit anderen Worten: Sind die Naturgesetze symmetrisch bezüglich C, P und T oder nicht?

Die gefühlsmäßige Antwort wird lauten: ja. Denn das Links scheint dem Rechts grundsätzlich gleichwertig. Ebenso die Materie der Antimaterie, die sich ja nur durch Ladungsvorzeichen von ihr unterscheidet. Bei der Zeitumkehr dagegen scheint das Gegenteil richtig: Vergangenheit und Zukunft scheinen streng unterschieden, die Richtung der Zeit eindeutig ausgezeichnet zu sein." [12]

"Heute ist experimentell gesichert, daß weder C noch P, noch die Kombina-

*tion beider, CP, 'gute' **Symmetrien** sind. Alle drei sind bei bestimmten fundamentalen Prozessen verletzt. Diese Entdeckungen wurden 1957 und 1980 mit Nobelpreisen ausgezeichnet."*

*"Als Konsequenz kann auch die Zeitumkehr T keine gute Symmetrie sein, denn die Kombination aller drei Operationen - CPT - ist eine der sichersten **Symmetrien der Physik** überhaupt. Sie läßt sich unter sehr allgemeinen Annahmen beweisen. Gerhard Lüders und Wolfgang Pauli stellten dieses 'CPT-Theorem' in den fünfziger Jahren auf."*

*"Die Ladungskonjugation läßt sich als Vorschrift verstehen, eine Teilchenart in Gedanken in eine andere umzuwandeln - Elektronen in Positronen zum Beispiel. Könnte man nicht ganz allgemein versuchen, die verschiedenen Teilchenarten mit ihren Wechselwirkungen durch Symmetrieoperationen auseinander abzuleiten? Vielleicht sogar alle aus einer einzigen zu gewinnen? Genau dies ist das Ziel der heutigen **Elementarteilchen-Physik**. Manche glauben, ihm nahe zu sein."* [12)]

Symmetrie klassifiziert nicht nur die Teilchen, bringt sie in ein Ordnungsschema wie Kristalle, sondern legt darüber hinaus die zwischen ihnen wirkenden Kräfte fest und fixiert damit die Naturgesetze. *"Um dies nachvollziehen zu können, sind allerdings zwei weitere Verständnisschritte notwendig: die Idee der **lokalen Symmetrie** und der **Mechanismus des Symmetriebruchs**."* [12)]

Auf diese Begriffe können wir im Rahmen dieses Buches nicht weiter eingehen. Wir verweisen auf Spezialliteratur [12,13)] und schließen diesen Exkurs mit dem Hinweis, daß bei der Entstehung des Universums nahezu eine Symmetrie zwischen Materie und Antimaterie bestanden haben kann. Ein leichter Überhang an Materie könnte letztlich zur Entstehung der Sterne und des Lebens geführt haben. *"Im großen gesehen sind wir (unser Kosmos) aber nur eine flüchtige Zufallserscheinung - ermöglicht durch den **Bruch von Symmetrien**."* [7,12)]

Auf eine für die Chemie wichtige Besonderheit im Zusammenhang mit **Symmetrie und Chiralität** [14)] sei noch kurz eingegangen: die Paritätsverteilung als mögliche **Ursache der optischen Aktivität** von Naturstoffen [15)].

"Die Entdeckung der 'Paritätsverteilung' bei der schwachen Wechselwirkung durch Lee und Yang (1956) offenbarte eine inhärente Dissymmetrie der physikalischen Welt. Im Gegensatz zu den anderen fundamentalen Wechselwirkungen (Gravitation, elektromagnetische und starke Wechselwirkung) kann die schwache Wechselwirkung zwischen links- und rechts-'händigen' Objekten unterscheiden.

Man bringt die schwache Wechselwirkung im allgemeinen mit subatomaren Phänomenen in Verbindung, doch wirkt sie ebenso zwischen Protonen, Neutronen und Elektronen, den Bestandteilen von Atomen und Molekülen. Das hat zur Folge, daß sie die Eigenschaften von Atomen und Molekülen in einer Weise modifiziert, die man üblicherweise für unmöglich hält. Beispielsweise wurde bei Atomen von Bismut und anderen schweren Elementen eine schwache optische Aktivität beobachtet - eine Eigenschaft, die man normalerweise nur bei chiralen Molekülen erwartet.

*Konventionell werden für die beiden enantiomeren Formen eines chiralen Moleküls exakt **spiegelbildliche Eigenschaften** angenommen. Beispielsweise schreibt man beiden dieselbe Energie zu, dieselben Bindungslängen und -winkel, und man geht davon aus, daß sie unpolarisiertes Licht im selben Maße absorbieren und die Ebene von polarisiertem Licht um denselben Betrag drehen - nur eben, wegen der Spiegelsymmetrie, in entgegengesetzte Richtung. Doch die schwachen Wechselwirkungen, die bei diesen Enantiomeren auftreten, haben zur Folge, daß diese Äquivalenz nicht länger exakt gilt. Die beiden Enantiomere haben nicht mehr allgemein exakte Spiegelbildstrukturen, wenn auch solche 'paritätsverletzenden Strukturunterschiede' nur einen kleinen Effekt zweiter Ordnung darstellen, verglichen mit den fundamentalen 'paritätsverletzenden Energieunterschieden'."* [15)]

Derzeit läßt sich aussagen [15)], *"daß die bisher durchgeführten ab-initio-Berechnungen klar zeigen, daß die irdische homochirale Biochemie eine direkte Folge der **Paritätsverletzung bei schwachen Wechselwirkungen** sein kann."*

1.4. Reizvolle Strukturen in der Chemie

Im vorliegenden Buch hoffen wir zeigen zu können, daß die Frage: "Gibt es
reizvolle Moleküle (Strukturen) in der organischen Chemie?" mit ja beantwortet werden kann: Moleküle können nicht nur geometrisch, symmetrisch
reizvoll sein, harmonisch, schön anzusehen, sondern auch Eigenschaften aufweisen, die faszinierend sind. Zweifelsohne hat die Zuordnung "reizvolles
Molekül" subjektiven Charakter. "Schön" kann einerseits als Synonym für eine ästhetische Molekülgestalt, für ein durch Symmetrieelemente bedingtes
ornamentartiges Aussehen verwendet werden; es bezieht sich somit auf die
statische Stereochemie des Moleküls. Solche aufgrund ihrer Gestalt die
menschliche Wahrnehmung ansprechenden "formschönen" Moleküle finden
sich mehr oder weniger ausgeprägt in fast allen Verbindungstypen der organischen Chemie [16]: bei den Kohlenwasserstoffen oder den Heteroverbin-
dungen, bei acyclischen oder cyclischen, aromatischen oder nichtaromatischen
und bei achiralen und chiralen Gerüsten, bei synthetischen und Biomolekülen wie auch bei Orbitalen, Kristallgittern und - nicht zuletzt - bei den *supramolekularen Strukturen*, die im daran anknüpfenden Band: *"Supramolekulare Chemie - eine Einführung"* [17] behandelt sind. Gemeinsam ist solchen
auffallenden Strukturen oft ihre Bezeichnung mit Trivialnamen, die häufig
auf das strukturelle Aussehen oder die *Symmetrie* - in ihrem ursprünglichen
Sinne "ebenmäßig, wohlproportioniert, harmonisch" (s.o.) - anspielen.
Neben den platonischen gibt es aber noch eine Reihe weiterer Molekül-
strukturen, die wegen ihrer ornamentartigen Gestalt bestechen. Die Trivialnamen spielen auf diese Besonderheiten der Form an. Sie vermitteln auch
dem in der Chemie nicht Bewanderten einen Eindruck von der Klarheit und
Schönheit der "Mikro-Architektur" der Chemie.
Die Überschrift "Reizvolle Strukturen" kann andererseits auch mehr im Sinne von exotischen, ungewöhnlichen Molekülen verstanden werden. Diese Ad-
jektive können sich auch auf die Eigenschaften und die Synthesen ausdeh-
nen. Die Darstellung einer ungewöhnlichen Verbindung war und bleibt eine
Herausforderung für den präparativ arbeitenden Chemiker, die ein Höchst-
maß an Intellekt und wissenschaftlicher Geschicklichkeit erfordert [3e]; auf
dem Wege dorthin wurden häufig neue Synthesemethoden entwickelt, deren
Eleganz und Anzahl oft schon das besondere Interesse an gerade diesem
Molekül zeigt.

In *"exotischen Verbindungen"* treten bestimmte Eigenschaften oft stärker hervor als bei "normalen" Molekülen. Sie erlauben daher manchmal besondere Einblicke in elektronische, sterische und andere Effekte: Aromatizität, Antiaromatizität, sterische Überhäufung, extreme Stabilität/Reaktivität, Symmetrie, Farbe, Fluoreszenz, chiroptische Eigenschaften etc.

Da die Begriffe "reizvoll/schön" im Molekülbereich vielfältig deutbar sind, kann eine objektive Auswahl von attraktiven Molekülen kaum getroffen werden. Sicher wird man auch seltene, kompliziert oder ungewöhnlich gebaute Naturstoffe als exotisch bezeichnen. Die Auswahl dürfte hier wie dort nicht leicht sein. In jedem Fall können diese Verbindungen beispielhaft für verschiedene molekulare Besonderheiten sein (z.B. hohe Symmetrie, elektronische Effekte, sterische Spannung, intra- und intermolekulare statische und dynamische Stereochemie) und einen Einblick in Synthesestrategien sowie in Zusammenhänge zwischen Struktur und Eigenschaften geben. Sie sind oft Prüfsteine und Anwendungsobjekte für Theorien und Methoden der Chemie gewesen. "Starmoleküle" wie die unten aufgeführten vermitteln Informationen über außergewöhnliche Chemie: ungewöhnliche Syntheseschritte und Synthesefolgen, molekulare Symmetrie oder Spannung, Reaktivität, Mechanismen ihrer Bildung oder ihres Zerfalls.

In diesem Buch sollen aus der Vielfalt der in Frage kommenden Verbindungen vorwiegend jene vergleichsweise niedermolekularen ausgewählt werden, deren Molekülskelett ohne Substituenten schon reizvoll ist und deren Synthese neueren Datums ist oder die wieder in den Blickpunkt des Interesses geraten sind. In den letzten Jahren hat die Suche nach solchen "idealen" Verbindungen ("highlights") einen Höhepunkt erreicht ("Moleküle des Jahres"). Außerdem sollen beispielhaft Zusammenhänge zwischen Struktur und Eigenschaften aufgezeigt werden, und wie die Darstellung eines solchen molekularen Gebildes geplant und schrittweise durchgeführt wird.

Nicht zuletzt jedoch sollte allein das Betrachten der ausgewählten Strukturen (molekulare und supramolekulare) [17] das Herz jeden Chemikers und Naturfreunds erfreuen. Der Raumeindruck wird unterstützt durch die dreidimensional wahrnehmbare stereoskopische Wiedergabe. Abb.11 bringt zur Einstimmung Beispiele aus der langen Liste jener "exotischen" Moleküle [18], von denen einige auch im Kapitel mit dem bezeichnenden Titel *"A Potpourri of Pathologies"* des Buches von *Greenberg* und *Liebman* ("Strained Organic Molecules") [19] zu finden sind.

Strukturen dieser Art dürften auch dem in der Chemie weniger Bewanderten einen Eindruck von der Schönheit der Natur auf molekularer und supra-

molekularer Ebene vermitteln und damit auf einen Aspekt der Naturfor-
schung hinweisen, der heute im Zuge einer gewissen Wissenschaftsfeindselig-
keit leicht übersehen wird.

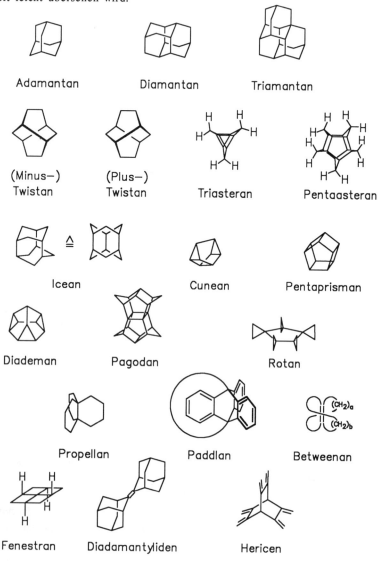

Adamantan   Diamantan   Triamantan

(Minus−)   (Plus−)
Twistan   Twistan   Triasteran   Pentaasteran

Icean   Cunean   Pentaprisman

Diademan   Pagodan   Rotan

Propellan   Paddlan   Betweenan

Fenestran   Diadamantyliden   Hericen

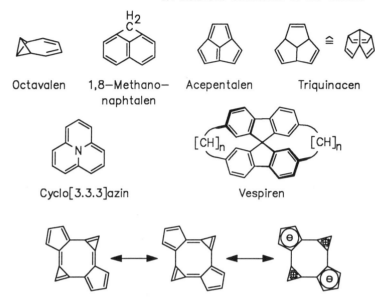

Octavalen   1,8—Methano—   Acepentalen   Triquinacen
             naphtalen

Cyclo[3.3.3]azin   Vespiren

Cyclobicalicen

<u>Abb.11</u>. Eine Auswahl reizvoller Molekülstrukturen (alle diese Molekül-
gerüste sind bereits hergestellt worden)

Obwohl also bereits zahlreiche exotische Moleküle synthetisiert werden
konnten, sind der Phantasie der Chemiker noch viele weitere Vorschläge
entsprungen, deren Verwirklichung noch auf sich warten läßt. Einige Beispiele gibt <u>Abb.12</u>, weitere sind leicht zu finden. Gelegentlich sind sie auf Lehr-
buch-Umschlagseiten als Blickfang, "Gallionsfigur", "Highlight" und Herausforderung zugleich aufgelistet.

Israelan   Helvetan   Swisscrossan

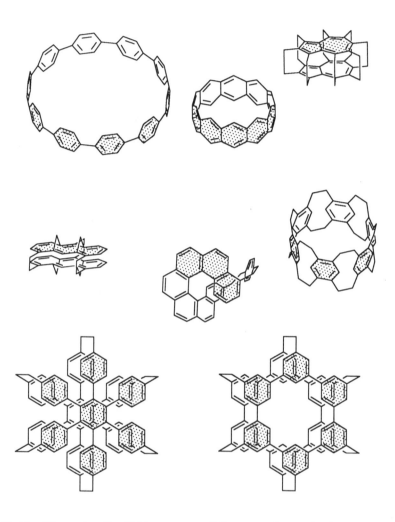

<u>Abb.12.</u> Phantasievolle Kohlenwasserstoff-Gerüste, die noch der Synthese
        harren

Inzwischen gibt es selbst zu den besonders schwierig aussehenden *"Superace-*
nen" schon eine vielversprechende Synthesestrategie [20].
Zu dem 1985 entdeckten Kohlenstoffgerüst **Fußballen** [21] (Summenformel
C_{60}) seien einige nähere Angaben gemacht:

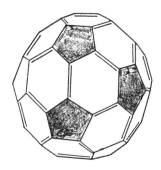 

Der auch als "Supermolekül" bezeichnete C_{60}-Cluster enthält zwölf Fünfecke und zwanzig Sechsecke, insgesamt also 32 Ringe. Er wurde durch Verdampfen von Graphit mit einem Laserstrahl erzeugt und massenspektrometrisch nachgewiesen. Die C-Atome sind sp^2-hybridisiert, der Durchmesser des molekularen Fußballs ist ca. 700 pm (7 Å). Nach der IUPAC-Nomenklatur hieße die entsprechende gesättigte Verbindung $C_{60}H_{60}$ folgendermaßen [22]: Hentriacontacyclo[29.29.0.0^{2,47}.0^{3,45}.0^{4,29}.0^{5,27}.0^{6,44}.0^{7,42}.0^{8,26}.0^{9,24}.0^{10,41}.-0^{11,39}.0^{12,23}.0^{13,37}.0^{14,22}.0^{15,35}.0^{16,33}.0^{17,21}.0^{18,31}.0^{19,28}.0^{20,25}.0^{32,60}.0^{34,58}.0^{36,56}.0^{38,55}.0^{40,53}.0^{43,52}.0^{46,51}.0^{48,59}.0^{49,57}.0^{50,54}]hexacontan.

2 Aliphaten

Platonische Kohlenwasserstoffe

Die einfachsten regelmäßigen Polyeder sind die fünf - hochsymmetrischen - Platonischen Körper: das Tetraeder, das Oktaeder, der Würfel, das Dodekaeder und das Ikosaeder (vgl. <u>Abb.</u>1) Die Grundgerüste dieser fünf regelmäßigen Vielflächner finden sich in vielen chemischen Verbindungen wieder, insbesondere bei anorganischen Substanzen. In den letzten beiden Jahrzehnten bemühten sich jedoch viele Chemiker um die Synthese von <u>Kohlenwasserstoffen</u> mit den Kohlenstoff-Gerüsten der Platonischen Körper. Aufgrund der Vierbindigkeit des C-Atoms lassen sich nur drei der fünf historischen Polyeder als Kohlenwasserstoffe (bzw. Substitutionsprodukte davon) realisieren [1]: das *Tetrahedran* (1), das *Cuban* (2) und das *Dodecahedran* (3).

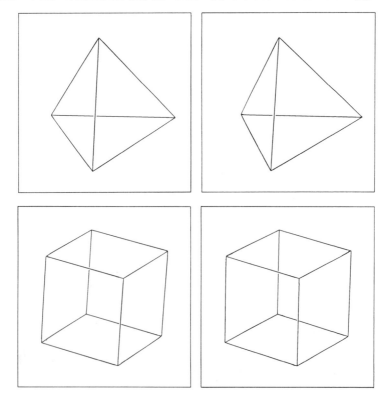

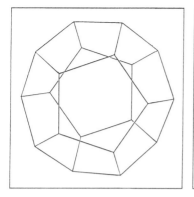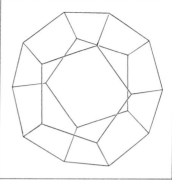

Abb.1.   Molekülbau von Tetrahedran (**1**), Cuban (**2**) und Dodecahedran (**3**)
(Stereobilder)

2.1 Tetra-*tert*-butyltetrahedran

Trotz vieler Bemühungen [1-6] konnte das unsubstituierte Tetrahedran (**1**)
bis heute nicht in Substanz isoliert werden. Die erste bekannte stabile Verbindung mit Tetrahedran-Gerüst ist das ***Tetra-tert-butyltetrahedran*** (**4**), das
nach der IUPAC-Nomenklatur systematisch 1,2,3,4-Tetra-*tert*-butyltricyclo-
[1.1.0.0^{2,4}]butan heißt. Es wurde von *G. Maier* und Mitarbeitern [7] im Jahre 1978 dargestellt und später treffend als "Molekül des Jahres" [1] bezeichnet.

Es ist hochsymmetrisch, hat drei Drehspiegelachsen, vier C_3-Achsen und
sechs Spiegelebenen und gehört somit zur Punktgruppe T_d. Seine Konstitution wurde durch PMR-, CMR-Messungen und *Röntgen*-Kristallstrukturanaly-
se bestätigt [8]. Abb.2 zeigt ein Stereobild von **4** als Ergebnis der *Röntgen*-
Kristallstrukturanalyse.

Das Tetra-*tert*-butyltetrahedran bildet farblose, an der Luft beständige Kristalle, die bei 135°C schmelzen. Diese unerwartete Stabilität von **4** stand im
Gegensatz zu theoretischen Berechnungen des Tetrahedrans (**1**). Sie wird
von den Autoren folgendermaßen erklärt: *"Substitution - vor allem von Alkylgruppen - sollte das Tetrahedran-Gerüst (1) labilisieren ... Sind jedoch
alle vier Ecken des Tetrahedrans wie in 4 mit sperrigen Gruppen besetzt,
werden die bei der Drehung einer Ringbindung auseinanderstrebenden tert-
Butylgruppen von den beiden anderen zurückgedrängt (**Korsett-Effekt**); eine*

tetraedrische Struktur ermöglicht den vier Substituenten eine gleichmäßige sphärische Verteilung und somit einen maximalen Abstand voneinander." [7)] Die Synthese des Tetra-*tert*-butyltetrahedrans zeigt den sinnvollen Einsatz von Licht als "Reagens". Die Bestrahlung erforderte die Optimierung von Wellenlänge, Lösungsmittel und Temperatur; alle Syntheseschritte unterliegen einer exakten stereochemischen Kontrolle.

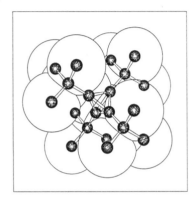 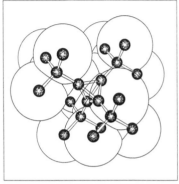

Abb.2. Tetra-*tert*-butyltetrahedran (4; Stereobild nach Ergebnissen der *Röntgen*-Kristallstrukturanalyse. Für die C-Atome sind die thermischen Schwingungsellipsoide eingezeichnet) [8)]

Die Darstellung von **4** geht von Di-*tert*-butylacetylen (**5**) und *tert*-Butylmaleinsäureanhydrid (**6**) aus, die durch Photoaddition das Tri-*tert*-butylcyclobutendicarbonsäureanhydrid (**7**) bilden (Abb.3). Belichtung von **7** bei Raumtemperatur ergibt die beiden isomeren Cyclopentadienone **8a** und **8b**, von denen nur **8a** zur weiteren Synthese von **4** geeignet ist. Wird die Photospaltung von **7** bei -196°C ausgeführt, so entsteht das zur Herstellung von **4** ungeeignete 2,3,5-Tri-*tert*-butylcyclopentadienon **8b**. Dieser Befund wird mit der höheren Selektivität des diradikalischen Zwischenprodukts bei niedrigen Temperaturen erklärt [7c)]. Das Isomere **8a** addiert trotz sterischer Hinderung der voluminösen Substituenten Brom [7b)]. Durch anschließende Behandlung mit KOH wird Bromwasserstoff abgespalten [7b)]. Das so erhaltene Bromdienon **9** tauscht aufgrund seiner charakteristischen Reaktivität als Antiaromat das Halogenatom gegen die *tert*-Butylgruppe des *tert*-Butyllithiums aus [7b)]. Um die Alkylierung des Lösungsmittels 1,2-Dimethoxyethan zu verhindern, sollte die Reaktionstemperatur -50°C nicht überschreiten. Das entstandene Tetra-*tert*-butylcyclopentadienon (**10**) ist die wichtigste Vorstufe für die Synthese von **4**. Es wird in Diethylether bei -100°C mit Licht der Wellenlänge 254 nm bestrahlt [7a)]. Man erhält durch "Überkreuz-Addition" ausschließlich das Tricyclopentanon **11**, das bei gleicher Belichtung CO eliminiert und in das gewünschte Tetra-*tert*-butyltetrahedran übergeht. Da der Prozeß **10** → **4** ^{1}H-NMR-spektroskopisch verfolgt wurde, war der Einsatz von deuteriertem Diethylether notwendig. Das substituierte Tetrahedran **4** entsteht in 35%iger Ausbeute bezogen auf das Tetra-*tert*-butylcyclopentadienon (**10**).

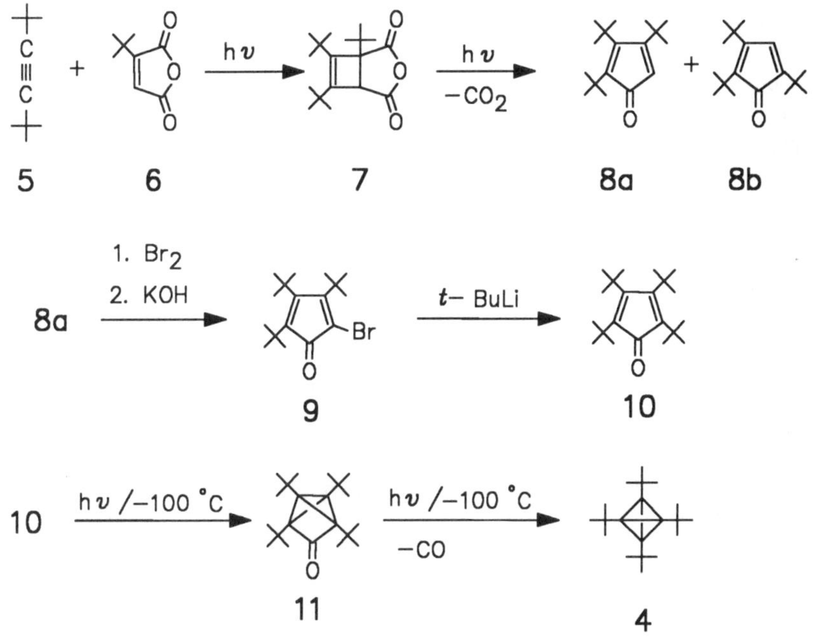

<u>Abb.3</u>. Synthese des Tetra-*tert*-butyltetrahedrans (**4**)

Wie *Irngartinger* et al. bei der <u>Tieftemperatur-*Röntgen*beugung</u> von **4** fanden [9)], enthalten die bei 213 K gezüchteten hexagonalen Kristalle <u>Stick</u>stoffmoleküle, wenn das zur Kristallisation verwendete Lösungsmittel vorher durch Einleiten eines Stickstoffstroms von gelöstem Sauerstoff befreit wurde. In dem vorliegenden Gaseinschluß-Kristall (*Clathrat;* vgl. <u>Abschnitt</u> Clathrate im Studienbuch "Supramolekulare Chemie", Teubner 1989) sind die Stickstoffmoleküle auf den Zentren der dreizähligen Drehinversionsachsen fehlgeordnet. Um Fehlordnungseffekte für Bestimmungen der Deformationsdichte zu vermeiden, wurden auch <u>Argon</u>-Clathrate (bei 213 K) gezüchtet. Auch diese Einschluß-Kristalle werden ausschließlich durch *van der Waals*-Kräfte zusammengehalten, während bisher nur Gas-Clathrate in Kristallen mit Wasserstoffbrückenbindungen bekannt waren. Die Gasmoleküle bzw. -atome sind in jene Oktaederlücken eingeschlossen, die jeweils nur von einer der vier *tert*-Butylgruppen des Tetrahedran-Moleküls umgeben sind. Die übrigen Lükken sind dafür zu klein. Die Belegung durch die Argonatome betrug im verwendeten Kristall 26%. Beim Erwärmen der Kristalle in der Mutterlauge über 220 K hinaus beobachtet man unter dem Mikroskop, daß die Gasblasen aus den Kristallen heraustreten und aus der Lösung herausperlen. Die Kristalle werden trüb: Ohne die stützenden Gaseinschlüsse bricht das Gitter zusammen.

Die Bestimmung der **Deformationsdichte** des Tetra-*tert*-butyltetrahedrans ergab, daß die Dichtemaxima der Tetraederbindungen um 37 pm von der Bindungsachse nach außen verschoben sind. Dies entspricht einer Biegung dieser Bindungen um 26°. *"Die **Tetrahedranbindung** ist somit eine der am stärksten gebogenen C-C-Bindungen. Theoretische Berechnungen ergeben Biegungen der gleichen Größenordnung. Ein Kreisbogen über das Dichtemaximum zwischen zwei Tetrahedran-C-Atomen ist 170 pm lang, während der Abstand zwischen den Atomen 149.7 pm beträgt. Die Dichtemaxima der Bindungen zwischen den Tetrahedran-C-Atomen und den quartären Atomen der tert-Butylgruppen liegen exakt auf den Verbindungslinien zwischen den Atomen; dies gilt auch für die $C_{quart.}$-C_{Methyl}-Bindungen der tert-Butylgruppen."* [9)]

2.2 Cuban

Von den drei Molekülen Tetrahedran (1), Cuban (2) und Dodecahedran (3)
mit den Kohlenstoff-Gerüsten der Platonischen Körper war lange Zeit nur
das *Cuban* als unsubstituierter Kohlenwasserstoff bekannt [1]. Nach der
IUPAC-Nomenklatur wird Cuban als Pentacyclo[4.2.0.0^{2,5}.0^{3,8}.0^{4,7}]octan bezeichnet. Es besitzt die Geometrie des Würfels, der zur Punktgruppe O_h gehört, und an dem folglich 48 Symmetrieoperationen ausgeführt werden können.
Die Konstitution des Cubans ist durch zahlreiche physikalisch-chemische Methoden - wie z.B. MS, IR, NMR [2] von Abkömmlingen (s.u.) - gesichert.

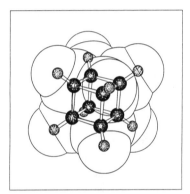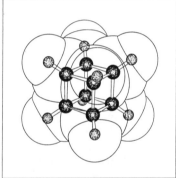

<u>Abb.1</u>. Das Cuban-Molekül [Stereobild, berechnet mit Molekülmechanik-
Methoden (MMPMI)]

Das Cuban kann unter normalen Bedingungen isoliert werden, obwohl seine
Spannungsenergie hoch ist: pro C-C-Bindung 58.6 kJ/mol (14 kcal/mol); sie
zählt zu den höchsten aller "abfüllbaren" Moleküle [3]. Diese thermodynami-
sche Instabilität kann nur durch eine außergewöhnliche kinetische Stabilität
ausgeglichen werden: *"Cubane is kinetically a rock, but thermodynamically a
powerhouse"* [3].
Der Kohlenwasserstoff 2 kristallisiert aus Methanol in glänzenden Rhomben,
die bei 130-131°C schmelzen [1a,2]. Cuban ist gegen Luftsauerstoff, Licht
und Wasser völlig stabil. Es ist jedoch so flüchtig, daß es "verschwindet",
wenn das Aufbewahrungsgefäß einige Zeit offen steht. Gefäße sollten nicht

mit Gummi, sondern mit Korkstopfen verschlossen werden, da Cuban sich in Gummi löst. Cuban ist leicht löslich in den meisten Lösungsmitteln, mit Ausnahme von Wasser. Die Dichte des Cubans ist mit 1.29 g/cm^3 bemerkenswert hoch [3]. Aus diesem Grund ist Cuban sogar als Treibstoffzusatz z.B. für Rennzwecke diskutiert worden.

In Lösungen beginnt oberhalb von 200°C die langsame Zersetzung des Cubans (2) über Cunean (2a) [4] und Semibullvalen (4) zu Cyclooctatetraen (5). Der Ablauf der Ringöffnung und/oder Umlagerung wird von Übergangsmetallionen beschleunigt.

2   **2a**   **4**   **5**

<u>Abb.2</u>. Folgeprodukte des Cubans

Das Cuban war Gegenstand vieler verschiedener Untersuchungen: So wurden u.a. Studien über das Reaktionsverhalten [1,5-10], über physikalische Eigenschaften [11-13] und über pharmakologische Wirkungen [14] durchgeführt.

Cuban konnte auf drei Synthesewegen erhalten werden [2,15,16]. Zuerst wurde es von *Eaton* und *Cole, Jr.* 1964 dargestellt [2]. Sie fanden als erste heraus, daß ein Zugang zum Cuban-System in der *Favorski*-Umlagerung eines intermediären α-Bromketons besteht. Auch bei den beiden folgenden Synthesen bildete diese Ringverengungsmethode den zentralen Schritt zum Cuban.

Die drei Darstellungswege unterscheiden sich jedoch in ihren Ausgangsverbindungen. Im Fall der beiden letzten wurde einerseits das Addukt aus Cyclooctatetraen und Maleinsäureanhydrid [16] eingesetzt, und andererseits bildete die Umsetzung des Cyclobutadien-Eisentricarbonyl-Komplexes mit 2,5-Dibrombenzochinon [15] den Auftakt zur Synthese. *Eaton* und *Cole, Jr.* gingen von 2-Cyclopentenon (6) aus [2,17], das zuerst durch Bromierung mit NBS, dann mit Brom und anschließende zweifache HBr-Abspaltung in das 2-Bromcyclopentadienon (7) übergeführt wird. Dieses dimerisiert spontan zu einem einzigen *Diels-Alder*-Produkt **8**. Die Stereochemie dieses Additionsproduktes **8** wurde zum einen aus Untersuchungen an Cyclopentadienon-Dimerisierungen [18] und aus Additionen von Chlorbenzochinon als Dienophil abgeleitet, zum anderen durch NMR-spektroskopische Untersuchungen von **8**

bestärkt und schließlich durch den weiteren Syntheseablauf zum Cuban gesichert.

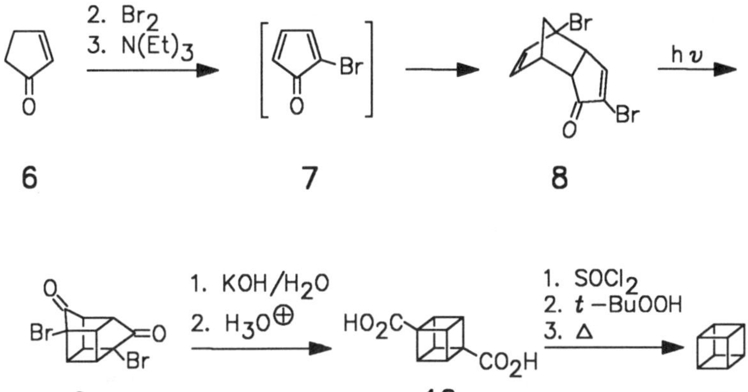

6   **7**   **8**

9   **10**   **2**

<u>Abb.3</u>.   Synthese des Cubans nach *Eaton* und *Cole, Jr.* [2]

Die Bestrahlung des Dimeren **8** in polaren Lösungsmitteln liefert das α-
Bromketon **9**, das gemeinsame Zwischenprodukt aller bisherigen Cuban-
Synthesen. Durch Behandlung mit wäßriger KOH-Lösung läßt sich das Fünf-
ringketon **9** zur 1,4-Cubandicarbonsäure **10** umlagern. Die Decarboxylierung
erfolgt über das Säurechlorid, aus dem der entsprechende *tert*-Butylester
gebildet wird, der anschließend thermisch zum Cuban zerlegt wird. Diese
erste **Cuban-Synthese** verlief mit ca. 30%iger Ausbeute [2]. Sie konnte in
der Folgezeit wesentlich verbessert werden [19].

Einen Zugang zur präparativen **Cuban-Chemie** eröffnet die von *Eaton* auf-
gezeigte Möglichkeit, Zink-, Cadmium-, Zinn- und Silicium-substituierte Cubane herzustellen. So konnte über die Bis-Zinkverbindung **11** die erste Cu-
ban-1,2,4,7-tetracarbonsäure (**12**) erhalten werden [27]:

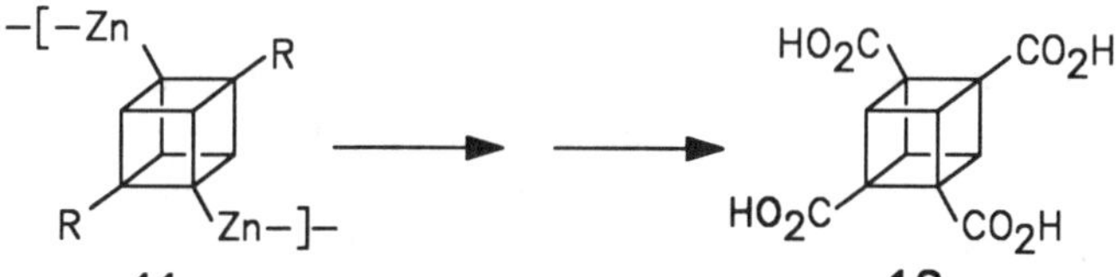

11   **12**

$R = CO-N[CH(CH_3)_2]_2$

Von den wenigen substituierten Derivaten des Cubans [17,21,22] ist nur eines auf völlig anderem Wege dargestellt worden, nämlich das Octakis(trifluormethyl)cuban (14), das durch Bestrahlung von Bis(trifluormethyl)acetylen (13) erhalten wurde.

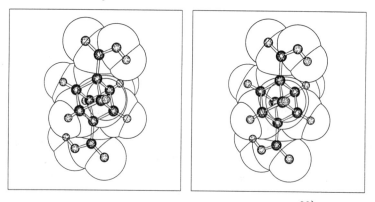

Wie die *Röntgen*-Kristallstrukturanalyse der 1,4-Cubandicarbonsäure (15, $\triangleq$ 10) zeigt (Abb.4), weist diese Verbindung um ca. 4 pm verkürzte $C(sp^3)$-C (sp^2)-Bindungen (148 pm) zwischen den Cuban- und Carboxy-C-Atomen auf (Normalabstand: 152 pm) [23].

Abb.4. *Röntgen*-Struktur der 1,4-Cubandicarbonsäure (15) [23]

Dies ist bemerkenswert, da zwar viele Moleküle mit beträchtlich gedehnten C-C-Bindungen bekannt sind (mehr als fünfzig Fälle mit C-C-Abständen über 160 pm), es aber nur wenige Daten über verkürzte C-C-Bindungen gibt. Verkürzungen von C-C-Bindungen sind allgemein dann zu erwarten, wenn die betrachtete Bindung an über ihren Normalwert aufgeweiteten Bindungswinkeln beteiligt ist. Dementsprechend sind im starren Cuban-Gerüst 15 die exocyclischen C-C-C-Winkel auf ca. 126° aufgeweitet (und die endocyclischen auf ca. 90° gestaucht). - Zur Struktur des 1,4-Dinitrocubans vgl. Lit. [23a].

Das "Anti-*Bredt*-Olefin" *Cuben* ist neuerdings in den Brennpunkt der Forschung auf diesem Gebiet gerückt: Im Jahre 1988 veröffentlichte ab-initio-Berechnungen der Olefin-Spannungsenergien (OSE) pyramidalisierter Alkene des Typs 16 zeigten, daß Cuben (17) nur eine geringfügig höhere OSE als 16 (n = 1, 2) haben sollte [24].

16a: n = 1
16b: n = 2

17   **18**

Tatsächlich gelang die Synthese - zwar nicht des Cubens selbst - aber des nahe verwandten Homocub-4(5)-ens (18), dessen Hydrierungsenergie nach Rechnungen sogar noch 7.4 kcal mol^{-1} höher als die des Cubens liegen sollte [25].

Br   I
19   **18**   **20**

18 entsteht bei der Behandlung des Bromiodids 19 mit *n*-Butyllithium in THF bei -78°C; es läßt sich in Gegenwart von Diphenylisobenzofuran (DPI-BF) als *Diels-Alder*-Addukt (20) abfangen.

Auch bei der Behandlung des der Verbindung 19 entsprechenden Bromchlorids mit *tert*-Butyllithium entsteht **Homocuben** (18) als Zwischenstufe [26]: Beim Aufarbeiten mit D_2O entsteht [7-D]-1-*tert*-Butylhomocuben.

Eaton gelang vor kurzem - ausgehend von 1,2-Diiodcuban (21) - auch die **Synthese des Cubens** selbst, das sich ebenfalls als *Diels-Alder*-Addukt (22) abfangen ließ [27].

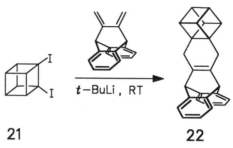

21   **22**

Wird die Reaktion von **21** (ohne Dienophil) mit überschüssigem *tert*-Butyllithium bei -70°C in THF ausgeführt und anschließend mit Methanol beendet, so entstehen *tert*-Butylcuban (**23**) und 2-*tert*-Butylcubylcuban (**24**) im Verhältnis 1:2 gemeinsam mit einer Spur Cubylcuban (**25**).

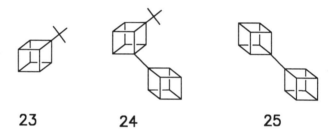

23   **24**   **25**

Die Autoren glauben, daß alle Produkte durch anionische Addition an die gespannte Doppelbindung des Cubens erklärt werden können. Sie beziehen sich dabei u.a. auf Arbeiten von *Szeimies*, der gezeigt hatte, daß sich Organolithiumverbindungen rasch an stark pyramidalisierte Alkene addieren.

Von **24** und **25**, die cokristallisieren, gibt es *Röntgen*-Kristallstrukturanalysen. Sie zeigen, daß in beiden Verbindungen die C-C-Bindung zwischen den Cubylresten ungewöhnlich kurz ist (146.4 bzw. 145.8 pm), was mit dem hohen *s*-Charakter der exocyclischen Bindungen am Cuban gedeutet werden kann [28].

Cubane sind nicht nur für akademische Fragestellungen interessant, sondern werden durchaus auch auf praktische Anwendungen hin untersucht [29]: Ein Motiv für die Suche nach Synthesewegen zu substituierten Cubanen beruht auf dem Interesse an neuen energiereichen Substanzen.

Die italienische Firma *Enichem Synthesis* produziert Cuban und Cubanderivate offenbar bereits in größerem Maßstab. Eines der Ziele ist es - wie auch beim Adamantan (vgl. Abschnitt 2.4) -, durch Einführung des Cuban-Bausteins in pharmazeutisch nützliche Verbindungen und in Agrochemikalien deren Wirkungsspektrum zu beeinflussen.

2.3 Dodecahedrane

1,16-Dimethyldodecahedran

Das 1,16-Dimethyldodecahedran (**4**) [1,2] war bis vor wenigen Jahren der einzige bekannte Kohlenwasserstoff mit dem Kohlenstoffgerüst des Pentagondodecaeders [3].

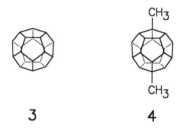

3   **4**

Dieser aus zwölf regulären Fünfecken bestehende Platonische Körper gehört zur Punktgruppe I_h, wie auch der unsubstituierte Kohlenwasserstoff Dodecahedran (**3**) [1,4] (Abb.1). Wegen der Methylsubstituenten an C-1 und C-16 in **4** nimmt die Zahl der Symmetrieelemente ab, so daß **4** nur noch D_{3d}-Symmetrie aufweist [2].

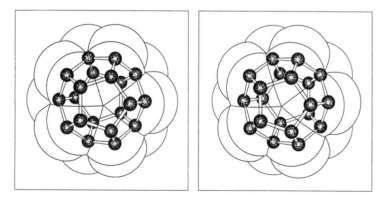

Abb.1. Dodecahedran (**3**); Stereobild nach Ergebnissen der *Röntgen-*Kristallstrukturanalyse

Die Kristall- und molekulare Struktur des zuerst bekannt gewordenen *1,16-Dimethyldodecahedrans* [2a] wurde als erste röntgenographisch geklärt [2b]: Es kristallisiert in länglichen, farblosen Prismen aus Benzen. Beim Erhitzen auf 350°C im geschlossenen Röhrchen tritt eine Verfärbung der Kristalle ein; oberhalb von 410°C werden sie dunkelbraun. Die längliche Kristallform ist ein Ausdruck der molekularen Geometrie des 1,16-Dimethyldodecahedrans. Um die Abmessungen des Hohlraums im Innern von 4 zu bestimmen, faßt man die gegenüberliegenden C-Atome des Dodecahedran-Gerüsts paarweise zusammen, so daß insgesamt zehn Paare resultieren. Während der Abstand zwischen den die Methylgruppen tragenden C-Atomen C-1 und C-16 439 pm beträgt, ist derjenige der übrigen neun Paare um 6 pm kleiner [2b]. Berücksichtigt man den *van der Waals*-Radius aller zwanzig C-Atome, so besitzt das 1,16-Dimethyldodecahedran einen mittleren Käfigdurchmesser von nur 90 pm. Damit ist sein Hohlraum zum Einschluß selbst der kleinsten Ionen nicht geeignet - eher eines Elektrons [2].

Die Synthese eines Moleküls mit Dodecahedran-Struktur wurde über viele Jahre hinweg in mehreren Arbeitskreisen bearbeitet [3,5-10]. Auf den ersten Blick erscheint die Darstellung eines Dodecahedrans weniger problematisch als die Synthese der seit längerem bekannten Verbindungen Tetra-*tert*-butyltetrahedran und Cuban. Die Schwierigkeit der Dodecahedran-Synthese besteht jedoch darin, daß jeder einzelne Schritt stereochemisch kontrolliert ablaufen muß, denn die zwanzig Methin-Einheiten müssen so zu Fünfringen verknüpft werden, daß sich alle zwanzig H-Atome auf der *Außen*seite des Polyeders befinden.

Mehrere Konzepte wurden ausgearbeitet, um ein Molekül mit Dodecahedran-Struktur stereochemisch kontrolliert aufzubauen. *E. LeGoff* und *P. Schleyer* [5a,b] versuchten unabhängig voneinander die *Lewis*-Säuren-induzierte Umlagerung von Photodimeren des *Basketens*. Die Idee, das Dodecahedran aus zwei Fragmenten darzustellen, wurde in drei Arbeitskreisen [6-8] gleichzeitig verfolgt, blieb aber bis heute erfolglos [8a]. Zum Ziel gelangten zuerst *L. A. Paquette* und Mitarbeiter [2a], die den mühsamen, schrittweisen Aufbau des disubstituierten Dodecahedrans 4 wählten. Aus diesem zwanzigstufigen Syntheseweg seien hier nur einige originelle und elegante Schritte beschrieben (Abb.2):

Ausgehend von Natrium-Cyclopentadienid (5) ist das 9,10-Dihydrofulvalen (6) durch Dimerisation leicht zugänglich. Dieses wird als Dienkomponente in einer "Domino-*Diels-Alder*-Reaktion" mit Acetylendicarbonsäureester als Dienophil zum Diester 7 umgesetzt. Nach Verseifen von 7 und Oxidation der beiden Doppelbindungen wird schließlich der Ketoester **8** gebildet, der mit dem *Trost*schen Reagens (Cyclopropyldiphenylsulfoniumylid) zweifach spiroanelliert wird.

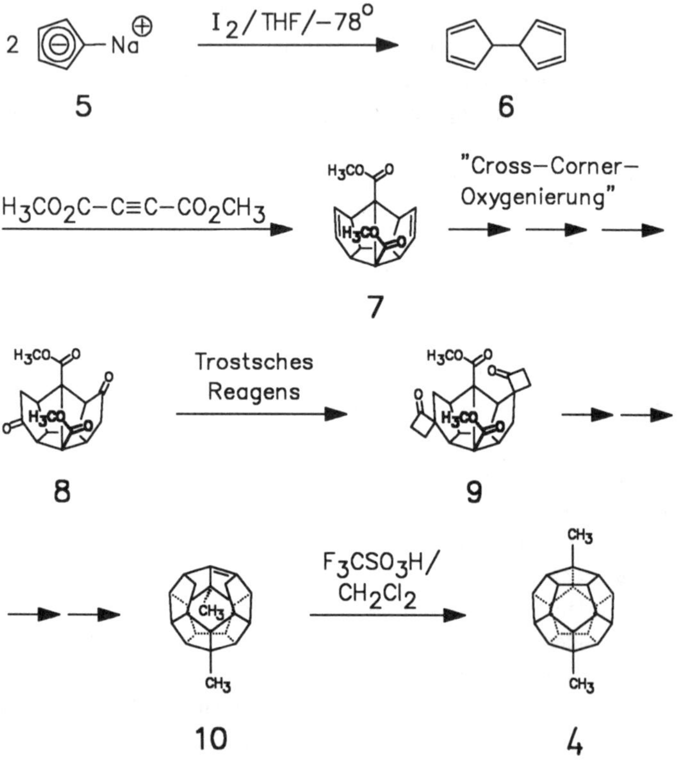

Abb.2. Einige interessante Stufen der Synthese von 1,16-Dimethyldodeca-hedran (**4**) nach *Paquette*

Bereits auf dieser Stufe sind alle zwanzig C-Atome, die zur Bildung des Dodecahedran-Gerüsts notwendig sind, vorhanden. Im weiteren Verlauf der Synthese werden die zwölf Fünfringe geschlossen, was mit Hilfe konventioneller Methoden geschieht. Interessant vom mechanistischen Standpunkt aus gesehen ist das Ende des Syntheseweges, das durch die Umwandlung der Doppelbindung in **10** zur C-C-Einfachbindung und durch eine 1,2-Methylverschiebung gekennzeichnet ist. Die Methylwanderung findet nur in

stark saurer Lösung statt und wurde ^{13}C-NMR-spektroskopisch und röntgenographisch nachgewiesen. Über die Ausbeute an der Zielverbindung **4**
wurden bisher keine Angaben gemacht.

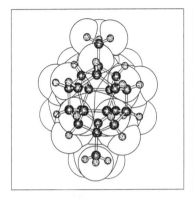
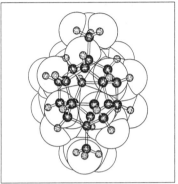
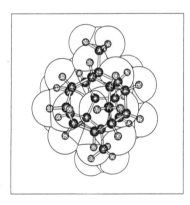
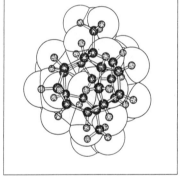

Abb.3. Computer-Stereozeichnungen von 1,16-Dimethyldodecahedran (**4**;
oben) und dem Zwischenprodukt **10** [2b] (unten)

Unsubstituiertes Dodecahedran

Das Pentagondodecaeder weist eine Punktgruppe (*Schönflies*-Symbol I_h) höchsten Ranges auf, die außerordentlich selten ist. Nicht weniger als 120 Symmetrieoperationen können daran vorgenommen werden. Die entsprechenden Symmetrieelemente sind unten neben der Formel aufgeführt:

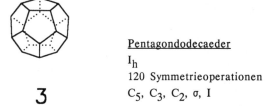

Pentagondodecaeder
I_h
120 Symmetrieoperationen
C_5, C_3, C_2, σ, I

3

Die Synthese des *unsubstituierten Dodecahedrans* (Kohlenwasserstoff 3) gelang *Paquette* et al. 1982 [4,9].

Aus Kraftfeldrechnungen geht hervor, daß Pentagondodecahedran der stabilste aller $C_{20}H_{20}$-Kohlenwasserstoffe ist, nach einer Terminologie von *Schleyer* das $C_{20}H_{20}$-"Stabilomer". Es sollte daher durch thermodynamisch kontrollierte Umlagerung von $C_{20}H_{20}$-Isomeren (Abb.4) zugänglich sein.

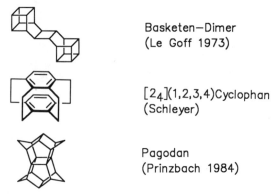

Basketen—Dimer
(Le Goff 1973)

$[2_4](1,2,3,4)$Cyclophan
(Schleyer)

Pagodan
(Prinzbach 1984)

Abb.4. $C_{20}H_{20}$-Kohlenwasserstoffe

Le Goff (und *Schleyer*) versuchten das Stabilomer Dodecahedran aus dem Basketen-Photodimeren ($C_{20}H_{20}$-Kohlenwasserstoff) herzustellen, was aber nicht gelang.

Die *Schleyer*sche Arbeitsgruppe setzte frühzeitig auf die Isomerisierung des - weil annähernd kugelförmig angeordneten - möglicherweise günstigeren, durch Arbeiten von *Hopf* gut verfügbaren, vierfach überbrückten Cyclophans (Abb.4.), bisher jedoch ohne Erfolg. Auch der erst kürzlich von *Prinzbach* hergestellte $C_{20}H_{20}$-Kohlenwasserstoff namens "Pagodan" (vgl. Abb.4 und Abschnitt 2.5) wäre für ein solches Vorhaben geeignet. Es müßten nur zwei Bindungen verlagert werden. Auch diese Versuche scheiterten zunächst.

Nach dem "**Retrosynthese-Konzept**" kann man sich das Dodecahedran in verschieden große Teile zerlegt denken, die den Charakter von möglichen Synthesevorstufen haben. Am einfachsten scheint es, das Molekül wie eine Apfelsine mittendurch zu trennen. Dies führt zu zwei $C_{10}H_{10}$-Fragmenten, welche im sogenannten Triquinacen molekularen Ausdruck finden:

Triquinacen

Woodward   (1964)
Müller   (1963)
Jacobson   (1967)

Die Idee, durch Dimerisierung von *Triquinacen* das Dodecahedran zu gewinnen, genoß in der Anfangsphase der Dodecahedran-Chemie große Popularität. Sie wurde vor allem von *Woodward* vorangetrieben, aber auch andere, wie *Müller* in Holland und *Jacobson* in Schweden arbeiteten auf das gleiche Ziel hin, das jedoch nie erreicht wurde. Immerhin setzt die Umwandlung von sechs C=C-Doppelbindungen in sechs C-C-Einfachbindungen einen Übergangszustand voraus, bei dem zwölf C-Atome sich in einer geeigneten Lage befinden. Es ist daher keineswegs überraschend, daß alle Versuche, auf diesem Wege das Dodecahedran - z.B. photochemisch - herzustellen, fehlschlugen.

Reduziert man die Schnittstellen von sechs auf fünf, d.h. trennt man einen der zwölf Fünfringe wie einen Deckel ab, so resultiert neben der C_5-Einheit ein C_{15}-Fragment, dessen gesättigtes Kohlenwasserstoff-Analogon (ein Hexaquinan) den Trivialnamen *"Peristylan"* trägt. *Eaton* hat das Molekül in Anlehnung an die griechische Bezeichnung für eine Säulenreihe benannt.

Diese Synthesestrategie beinhaltet zwei hauptsächliche Schwierigkeiten: einerseits das Zusammenfügen des komplexen Peristylan-Kohlenstoff-Gerüsts und zweitens das Anknüpfen und "Verriegeln" des Cyclopentan-Deckels, was eine geeignete Multifunktionalisierung an den Spitzen der Molekülschüssel erfordert:

Peristylan

Entsprechende Peristylane zu synthetisieren, ist mit mehr oder weniger klassischen Methoden schon vor einigen Jahren gelungen. Diese Arbeiten sollen hier nicht nachvollzogen werden.

Das Aufsetzen des Cyclopentan-Deckels scheint die größeren Schwierigkeiten zu bereiten. Vor wenigen Jahren ist in diesem Zusammenhang aber ein Zug geglückt, der zumindest eine Teillösung des Problems bringt und wegen seines originellen synthetischen Vorgehens kurz erläutert werden soll:

Wie man sieht, wird zunächst von einer Schwefelalkylidenierung des auf klassischem Wege erhaltenen Diketoacetoxyperistylans Gebrauch gemacht. Die Originalität des Verfahrens liegt nun darin, daß der seitlich abstehende Cyclopentan-Ring stufenweise aufgerichtet und "aufgedeckelt" wird. Dies geschieht zunächst durch Ausbildung der Doppelbindung. Anschließend wird der Deckel via *Diels-Alder*-Reaktion über die Öffnung der Peristylan-Schüssel getrieben. Obwohl das endgültige "Verriegeln" des Deckels noch aussteht, zeichnet sich über die bereits vorhandene Funktionalisierung an Rumpf und Deckel eine Zukunft für das Vorhaben ab.

Schließlich besteht auch die Möglichkeit, eine Kappe in Form eines C_4-Fragments aus dem Dodecahedran-Skelett abzuschneiden. Molekularer Ausdruck für das verbleibende C_{16}-Fragment ist **Hexaquinacen**, ein hexacyclisches Triolefin mit interessanter Struktur (auch in anderem Zusammenhang). Im Hinblick auf Dodecahedran brachte es aber noch keinen spektakulären Erfolg mit sich.

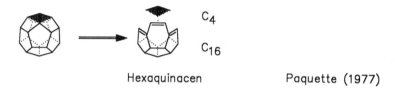

$$C_4$$
$$C_{16}$$

Hexaquinacen   Paquette (1977)

Bleibt noch die letzte der eingangs vorgeschlagenen Möglichkeiten: der schrittweise Aufbau des Käfigs. In dem folgenden Schema kommt vereinfacht zum Ausdruck, daß die Synthese hier auf eine stufenweise Anellierung von Cyclopentanringen hinausläuft:

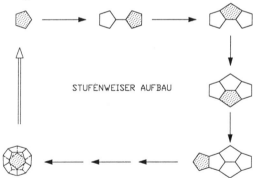

STUFENWEISER AUFBAU

Die *Paquette*sche Arbeitsgruppe war es, die sich offenbar als einzige um diesen anfänglich nicht sehr aussichtsreichen und daher wenig attraktiven Zugang bemühte. Zielstrebiges Beharren an dieser Idee und ihre Verwirklichung Zug um Zug verhalf ihr jedoch letztlich zum Erfolg.

Der eindrucksvolle Auftakt der **Paquette**schen **Synthese** besteht in einer hintereinander geschalteten zweifachen Diels-Alder-Cycloaddition, einer sogenannten Domino-*Diels-Alder*-Reaktion zwischen Acetylendicarbonsäuredimethylester und 9,10-Dihydrofulvalen, das aus Cyclopentadien gut zugänglich ist.

Das Adduct enthält bereits vierzehn der zwanzig C-Atome, vier der zwölf Fünfringe und sechs der zwanzig CH-Bindungen. Die gespannte zentrale Bindung zwischen den funktionellen Gruppen tritt im Dodecahedran nicht auf. Sie wird aber vorerst nicht entfernt, da sie im Hinblick auf die sterische Kontrolle späterer Reaktionsschritte günstige Auswirkungen hat.

14 von 20 C—Atomen
4 von 12 C$_5$—Ringen
6 von 20 Methin—CH

Paquette (1978–1982)

Nächstes Ziel ist die Komplettierung der Kohlenstoffanzahl. Wie die Voraussetzung dazu geschaffen wird, ist aus der folgenden Reaktionssequenz zu ersehen:

geeignete
Funktionalisierung

Die regioselektive Überführung in das sogenannte "cross corner"-Diketon wurde dabei durch eine Iod-Lactonisierung eingeleitet. Anschließend wird verseift, oxidiert und reduktiv enthalogeniert.

Die noch fehlenden sechs Kohlenstoffatome werden durch Umsetzung mit *Trosts* Diphenylcyclopropylsulfoniumylid eingebracht. Ab hier liegen also alle zwanzig C-Atome des Dodecahedrans vor. Das gebildete Spirocyclobutanon ist hier noch einmal in anderer Perspektive gezeigt; wir blicken jetzt in das Molekülinnere in Richtung Dachfirst:

Alle C–Atome
4 von 12 C$_5$–Ringen
6 von 20 Methin–CH

Die weitere Aufgabe konzentriert sich jetzt auf die Verknüpfung der komplett vorhandenen Kohlenstoffzentren zu neuen Fünfringen, und zwar in der richtigen Stereochemie.

Die nächste Reaktionssequenz bringt gleich zwei neue Fünfringe. Sie beinhaltet eine *Baeyer-Villiger*-Oxidation, eine *Eaton*-Eliminierung mit *Sukh-Dev*-Acylierung und eine abschließende Hydrierung zum Diketodiester:

Bei der Hydrierung von der konvexen Molekülseite her wurden außerdem vier *exo*-CH-Bindungen erzeugt. Insgesamt liegen jetzt zehn der zwanzig CH-Bindungen vor und sechs der insgesamt zwölf Cyclopentanringe: Man kann an dieser Stelle von einer <u>Synthesehalbzeit</u> sprechen.

Nun steht wieder eine Veränderung an den funktionellen Gruppen bevor, d.h. es wäre wünschenswert, die Ketogruppen zu entfernen. Reduktion mit Natriumborhydrid (ebenfalls von der konvexen Seite des Moleküls her) lieferte unmittelbar das Käfig-Lacton. Die Lacton-Gruppierungen können durch nucleophile Substitution mit HCl in Methanol geöffnet werden, woraus der Dichlordiester resultiert:

Dies hört sich einfach an, war aber mit das engste Nadelöhr der gesamten Synthese. Durch andere Spaltungsreagentien (z.B. Trimethyloxoniumtetrafluoroborat oder HBr in Methanol) konnte nämlich immer nur eine Lacton-Gruppierung zur Reaktion bewegt werden, so daß es fast schon danach aussah, als müßte man den gesamten Reaktionsweg aufgeben.

Auf dem folgenden Weg herrschen eindeutig die Ringschlüsse vor:

Der erste Ringschluß tritt bei der Reduktion des Chloresters mit Lithium in flüssigem Ammoniak praktisch von selbst ein. Wichtig ist jedoch, daß man das primär gebildete Dianion mit einem Äquivalent Chlormethylphenylether zum *Tetraseco*-Ketoester hin abfängt. Diesem fehlen noch - wie der Name sagt - vier C-C-Bindungen zur Vervollständigung des Skeletts. Dahinter verbirgt sich im übrigen ein sehr komplexer Reaktionsverlauf, der auch heute noch einige Rätsel aufgibt. Es sei auch darauf hingewiesen, daß ab hier die zentrale Hilfsbindung aufgehoben ist.

Der achte Cyclopentanring wurde unter homo-*Norrish*-Bedingungen aus dem Keton erhalten. Nach Eliminierung des *Norrish*-Alkohols wird mit Diimin zum gesättigten Kohlenwasserstoff reduziert. Das Gerüst ist jetzt bis auf drei fehlende C-C-Bindungen fertig.

Auch der neunte Cyclopentanring wurde via *Norrish*-Reaktion geschlossen. Dazu wurde der *Triseco*-Ester mittels Dibal-H zunächst in den photoreaktiven *Triseco*-Aldehyd übergeführt. Nach erfolgter *Norrish*-Cyclisierung ist die Hauptgefahrenquelle im mittleren Bereich der Synthese, Enolisierung mit transanularer Bindungsabsättigung, überstanden und die Zeit gekommen, die Schutzgruppe abzuspalten, was durch *Birch*-Reduktion und saure Hydrolyse gelang. Trotzdem enthält das *Diseco*-Diol noch ein überzähliges C-Atom.

"MONOSECO"
10 C$_5$-Ringe   18 von 20 Methin–CH

Dessen Abspaltung wird durch Oxidation mit Pyridiniumchlorochromat (PCC) vorbereitet. Der gebildete ß-Ketoaldehyd erfüllt die Bedingungen einer Retro-*Alder*-Reaktion und spaltet den Formylrest bei Behandeln mit Alkali ab.

Bei der Chromoxidation wurde gleichzeitig die Voraussetzung für eine weitere *Norrish*-Cyclisierung geschaffen. Photolyse des *Diseco*-Ketons mit anschließender Eliminierung führt problemlos zum *Monoseco*-Alken, in dem jetzt nur noch eine C-C-Bindung zum Vervollständigen des Dodecahedran-Skeletts fehlt. Wie gehabt, wurde mit Diimin zum *seco*-Kohlenwasserstoff reduziert. Es folgte der krönende Abschluß der Synthese, der dehydrierende Ringschluß zum Zielmolekül:

DODECAHEDRAN

Die Bedingungen waren dabei nicht gerade sanft, aber immerhin fällt Dodecahedran in 40-50% Ausbeute an, was für die Stabilität des Produkts spricht.

Damit ist eine der arbeitsintensivsten und intellektuell anstrengendsten organischen Synthesen, die in den letzten Jahren durchgeführt wurden, abgeschlossen. Aber damit sind nicht nur die 23 erfolgreichen Stufen ausgehend vom Cyclopentadien gemeint.

CYCLOPENTADIEN   DODECAHEDRAN

23 Stufen

Ein Vielfaches an anderen Zwischenverbindungen erwies sich als untauglich, oft erst an fortgeschrittener Stelle der Synthese, und viele erprobte Reaktionen führten zu unerwarteten Produkten. Andererseits gab es auch glückliche Umstände, die so manches Tief eines Mitarbeiters noch zum Hoch werden ließen und ohne die eben viele Erfolge in der Chemie nicht denkbar wären. Am Ende bleibt noch die Frage zu beantworten: Hat sich die "Herausforderung Dodecahedran" mit ihren enormen Anstrengungen über Jahre und "Generationen" von Mitarbeitern hinweg gelohnt? Man kann diese Frage durchaus mit einem deutlichen "Ja" beantworten und in diesem Zusammenhang auf die moderne Chemie mit Hohlraummolekülen und auf das aktuelle synthetische Interesse an oligocyclopentanoiden Naturstoffen hinweisen.

Die Dichte des **unsubstituierten Dodecahedrans** (1.448 g/cm³) ist bemerkenswert höher als die der Dimethyl-substituierten Verbindung (1.412

g/cm^3). Überraschenderweise nehmen die Moleküle des unsubstituierten Dodecahedrans im Kristall (aus Benzen-Lösung), wie die *Röntgen*-Kristallstrukturanalyse ergab [11] (vgl. Abb.1), nicht nur eine bevorzugte Orientierung ein, sondern haben auch die höchstmögliche Symmetrie, nämlich I_h (mit sehr geringen Abweichungen). Die Kristallpackung ist die kubisch dichteste. Die kürzesten intermolekularen Abstände betragen 398 pm für C$\cdots$C und 233 pm für H$\cdots$H. Die C-C-Bindungen des Gerüsts sind mit 154.1 und 153.5 pm etwas kürzer als die für Cyclopentan bestimmten (154.6 pm). Die C-C-C-Bindungswinkel entsprechen mit 108.1° bis 107.7° den für einen perfekten Dodecaeder berechneten (108°).

Folgende Eigenschaften des Dodecahedrans $(CH)_{20}$ sind zum Vergleich mit den experimentellen Werten inzwischen theoretisch berechnet worden:
- der Hohlraum: er ist für eine Solvatation im Inneren zu klein
- Schwingungsspektren
- Orbitalenergien
- Ionisationspotential
- NMR-Kopplungskonstanten
- Bildungswärme

NEUERE ERGEBNISSE DER DODECAHEDRAN-FORSCHUNG
Die "Pagodan-Route" (siehe Abschnitt 2.5.) zu Dodecahedranen konnte im Jahre 1987 von *Schleyer* und *Prinzbach* doch noch zum Erfolg geführt werden [12]:

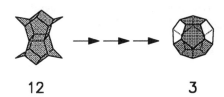

12   **3**

Während sich Pagodan (12) mit *Lewis*-Säuren nur langsam zu undefinierten Produkten umsetzen ließ, führte die **Gasphasen-Isomerisierung** (z.B. Pt/Re/-Al_2O_3-Typ-Katalysatoren bei 250-450°C in einer Strömungsapparatur) anfänglich zu komplexen Produktgemischen, deren GC/MS-Analyse sechs Hauptkomponenten ergab, darunter 0.1-2.5% Dodecahedran (3) sowie 19 bis 47% 13.
Die Ausbeute an Dodecahedran konnte nach Variation der Dispersion des Katalysators (0.1% Pt/Al_2O_3), der Temperatur (315°C) und des Trägergases

(H_2/He-Gemisch) auf immerhin 8% gesteigert werden. Dies bedeutet im Hinblick auf die gute Zugänglichkeit des Edukts eine bemerkenswerte Verbesserung der Verfügbarkeit von Dodecahedran. Die Ausbeute-Limitierung ist maßgeblich der irreversiblen Bildung von **13** ($C_{20}H_{22}$) zuzuschreiben.

13

Ein- und mehrfach (vier- bis achtfach) [13b] substituierte oder funktionalisierte sowie homologe [13b] Dodecahedrane einschließlich substituierter Cyclopropadodecahedrane [14] sowie 1-Aminododecahedran [15] wurden in den Jahren 1988 und 1989 erstmals (gezielt) zugänglich gemacht [13,16]. Die Dodecahedranchemie kann damit heute in präparativem Maßstab betrieben werden!

Das 1,16-Dodecahedryl-Dikation erwies sich als bemerkenswert stabil [13a]; es ergibt mit 100% Isomerenreinheit 1,16-Dibrom- bzw. 1-Brom-16-methoxydodecahedrane [13c].

Das *21-Homododecahedryl-Kation* unterliegt multiplen entarteten Umlagerungen vom Typ der *Wagner-Meerwein*-1,2-Kohlenstoff-Verschiebungen, im Verlaufe derer ein Deuterium-Substituent am Dodecahedran-Gerüst wandert ("deuterium scrambling") [14]:

Theoretisch gibt es (bei vollständigem Austausch aller Positionen) $21!/2$ = $2.56 \cdot 10^{19}$ verschiedene Anordnungen {bei anderen $[CH]_n^{\oplus}$-Ionen, z.B. dem Homotetrahedryl- oder dem 9-Homocubyl-Kation errechnen sich lediglich $5!/2$ = 60 bzw. $9!/2$ = 181440 entartete Isomere}.

2.4 Adamantan

2.4.1 Einführung

Adamantan (1, Summenformel $C_{10}H_{16}$, IUPAC-Name: Tricyclo[3.3.1.1^{3,7}]-decan) [1] ist in den letzten Jahren wegen seiner einzigartigen Eigenschaften als chemischer Ausgangsstoff auch für die Industrie interessant geworden. Es erscheint zukünftig einsetzbar für Pharmazeutika, Polymere, kosmetische Artikel, photosensitive Materialien, Flüssigkristalle, Katalysatoren, Oberflächenaktive Substanzen. Möglicherweise werden Derivate des Adamantans einmal eine ähnliche Bedeutung erhalten wie jene des Benzens. In der Tat besitzt das Adamantan sogar noch weitergehende Substitutionsmöglichkeiten als das Benzen; seine Bindungen streben nach allen drei Raumrichtungen, während das Benzen mitsamt seinen sechs Substituenten eine ebene, flache Gestalt hat. Das Adamantan-Gerüst als aliphatisches Gegengewicht zur Aromaten-Chemie - ganz so weit ist es allerdings noch nicht: Der noch recht hohe Preis des Adamantans hemmt seinen Einsatz. Für kostspielige Pharmazeutika scheint es derzeit aber schon rentabel.

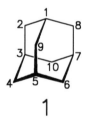

1

Allerdings sind 1976 in Japan neue Adamantan-Produktionsanlagen erstellt worden, welche die Massenproduktion und Kostenreduktion in Schwung bringen könnten. Adamantan ist seither zum halben Preis verfügbar. Schon jetzt scheint klar, daß mit weiter sinkendem Preis sich das Interesse immer stärker auf diesen potentiellen Grundstoff der chemischen Industrie konzentrieren wird.

2.4.2 Historisches

Adamantan wurde im Jahre 1933 entdeckt, als *Landa* eine kleine Probe aus einem Petroleum-Destillat isolierte [2-4]. Der Name Adamantan rührt daher, daß das Molekül eine dem Diamantgitter analoge räumliche Anordnung der Kohlenstoffatome aufweist [4a]. Das griechische Wort *adamant* bedeutet Diamant. Wie wir unten noch sehen werden, beschäftigten sich renommierte Forscher, darunter *Prelog, Schleyer, Stetter* und viele andere mit diesem interessanten Kohlenwasserstoff-Gerüst.

2.4.3 Struktur

Adamantan hat eine käfigartige Struktur, die einem Ausschnitt aus dem Diamantgitter ähnelt. Im Adamantan-Molekül sind vier Cyclohexan-Ringe in der Sesselform zu einem stabilen, hochsymmetrischen Molekül verknüpft (vgl. Formel 1 und Abb.1, 2).

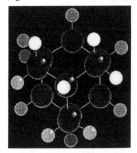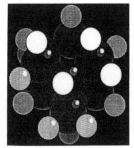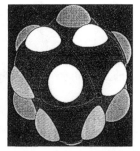

Abb.1.   Kugel-Stab-, "Space Fill 1"- und "Space Fill 2"-Modelle (von links nach rechts) des Adamantan-Moleküls, erstellt mit dem Computerprogramm "Desktop Molecular Modeller" ("Atom"), Beta-test-Version

Die wegen der kugelförmigen Molekülgestalt ungewöhnlichen Eigenschaften dieser Verbindung - sie ist trotz ihres hohen Schmelzpunktes (269°C im geschlossenen Rohr) leicht flüchtig - führten auch zu ihrer Entdeckung: Bestimmte tschechische Erdölsorten fielen durch ihren charakteristischen campherartigen Geruch auf. 1933 gelang es *Landa* und *Macháček* [3], den Geruchsträger, eine farblose, kristalline Substanz aus diesen Erdölsorten zu isolieren, die sich wegen ihrer Flüchtigkeit leicht von den hochsiedenden aromatischen Begleitstoffen trennte. Die Verbindung, deren Konstitution von *Lukes* aufgrund kristallographischer Untersuchungen vorgeschlagen und von *Prelog* endgültig hinsichtlich der Konstitution bewiesen wurde, erhielt den Namen *Adamantan.*

Seine Flüchtigkeit verdankt das Adamantan wie andere kugelförmige Moleküle, z.B. Campher, seiner wegen dieser Gestalt kleinen Moleküloberfläche, die dazu führt, daß im Kristall die Anziehungskräfte zwischen den Molekülen gering sind und die Moleküle leicht aus dem Kristall in die Gasphase übertreten können.

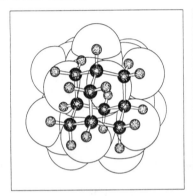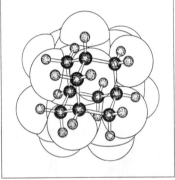

Abb.2. Adamantan (1, Stereobild, Computerzeichnung, Schakal-Programm)

2.4.4 Eigenschaften

In Tab.1 sind einige Daten des Adamantans zusammengefaßt. Daraus leiten sich besondere Merkmale des Adamantans ab:

a) Adamantan ist aufgrund der geringen Spannung des Moleküls thermisch stabil.

b) Wegen der schwachen Kristallgitterkräfte ist es ein exzellentes Schmiermittel.

c) Aufgrund der hohen Dichte an C- und H-Atomen ist es extrem lipophil.

d) Es riecht nicht zu stark und sublimiert leicht.

e) Es ist weniger reaktiv als Benzen, jedoch ist die Herstellung von Derivaten meist einfach.

<u>Tab.1</u>. Physikalische Eigenschaften des Adamantans

Summenformel	$C_{10}H_{16}$
Molekülmasse	136.23
Schmp.	269°C (im abgeschmolzenen Röhrchen)
Dichte	1.07 g/cm^3
Brechungsindex	1.568 ± 0.003
Verbrennungswärme	6.03·10^3 kJ/mol (25°C, fest)
Spezifische Wärme	0.19 kJ/mol·Grad (25°C)
Sublimationswärme	59.5 kJ/mol (27°C)
Tripelpunkt	460°C/27 kbar (tetragonal/kubisch/ flüssig)
Phasenübergangspunkt	208.62 K (tetragonal/kubisch/flüssig)
	ΔH: 3.34 kJ/mol, ΔS: 3.27 eu

2.4.5 Isolierung des Adamantans

1933 berichteten *Landa* und *Machácek* über die Isolierung des Adamantans aus der Kerosin-Fraktion eines Roh-Petroleums [2]. Sie gaben dem Kohlenwasserstoff den Namen Adamantan und trennten ihn durch Kristallisation aus einer Fraktion ab, die bei 190-195°C siedet. Aufgrund der kubischen Kristallstruktur ordneten sie der Verbindung die richtige Formel zu, die von *Prelog* bestätigt wurde. Später (1957) konnten *Landa* und *Hála* Adamantan aus verschiedenen Rohpetroleum-Sorten mit einer wesentlich verbesserten Methode isolieren [3-5]: Sie erhielten mit Thioharnstoff eine gut kristallisierende **Kanal-Einschlußverbindung** (vgl. Studienbuch "Supramolekulare Chemie", Teubner 1989) des Adamantans, die sich für dessen Abtrennung aus Erdölfraktionen vorzüglich eignet. Dieses originelle Isolierungsverfahren wurde von *Landa* und *Hála* sogar zu einer Bestimmungsmethode für Adamantan in Erdölen ausgearbeitet [6].

1958 wurde die Isolierung von Adamantan aus Erdöl durch azeotrope Destillation mit Perfluortributylamin beschrieben [6]. Dabei scheiden sich aus einem Konzentrat von Cycloparaffinen mit einem Siedebereich bei 190°C bereits Kristalle des Adamantans im Kühler und im Kopf der Destillationskolonne ab. Diese Kristalle wurden durch Heizen in die Vorlage übergetrieben und das Adamantan vom Destillat durch Ausfrieren bei -30°C isoliert und weiter durch Umkristallisation aus Aceton gereinigt. Aufgrund dieser Isolierung wurde der Anteil des Adamantans im ursprünglichen Petroleum auf 0.0004 Vol.-% geschätzt (vgl. *F. Vögtle*, "Supramolekulare Chemie - Eine Einführung". Teubner, Stuttgart 1989).

2.4.6 Synthesen

Die ursprüngliche Ausbeute bei der Synthese von *Prelog* und *Seiwerth* [7] konnte, ausgehend von Adamantandion-2,6-tetracarbonsäure-1,3,5,7-tetramethylester (2) von *Stetter* auf das Dreifache gesteigert werden [8]. Durch katalytische Hydrierung wurde aus 2 der bereits bekannte 2,6-Dihydroxyadamantantetracarbonsäure-1,3,5,7-tetramethylester (3) leicht zugänglich. Die aus dem Ester durch Verseifung erhaltene Säure 4 gibt mit Phosphorpentachlorid die chlorierte Säure 5. Die Säure zeigt Molekülasymmetrie und konnte durch Salzbildung mit Cinchonin in die Enantiomere gespalten werden [9]. Durch katalytische Hydrierung von 5 in alkalischer Lösung wurde Adamantantetracarbonsäure (6) erhalten. Deren Silbersalzabbau mit Brom nach *Hunsdiecker* ergab 1,3,5,7-Tetrabromadamantan (7), aus dem durch katalytische Hydrierung in Gegenwart von Alkali Adamantan zugänglich ist.

Durch modifizierte *Wolff-Kishner*-Reduktion gelang *Landa* und *Kamycek* [10)] eine direkte Reduktion von 2 zu 6 in hoher Ausbeute. Trotz dieser Verbesserungen der ursprünglichen Synthese blieb die Herstellung größerer Mengen Adamantans zunächst schwierig.

Eine entscheidende Wende brachte eine Beobachtung von *Schleyer* [11)]: Bei dem Versuch der Umlagerung von *endo*-Trimethylennorbornan (Tetrahydrodicyclopentadien, **8**) mit Aluminiumbromid oder -chlorid erhielt er neben dem erwarteten *exo*-Trimethylennorbornan (**9**) 12% Adamantan.

Schleyer und *Donaldson* [12)] haben diese **Carbeniumion-Gerüstumlagerung** näher studiert und einen Mechanismus vorgeschlagen: Die Umlagerungen gehen vom Adamantyl-Kation aus und verlaufen über Hydrid- und Alkylanion-Verschiebungen, sind also (anionotrope) Umlagerungen vom *Wagner-Meerwein*-Typ. Die treibende Kraft ist die Erleichterung der Ringspannung beim Übergang von den Ausgangsmolekülen zum Produkt.

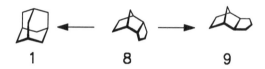

1   **8**   **9**

Durch Vergrößerung der Aluminiumbromid-Menge, Zugabe von wenig *tert*-Butylbromid und Durchleiten von Bromwasserstoff gelang es denselben Autoren, die Ausbeute an Adamantan bis auf 18.8% zu steigern. Nach einem Patent der Firma DuPont kann man die Ausbeute bis auf ca. 30% verbessern, wenn man die Isomerisierung mit einem Gemisch von Fluorwasserstoff und Bortrifluorid vornimmt [13)]. Eine maximale Ausbeute von 42% erhielten *Koch* und *Franken* mit Aluminiumchlorid/HCl bei einem H_2-Druck von 5.2 kPa [14)]. *Schleyer* und *Nicholas* [15)] konnten zeigen, daß verschiedene Methyl-substituierte Trimethylennorbornane (**11**) leichter und in besseren Ausbeuten zu einem Gemisch von 1-Methyl- und 2-Methyladamantan isomerisieren. *exo*-Tetramethylennorbornan (**12**) läßt sich ebenfalls fast quantitativ zu 1-Methyladamantan isomerisieren. Auch die leicht verlaufende Isomerisierung des Kohlenwasserstoffs **10** zu 1,3-Dimethyladamantan (**14**) zeigt, daß in allen Fällen das Adamantan-Ringsystem die stabile Endstufe der Isomerisierung - das *"Stabilomer"* - ist: *"Everything rearranges to adamantane"*.

Die *Schleyer*sche **Adamantan-Synthese** mit $AlCl_3$ als Isomerisierungskatalysator ist inzwischen als Standardvorschrift in "Organic Synthesis" mit 13.5 bis

15.0% Ausbeute aufgenommen [16]. Sie bietet den Vorzug der einfachen Durchführbarkeit [17].

CH₃-Struktur Darstellungen:

10   11   12

14   13

Allerdings hat der Aluminiumhalogenid-Prozeß einige Nachteile: Es fallen teerartige Stoffe mit an, so daß industriell ein Reinigungsprozeß notwendig ist. Zudem wird eine ziemlich große Menge des Katalysators verbraucht, und seine Regeneration bereitet Schwierigkeiten. Die Reaktionsgefäße korrodieren leicht. Aus diesen Gründen erlaubt dieser Prozeß keine günstige industrielle Produktion.

Eine Reduktion der Kosten scheinen andere Katalysatoren zu ermöglichen, z.B. mit Schwefelsäure behandeltes Al_2O_3, Al_2O_3/SiO_2 und "Cl-Pt-Al_2O_3". Jedoch haben diese eine geringe Aktivität und kurze Lebensdauer, sind also immer noch unbefriedigend für den industriellen Gebrauch.

Beim *Idemitsu*-Prozeß [18,19] wird ein neuer fester Isomerisierungskatalysator eingesetzt. Er basiert auf einem Zeolith-Ionenaustauscher mit Seltenen Erden und Erdalkali-Metallen. Außerdem können Metalle wie Nickel, Cobalt, Platin, Rhenium, Eisen, Kupfer, Germanium und andere vorhanden sein. Dieser Katalysator hat folgende Vorteile [18]: hohe katalytische Aktivität und hohe Adamantan-Ausbeuten bei geringem Katalysatorverbrauch; leichte Regeneration; einfache Abtrennung des Produkts; keine Korrosionseffekte. Abb.3 zeigt ein Fließdiagramm des Prozesses [19].

Das Ausgangsmaterial, Dicyclopentadien, wird zunächst mit H_2 in einer Ausbeute von höher als 99.9% hydriert. Im Isomerisierungsreaktor wird zum Tetrahydrodicyclopentadien (TMN) eine Spur HCl gegeben; die Reaktion verläuft außerdem unter H_2-Druck. Nach Gas/Flüssig-Trennung des Reaktionsproduktes werden geringe Mengen Zersetzungsprodukt durch Fraktionierung entfernt und unreagiertes TMN wird zurückgewonnen. Das Adamantan wird unter Kühlung auskristallisiert und mittels Zentrifuge abgetrennt. Durch Waschen mit *n*-Hexan erhält man Adamantan in einer Reinheit von >99%.

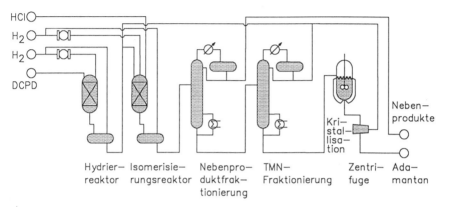

Abb.3. Adamantan-Produktion nach dem *Idemitsu*-Verfahren [18,19]

Diamantan und *Triamantan* (vgl. Abschnitt 1.4, dort Abb.11) werden nach neueren Studien von *Olah* analog in superaciden Medien (Trifluorsulfonsäure/Bortriflat) gewonnen [19a].

2.4.7 Adamantan-Derivate

Einige wichtige Abkömmlinge des Adamantans sind in Abb.4 zusammengestellt. Von großem Vorteil ist, daß Adamantan, wie schon *Landa* et al. fanden, mit Brom leicht ein einheitliches Monobrom-adamantan liefert. Durch Verseifung läßt sich daraus Monohydroxyadamantan herstellen. Auch Di-, Tri- und Tetrabromadamantane sind durch direkte Bromierung gut erhältlich.

Während aber die Monobromierung äußerst leicht bereits bei Raumtemperatur verläuft, ist die Einführung eines zweiten Bromatoms auch bei großem Überschuß an Brom und Temperaturen bis 150°C nicht möglich. Mit *Friedel-Crafts*-Typ-Katalysatoren gelingt es jedoch, höher bromierte Adamantane zu erhalten, z.B. mit Bortribromid das 1,3-Dibromadamantan, mit Aluminiumbromid oder Eisen(II)-bromid das <u>1,3,5-Tribromadamantan</u> [1b]. Die weitere Bromierung zum <u>1,3,5,7-Tetrabromadamantan</u> ist mit den gleichen Katalysatoren oberhalb 150°C möglich. Überraschend erscheint die hohe Selektivität des Reaktionsverlaufs, da ausschließlich die tertiären Wasserstoffatome substituiert werden. Es ist in keinem Fall gelungen, mehr als vier Halogene auf diese Weise in das Adamantan-Molekül einzuführen [1b].

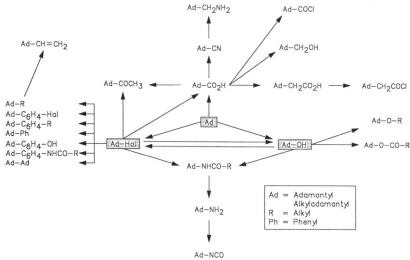

<u>Abb.4.</u>   Adamantan-Derivate

REAKTIVITÄT DER SUBSTITUENTEN AM ADAMANTAN-GERÜST

Bei der Untersuchung der Reaktionsfähigkeit der Halogenverbindungen des Adamantans fiel vor allem auf, daß 1-Bromadamantan entgegen den theoretischen Voraussagen eine hohe Reaktivität bei nucleophilen Substitutionen zeigt. Diese Reaktionsfähigkeit des Halogens am Brücken-C-Atom des starren Ringsystems war unerwartet [1b]: Infolge der fehlenden Möglichkeit des Rückseitenangriffs ist eine nucleophile Substitution nach dem S_N2-Mechanismus ausgeschlossen. Aber auch der S_N1-Mechanismus sollte erschwert sein, da die Ausbildung eines planaren Carbenium-Ions infolge der Starrheit des Ringskeletts nur unter beträchtlicher Deformation möglich ist. Überraschend war auch der experimentelle Befund, daß 1-Bromadamantan ca. 1000 mal schneller reagiert als 1-Brombicyclo[2.2.2]octan, da das letztere Ringsystem genau wie Adamantan ohne Baeyer-Spannung ist. *Schleyer* und *Nicholas* haben eine theoretische Deutung für diese stark abweichende Reaktivität der beiden Halogenverbindungen versucht (siehe auch unten) [20].

HETEROSUBSTITUIERTE ADAMANTANE

Außer dem Hexamethylentetramin (Urotropin) gibt es zahllose Heteroatom-substituierte Adamantane wie 2-Oxaadamantan, 2,4,9-Trioxaadamantan, Aza-adamantane, Thiaadamantane, Sila-, Bora-, Phosphaadamantane usw., auf die hier nicht weiter eingegangen werden soll; auch anorganische Adamantan-strukturen sind bekannt [1b].

CHIRALE ADAMANTANE

Die vier Brückenkopf-Bindungen des Adamantans (T_d-Symmetrie) sind nach den Ecken eines Tetraeders orientiert. Bei vier verschiedenen Substituenten ist das entsprechende Molekül (vgl. 15) chiral, ohne ein asymmetrisch substituiertes C-Atom zu besitzen; man beobachtet optische Aktivität. Das Derivat 16 wurde in die Enantiomere getrennt [21].

15
chiral,
wenn $R^1 \neq R^2 \neq R^3 \neq R^4$

16

17

Auch bei geeigneter Substitution an den CH_2-Gruppen tritt - axiale - Chiralität auf (vgl. 17).

Das Adamantan-Gerüst ermöglichte den Aufbau des ersten optisch aktiven Moleküls mit T-Symmetrie und mit bekannter absoluter Konfiguration: (+)-1,3,5,7-Tetrakis[2-(1S,3S,5R,6S,8R,10R)-D_3-trishomocubanylbuta-1,3-diynyl]adamantan (18) [22].

$R = +(C \equiv C)_2$

(+)−18

Das zentrale Adamantan-Gerüst weist dabei T_d-Symmetrie und die vier über eine Diacetylen-Einheit gebundenen Tris(homocuban)-Seitenketten jeweils C_3-Symmetrie auf [Gesamtsymmetrie bei ungehinderter Bindungsrotation $(C_3)^4$-T].

ADAMANTYL-KATIONEN UND ADAMANTEN

Das Adamantan-Gerüst erlaubte kürzlich die erste *Röntgen*-Kristallstrukturanalyse eines aliphatischen Carbokations [23]. Obwohl *Olah* et al. bereits 1973 die Darstellung von festem **19a**·SbF$_6$ beschrieben hatten [24], war keine *Röntgen*-Kristallstrukturanalyse eines Salzes mit einem Adamantyl-Kation bekannt. Durch Umsetzung von 1-Fluor-3,5,7-trimethyladamantan mit Antimonpentafluorid konnte das Salz **19c**·Sb$_2$F$_{11}$ dargestellt werden, das geeignete Einkristalle bildet.

Im Kristallgitter ist nach den Ergebnissen der *Röntgen*-Kristallstrukturanalyse keine Wechselwirkung zwischen Kationen und Anionen erkennbar. Das Kation **19c** zeigt jedoch drastische Unterschiede im Vergleich zur idealisierten Struktur: Das kationische Zentrum C-1 ist deutlich eingeebnet; diese "Pyramidalisierung" des C-Gerüsts beträgt 21 pm. Die von C-1 ausgehenden Bindungen sind im Mittel 144 pm kurz, die darauffolgenden zu den quartären Zentren 162 pm lang. Der Sechsring mit den drei Methylgruppen ist leicht eingeebnet.

	R^1	R^2	R^3
19a	H	H	H
19b	CH$_3$	CH$_3$	H
19c	CH$_3$	CH$_3$	CH$_3$

In der Struktur des Kations drückt sich demnach der Einfluß **hyperkonjugativer Grenzformen** des Typs **19c'** aus. Homo-Hyperkonjukation scheint keine oder höchstens eine untergeordnete Rolle zu spielen, da Grenzformen des Typs **19c"** nicht die extremen Bindungslängen-Unterschiede erklären können und die Bindungen zu den Methylgruppen nicht verlängert sind. Aus den sehr kleinen C-C-C-Bindungswinkeln (99°) um die Methylen-Kohlenstoffatome 2, 8 und 9 läßt sich schließen, daß diese Atome ebenso wie C-1 näherungsweise *sp^2*-hybridisiert sind, wobei jeweils das *p*-artige Orbital an der Bindung zu dem quartären C teilnimmt [23].

Carbenium-Ionen sind in der planaren Konformation am stabilsten, da in dieser die stärkste Hyperkonjugation mit den benachbarten C-H- und C-C-Bindungen möglich ist und zugleich die elektronischen Repulsionen zwischen den drei Liganden minimisiert werden. Dementsprechend sind Brückenkopf-Carbenium-Ionen, die keine planare Geometrie annehmen können, unstabil, hochreaktiv und schwierig zu erzeugen. Der Effekt ist bei den Carbenium-Ionen stärker ausgeprägt als bei den Radikalen. Carbanionen am Brückenkopf sind jedoch stabil.

Die Abweichung des Carbenium-Ions von der Planarität kann durch die Spannungsenergie gut beschrieben werden. Es ist in diesem oligocyclischen Ringsystem diejenige Energie, die benötigt würde, um das System so zu verformen, daß der Brückenkopf planar wird [27].

Vor allem die starren Kohlenwasserstoffgerüste erleiden eine große Spannungszunahme bei der Ionisierung und solvolysieren dementsprechend langsam.

Man findet daher folgende Reihenfolge der Geschwindigkeitskonstanten bei S_N1-Reaktionen am Brückenkopf; mit zunehmender Ringspannung des entstehenden Carbokation-Zentrums nimmt die Reaktionsgeschwindigkeit stark ab:

| k_{rel} | 1 | 10^{-3} | 10^{-6} | 10^{-13} |

Das *1-Adamantylkation* und das *tert*-Butylkation sind in Lösung von ähnlicher Stabilität. In der Gasphase ist das erstere jedoch stabiler. Dies weist darauf hin, daß dort die durch Abweichung des kationischen Zentrums von der planaren Geometrie bewirkte Spannungsenergie durch die größere Polarisierbarkeit des Ions kompensiert wird. Die Tatsache läßt sich auch durch die günstige Orientierung des leeren *p*-Orbitals des Adamantyl-Kations erklären, welche eine starke **Hyperkonjugation** mit den drei parallelen σ_{C-C}-Bindungen erlaubt.

Im ^{13}C-NMR-Spektrum des 1-Adamantylkations in SbF_5-HSO_3F findet sich ein Hinweis auf die starke Stabilisierung des **Brückenkopf-Kations** durch Hyperkonjugation:

Die chemischen Verschiebungen für ^{13}C zeigen eine stärkere Abschirmung (stärkere positive Ladung) an den ß- als an den α-Kohlenstoffatomen, im Einklang mit dem Hyperkonjugations-Modell.

ADAMANTEN UND AZAADAMANTAN

Adamanten (20) weist eine stark verdrillte Doppelbindung auf: Der Verdrillungswinkel beträgt etwa 56°. Für die Olefin-Spannung wurden 165 kJ/mol berechnet. 20 konnte bei verschiedenen Reaktionen als Zwischenprodukt nachgewiesen werden. Es besitzt partiellen Biradikal-Charakter. In einer Argonmatrix ist es bis 70 K stabil, bei höherer Temperatur dimerisiert es [25].

20   21

Auch das Aza-analoge 21 ist eine Anti-*Bredt*-Verbindung. Die spektroskopische Untersuchung in einer Matrix bei tiefer Temperatur ergab für das 2-Azaadamantan (21) eine Erniedrigung der $\nu_{C=N}$-Frequenz gegenüber dem Normalwert eines ungespannten Imins um ca. 200 cm^{-1} [26].

2.4.8 Anwendungen des Adamantans

Adamantan wurde in die Polymerkette und in die Seitenketten von Polymeren eingebaut. Polyester, Polycarbonate, Polyamide, Polyimide, Polyurethane, Polysulfone, Vinyl-Polymere, Epoxy-Harze und andere Polymere mit Adamantan-Bausteinen wurden untersucht. Folgende vorteilhafte Eigenschaften wurden gefunden:

a) hohe thermische und Oxidations-Stabilität,

b) gute Licht- und Wetterresistenz,

c) Schmelzbereich und Übergangspunkte sind hoch, verglichen mit anderen ähnlichen Polymeren,

d) niedriger Schrumpfkoeffizient, d.h. hohe Dimensionsstabilität, Lösungsmittelresistenz, Hydrolyseresistenz, z.B. bei Polyestern und Polyurethanen,

e) die Biegeelastizität ist z.T. verbessert,

f) das spezifische Gewicht der Polymere ist relativ niedrig.

Außer für Polymere wird Adamantan für folgende Zwecke eingesetzt: für

Hydridtransfer-Katalysatoren [1b], für Schmiermittel, für Pharmazeutika. Hier ist besonders das *"Symmetrel®"* zu erwähnen: 1-Aminoadamantan-hydrochlorid, das 1962 von *E.U.DuPont de Nemours & Co.* publiziert wurde [18]. Es wird bei der Behandlung der *Parkinson*schen Krankheit und bei Virusinfektionen eingesetzt. Japan importiert ungefähr 1-2 Tonnen Symmetrel pro Jahr, hauptsächlich zur Behandlung der *Parkinson*schen Krankheit. In den USA wird es auch zur Vorbeugung gegen Grippe-Viren des Typs A verwendet. Symmetrel tötet Viren nicht, behindert sie aber beim Eintritt in die Zelle. - Es wird interessant sein, zu erfahren, ob das kürzlich synthetisierte 1-Aminododecahedran (s. Abschnitt 2.3) ähnlich wirkt.

Adamantan-Einheiten sind auch in Antibiotika wie Penicillin und Cyclosporin sowie in Cancerostatika eingeführt worden. Perfluoradamantan wurde als künstlicher Blutersatz studiert [18]; es scheint weniger toxisch zu sein als andere Perfluor-Verbindungen.

Adamantan wird auch anstelle von *p*-Dichlorbenzen und Campher als Sublimationsträger eingesetzt, denen gegenüber es weniger unangenehm riecht, weniger toxisch und - als natürlich vorkommende Substanz - umweltfreundlich ist. Es wird daher auch zur Luftverbesserung in Häusern und Automobilen verwendet, meist in Kombination mit anderen Substanzen. Schließlich kann Adamantan gemeinsam mit Insektizid-Komponenten, z.B. zum Schutz von Kleidern, eingesetzt werden.

2.5 Pagodan

Pagodan (1) [1] ist ein undecacyclisches $C_{20}H_{20}$-Polyquinan und ein Isomer des Dodecahedrans (Abschnitt 2.3). Der IUPAC-Name des Pagodans ist Undecacyclo[$9.9.0.0^{1,5}.0^{2,12}.0^{2,18}.0^{3,7}.0^{6,10}.0^{8,12}.0^{11,15}.0^{13,17}.0^{16,20}$]eicosan. Außer durch seine D_{2h}-Symmetrie war es als Vorläufer zur Synthese des Dodecahedrans von Interesse, da die Isomerisierung des Pagodans zum Dodecahedran führen sollte (vgl. Abschnitt 2.3), ähnlich wie durch *Wagner-Meerwein*-Umlagerung des Hydrierungsprodukts des *Diels-Alder*-Dimeren des Cyclopentadiens Adamantan (vgl. Abschnitt 2.4) erhalten wurde.

1   **3**

Den Namen hat **Pagodan** wegen seines pagodenähnlichen Gerüsts erhalten (*Prinzbach*).

2.5.1 Synthese

Bei der Synthese des Pagodans (1) gingen *Prinzbach* et al. [1] von dem $C_{20}H_{20}$-Tetraen 6 aus, das durch [6+6]-Photocycloaddition des Dibenzo-Isomeren 5 zugänglich ist. Dieser Syntheseweg ist attraktiv, weil 5 in einer Fünfstufensequenz ausgehend von der Industriechemikalie *"Isodrin"* (4) in einer Gesamtausbeute von 55% erhalten werden kann und weil die Photoaddition 5 → 6 ausschließlich 6 in 30% Ausbeute liefert.

4   **5**   **6**

In **6** sind die beiden Dien-Einheiten für eine doppelte *Diels-Alder*-Reaktion ideal vororientiert: In siedendem Benzen addiert das thermisch ziemlich stabile **6** quantitativ und stereospezifisch ein Äquivalent Maleinsäureanhydrid; unter diesen Bedingungen wird keine Spur des *endo*-[4+2]-Addukts **7** gefunden, da es unter erneuter, diesmal intramolekularer, *Diels-Alder*-Addition rasch in **8** umgewandelt wird. Beim Abbau der entsprechenden Dicarbonsäure zum Dien **9** wird mit Cu(I)-Oxid eine reproduzierbare 70%ige Ausbeute erhalten, während mit Bleitetraacetat nur 30% isoliert werden. Die Ringverengungen wurden mit Standardmethoden durchgeführt: Nach Hydroborierung, Oxidation, Formylierung und Diazotierung wird das Bis-diazoketon (z.B. **11**) photolysiert. Dabei isoliert man nur die *endo/endo*-Dicarbonsäure **12** oder den *endo/endo*-Diester **13**. Bis(iod)-Decarboxylierung von **12** ergibt die isomeren Diiodide **14** in 80% Ausbeute, die quantitativ zu **1** reduziert werden.

Nachdem es gelungen ist, Pagodane präparativ zu Dodecahedranen zu isomerisieren (vgl. Abschnitt 2.3), kommt dem Pagodan-Skelett mehr Bedeutung zu, als es zunächst aufgrund der esoterischen Molekülarchitektur
scheinen möchte.

2.5.2 Eigenschaften

Der Schmelzpunkt des Pagodans (1) liegt bei 243°C. Die hohe Symmetrie
spiegelt sich in der Einfachheit der ^{1}H- und ^{13}C-NMR-Spektren wider. Aus
Molekülmodellen und aus Kraftfeldrechnungen ergibt sich, daß die dem Pa-
godan-Molekül innewohnende Spannung beträchtliche Dehnungen der C6-C7-
(C16-C17)- und C1-C2- (C11-C12)-Bindungen verursachen sollte. In der Tat
zeigt die *Röntgen*-Kristallstrukturanalyse des Diesters 13 (vgl. Abb.1), daß
diese Bindungen, verglichen mit normalen C-C-Einfachbindungen, stark aufgeweitet sind: C6-C7 bzw. C16-C17: 161.7 bzw. 162.5 pm, C1-C2 bzw. C11-
C12: 158.5 bzw. 159.3 pm.

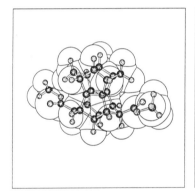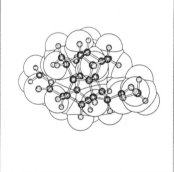

Abb.1.   *Röntgen*-Kristallstruktur des Pagodan-Diesters 13 [1] (Stereobild)

2.5.3 Das Pagodan-Dikation

Das Kohlenstoff-Skelett des Pagodans (1) schien gut geeignet, um durch anionotrope Umlagerungen des Meerwein-Typs zum isomeren Dodecahedran
(3) zu gelangen (vgl. Abschnitt 2.3), ähnlich wie *endo*-Tricyclo[5.2.1.0^{2,6}]de-

can (15) in HF/SbF$_5$ zum Adamantan (16) umgelagert werden kann:

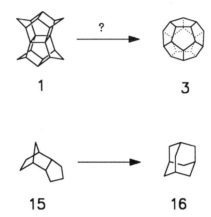

Wie *Olah* und *Prinzbach* et al. [2)] in diesem Zusammenhang gemeinsam fanden, entsteht eine gelbe Lösung, wenn einige Milligramm Pagodan (1) in einem fünffachen Überschuß frisch destillierter SbF$_5$/SO$_2$ClF-Lösung bei -80°C gelöst werden. Während im 200 MHz-^{1}H-NMR-Spektrum zunächst ein komplexes Absorptionsmuster im aliphatischen Bereich beobachtet wird, zeigt die Lösung nach einigen Stunden bei -80°C jedoch ein einfaches ^{1}H-NMR-Spektrum, und im 50 MHz-^{13}C-NMR-Spektrum derselben Lösung bei -80°C findet man nur vier Signale. Aus der sich daraus manifestierenden Symmetrie und dem Ausmaß der Entschirmung sowohl im ^{1}H- als auch im ^{13}C-NMR-Spektrum - verglichen mit Pagodan (1) selbst - wurde abgeleitet, daß die entstandene Spezies ionischer Natur sei und die D$_{2h}$-Symmetrie des Pagodans beibehalten hat. Die Lösungen erwiesen sich als überraschend stabil - selbst bei 0°C. Löschen ("Quenchen") der Lösung mit einem Überschuß kalten Methanols bei -78°C führt zu einem farblos kristallinen Produkt, das sich als der Diether 17 erwies.

H$_3$CO
H$_3$CO

17

Daraus wurde geschlossen, daß das ionische Produkt ein Pagodan-Dikation ist, das durch Zweielektronen-σ-Oxidation des gespannten Cyclobutan-Rings in **1** entsteht, und das durch eine der beiden D_{2h}-Strukturen **18** und **19** wiedergegeben werden kann. MM2-Berechnungen ergaben, daß das Isomer **18** um 203 kJ/mol stabiler sein sollte als **19**.

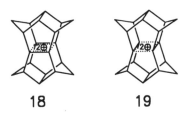

18   **19**

Die bemerkenswerte Stabilität des Dikations **18** kann durch Annahme eines einzigartigen *2π-aromatischen Systems* gedeutet werden. Das Dikation **18** (vgl. Struktur **18a**) kann als topologisch äquivalent zum Cyclobuta<u>dien</u>-Dikation **20** betrachtet werden. Die Situation ähnelt dem Übergangszustand für die erlaubte Cycloaddition des Ethens mit dem Ethen-Dikation. Unterstützung für die Struktur **18** liefert auch die MINDO/3-Theorie. Auch in einem anderen Beispiel (1,4-Bicyclo[2.2.2]octandiyl-Dikation) wird eine solche *"pseudo-2π-aromatische Überlappung"* angenommen.

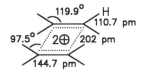

20

STO-3G-Berechnungen wurden auch für das <u>unsubstituierte</u> Cyclobutan-Dikation durchgeführt, das dem Pagodan-Dikation zugrundeliegt. Diese Berechnungen ergaben, daß das Cyclobutan-Dikation eine rechteckige Struktur **20** aufweist. Die kürzeren C-C-Bindungen (144.7 pm) in **20** scheinen eine Bindungsordnung zwischen der C-C-Einfach- und der C=C-Doppelbindung anzudeuten, während die anderen beiden wesentlich längeren Bindungen (202 pm) eine Bindungsordnung um 0.5, d.h. niedriger als die C-C-Einfachbindung haben müßten.

18a   **18b**

Im Gegensatz zu dem wohlbekannten Cyclobuta<u>dien</u>-Dikation (**18b**) liegen diejenigen π-Orbitale, die delokalisiert sind, in der Ebene des Cyclobutan-Rings (Struktur **18a**). Die π-MO von **20** sind in <u>Abb.2</u> gezeigt, wobei das niedrigste bindende MO mit zwei Elektronen besetzt ist, welche die aromatische Stabilisierung bewirken [2].

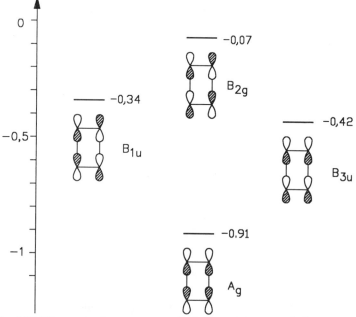

<u>Abb.2</u>. MO-Diagramm des verzerrten Cyclobutan-Dikations (**20**)

Eine experimentelle Prüfung für ein aromatisches System besteht im Nachweis eines Ringstroms. Ein solcher Ringstromeffekt scheint aus den ^{1}H- und ^{13}C-NMR-Spektren (Abschirmung der 6,7- und 16,17-Positionen verglichen mit Pagodan) abgeleitet werden zu können [3].

2.6 [1.1.1]Propellan

Dieses Kohlenwasserstoff-Molekül (1; <u>Abb.1</u>) ist das am <u>stärksten gespannte</u> unter den bisher bekannten, das bei Raumtemperatur stabil ist.

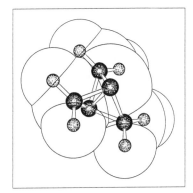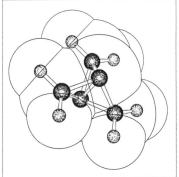

<u>Abb.1.</u> [1.1.1]Propellan (Stereobild; berechnet mit "Atom '87")

Der tricyclische Kohlenwasserstoff **1** wurde früher nicht für existenzfähig gehalten, konnte jedoch von *Wiberg* et al. 1982 synthetisiert werden (s.u.) [1].

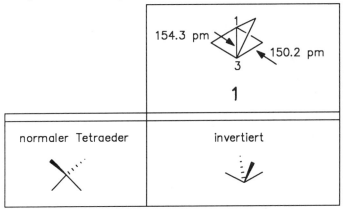

<u>Abb.2.</u> Oben: *Röntgen*-Kristallstruktur-Ergebnisse (Bindungslängen) des [1.-1.1]Propellans (**1**). Unten: Normale sp^3- (links) und invertierte Geometrie (rechts) am Kohlenstoff

Obwohl jedes der zwei Brückenkopfatome C1 und C3 nicht tetraedrische, sondern *"invertierte" Konfiguration* aufweist (Abb.2), wurde durch *Röntgen-*Kristallstrukturanalyse gefunden, daß der mittlere C1-C3-Bindungsabstand dem normalen Wert von 154 pm des ungespannten Ethans entspricht! Zur Bildung des Diradikals unter Homolyse der mittleren C-C-Bindung sind 272 kJ/mol aufzuwenden. Der besonderen Art der C1-C3-Bindung mit einer neuartigen nichtaxialen Orbitalanordnung wird *"σ-verbrückter π-Charakter"* zugeschrieben.

Die <u>Synthese</u> erscheint nachträglich vergleichsweise einfach: 1 wird ausgehend von der Bicyclo[1.1.1]pentan-1,3-dicarbonsäure (2) über das bicyclische Dibromid 3 erhalten, das mit *tert*-Butyllithium - unter Ausbildung der zentralen C-C-Bindung zwischen den Brückenköpfen - dehalogeniert wurde [1a).

Der Bicyclus 2 wird aus Malonester- bzw. Cyclobutan-Vorstufen erhalten, wie die Darstellung des für spektroskopische Zwecke (s.u.) benötigten perdeuterierten *[1.1.1]Propellans* 6 illustriert:

$$\xrightarrow{\oplus CCl_2} \quad \begin{array}{c} Cl \ Cl \\ \diagup\diagdown CO_2CH_3 \\ D_2 \diagdown\diagup D_2 \\ Ph \end{array} \quad \xrightarrow{Bu_3SnD} \quad \xrightarrow{O_3} \quad \begin{array}{c} D_2 \\ \diagup\diagdown CO_2H \\ D_2 \diagdown\diagup D_2 \\ CO_2H \end{array}$$

$$\xrightarrow[Br_2, \ D_2]{HgO} \quad \begin{array}{c} D_2 \\ \diagup\diagdown Br \\ D_2 \diagdown\diagup D_2 \\ Br \end{array} \quad \xrightarrow{H_3CLi} \quad \begin{array}{c} D_2 \\ \diagup\diagdown \\ D_2 \diagdown\diagup D_2 \end{array}$$

6

Das ^{1}H-NMR-Spektrum von 1 zeigt ein Singlett bei δ = 2.06, das ^{13}C-NMR-Spektrum Absorptionen bei δ = 74.2 (CH_2, $J_{^{13}C-H}$ = 165 Hz) und δ = 1.0 für die Brückenkopf-Kohlenstoffatome.

Im IR-Spektrum fällt eine charakteristische starke Bande bei ca. 550 cm^{-1} auf. Sie beruht auf einer antisymmetrischen C-C-Streckschwingung, die zu einer Bewegung der Brückenkopf-Kohlenstoffatome (Pfeile in Abb.3) gegenüber dem restlichen Kohlenstoff-Skelett führt:

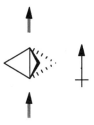

Abb.3. Antisymmetrische IR-aktive C-C-Streckschwingung im [1.1.1]Propellan (1)

Diese Schwingung hat die Bildung eines starken Dipols in der in Abb.3 angegebenen Richtung zur Folge, was die hohe Intensität der Bande bedingt.

Die Geometrie des [1.1.1]Propellans wurde auch durch Analyse der Rotationsbanden in seinen IR- und *Raman*-Spektren und Vergleich mit denen des perdeuterierten Moleküls 6 (s.o.) bestimmt. In Abb.4 sind die IR- und *Raman*-Spektren von 1 und 6 miteinander verglichen:

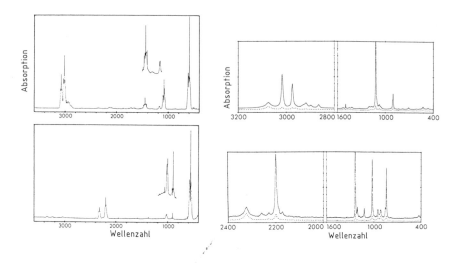

<u>Abb.4.</u>   Infrarot- (links) und Raman-Spektren (rechts) von [1.1.1]Propellan
(1; oben) und [D$_6$][1.1.1]Propellan (6; darunter)

Die Bildungsenthalpie ΔH_f von 1 (in der Gasphase) wurde experimentell zu
350 kJ/mol bestimmt, was mit dem aus ab-initio-Rechnungen abgeleiteten
Wert (372 kJ/mol) gut übereinstimmt.

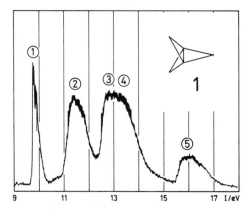

<u>Abb.5.</u>   Photoelektronen-Spektrum des [1.1.1]Propellans (1)

Durch [He(Iα)]-Photoelektronen-Spektroskopie (Abb.5) wurde das in Abb.6 gezeigte Orbitalkorrelations-Diagramm für 1 erstellt, das sich in Übereinstimmung mit ab-initio-Berechnungen (6-31 G*, FOGO) befindet [2].

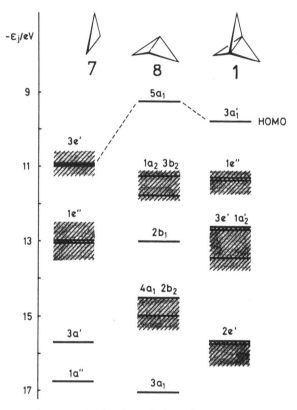

Abb.6. Vergleich der Orbital-Korrelationsdiagramme von Cyclopropan (7), Bicyclo[1.1.0]butan (8) und [1.1.1]Propellan (1). Die schraffierten Bereiche zeigen überlappende oder verbreiterte Banden (aufgrund des *Jahn-Teller*-Effekts) an [2]

Die extreme Winkelspannung des Tricyclus 1 hat besondere Reaktionsweisen zur Folge, die bei weniger gespannten Verbindungen nicht beobachtet werden. Dabei bedeutet höhere Spannung nicht immer auch höhere Reaktivität, wie es aus dem folgenden Vergleich der ΔH-Werte abgeleitet werden könnte:

	ΔH [kJ/mol]
1	270
9	125
10	20

Beispielsweise ist das weniger gespannt erscheinende Bicyclo[1.1.0]butan (**8**) bei Additionsreaktionen an Elektronenmangel-Alkene unter Bildung der 3-Methylencyclobutyl-Struktur reaktiver als das Propellan (**1**) [3]:

Beim Erhitzen auf 430°C im Vakuum lagert **1** zu Dimethylencyclopropan (**12**) um [4]:

1   **12**

Das [1.1.1]Propellan-Gerüst konnte auch mit einer Klammer bzw. Brücke versehen werden [4]:

13   **14**

Schließlich konnten - z.B. durch anionisch (*tert*-BuLi, PhLi) initiierte, ring-öffnende Polymerisation - Polymere bzw. Telomere {Poly[1.1.1]propellan, **15**} mit verknüpften [1.1.1]Bicyclooctan-Bauteilen, hergestellt werden [5]. Sie haben die Gestalt steifer Stäbchen und wurden daher *[n]Staffane* genannt [6]. Sie bilden ein inertes, isolierendes und transparentes Material.

$$R - \diamondsuit - \left[\diamondsuit \right]_{n-2} \diamondsuit - H$$

15

Das Studium dieser und ähnlicher *"Extremverbindungen"* führt zu einem besseren Verständnis der Natur der Kohlenstoff-Kohlenstoff-Einfachbindung, einer für die Organische Chemie fundamental wichtigen Frage.

3 Aromaten

3.1 Das Triphenylcyclopropenyl-Kation

3.1.1 Historisches

Ausschlaggebend für die Synthese von Cyclopropenyl-Kationen (1) war die Überlegung, einen möglichst stabilen C_3-Ring herzustellen. Nach der *Hückel*-Regel (1931) besitzen monocyclische ebene Ringverbindungen mit trigonal hybridisierten Atomen, die $(4n+2)\pi$-Elektronen aufweisen, eine besondere elektronische Stabilität. Diese mit "*Hückel*-Aromatizität" umschriebene Stabilisierung konnte somit auch für noch nicht synthetisierte Ringe vorhergesagt werden.

1

Nachdem im Jahre 1954 *Doering* [1] mit dem Tropylium-Kation $C_7H_7^{\oplus}$ als erster kationischer aromatischer Verbindung die *Hückel*-Regel für n = 1 bestätigte, fiel das Interesse nun auf den elektronenärmsten konjugierten Cyclus, das *Cyclopropenyl-Kation*, $C_3H_3^{\oplus}$, mit n = 0:
Das zu erwartende Problem der hohen Ringspannung gedachte man durch die Einführung von drei Phenyl-Substituenten zu erleichtern (vgl. 2), da hierdurch eine zusätzliche Stabilisierung durch Delokalisierung zu erwarten war:

2

Obwohl sich die Hypothese des Triphenylcyclopropenyl-Kations (2) als hochsymmetrisches planares System mit starker Delokalisation der Elektronen als nicht ganz korrekt erwiesen hat (s.u.), führte sie doch zur ersten Synthese des $C_3Ph_3^{\oplus}Br^{\ominus}$ im Jahre 1957 durch *Breslow* [2).

3.1.2 Synthesen

Von den bekannten Synthesewegen zum Triphenylcyclopropenyl-Kation unterscheiden sich zwei nur im Detail. Allen gemeinsam ist die Addition eines Carbens an eine Mehrfachbindung zum Dreiring.

Breslows historische Synthese aus dem Jahre 1957 stützt sich auf die Verwendung von Phenyldiazoacetonitril (**5**):

3   **4**   **5**

Die Umsetzung von Benzaldehyd (**3**) mit KCN/NH_4Cl zum Aminonitril **4** entspricht einer "*Strecker*-Synthese". Anschließende Diazotierung mit Natriumnitrit liefert die gewünschte Diazocarbonyl-Verbindung, die nicht isoliert wurde. Diazoverbindungen sind thermisch und photochemisch instabil, spalten Stickstoff ab und liefern dadurch Carbene **6** als reaktive Spezies:

5   **6**

Mit Diphenylacetylen (Trivialname "Tolan", **7**) als "Carbenfänger" bildet sich das kovalente 1,2,3-Triphenylcyclopropenylcyanid (**8**) in 7% Ausbeute:

6   **7**   **8**

9a: X = BF$_4$
b: X = Br

10

Umsetzung mit wäßrigem BF$_3$-Etherat als Lewis-Säure bewirkt CN-Abspaltung und Bildung eines Mischsalzes **9a** aus Fluoroborat und Hydroxyfluoroborat. Eine methanolische Lösung von **9a** liefert mit Na$_2$CO$_3$ den 1,2,3-Triphenylcyclopropenylmethylether (**10**), der sich beim HBr-Einleiten in etherischer Lösung zum ionischen Bromid **9b** umsetzt.

Nachteilig an dieser ersten Synthese waren die durch den langen Reaktionsweg bedingten geringen Ausbeuten sowie die durch die Wahl der "Diazokomponente" eingeschränkte Möglichkeit, das Reaktionsschema zu verallgemeinern.

Beide Schwierigkeiten konnten durch die Verwendung von Benzalchlorid (**11**) als carbenbildendem Agens umgangen werden. Dabei wird das zweite klassische Verfahren der Carbenbildung, die α-Elimination von Halogenwasserstoff, angewendet. Eine solche Elimination von Halogenwasserstoff an demselben C-Atom (1,1- oder α-Elimination) läuft bei der Basen-katalysierten Hydrolyse von Chloroform ab. Die Base der Wahl [3a] bei der von *Chandras* und unabhängig davon von *Breslow* [3b] beschriebenen Synthese ist das Kaliumsalz des *tert*-Butylalkohols (**12**). Die primär entstehende Chlorcyclopropenyl-Verbindung **14** wird durch das *tert*-Butoxylat in den entsprechenden Ether **15** übergeführt. HBr-Einleiten liefert das ionische Triphenylcyclopropenylbromid (**9b**) bereits im zweiten Syntheseschritt.

Darüber hinaus ermöglicht die leichte Zugänglichkeit der verschiedensten Arylchlorcarbene eine Variation der Substituenten am Cyclopropenyl-Kation. Die Ausbeuten liegen zwischen 20 und 90%.

11   12   13 (≙ 6)

14   **15**   **9b**

Ein prinzipiell anderer Syntheseweg wurde von *Tobey* und *West* [4] erarbeitet: Durch Darstellung des Trichlorcyclopropenium-tetrachloroaluminats $(CCl)_3^{\oplus}AlCl_4^{\ominus}$ (**19**), wurde der "aromatische" Dreiring vorgegeben und anschließend durch elektrophile aromatische Substitution ins Triarylcyclopropenyl-System **20** übergeführt.

16   **17**   **18**

19   **20**

X = Cl, Br, ClO$_4$

Die reaktive Spezies, das Dichlorcarben, entsteht durch einfache Decarboxylierung von Natriumtrichloracetat. Mit dem schwachen Carbenacceptor Trichlorethen (**16**) erfolgt die Umsetzung zwar nur mit mäßigen 22% Ausbeute, aber die Edukte sind wohlfeil. Das Pentachlorcyclopropan (**17**) kann in grossen Mengen rein dargestellt werden.

Basen-katalysierte HCl-Elimination zum Tetrachlorcyclopropen (**18**) und Bildung des 1:1-Addukts **19** mit AlCl$_3$ verlaufen praktisch quantitativ. Die weitere Umsetzung zum Triarylcyclopropeniumchlorid (**20**) kann als *Friedel-*

Crafts-Alkylierung aufgefaßt werden, also als eine elektrophile Substitution eines aromatischen Wasserstoffatoms durch den C_3-Ring.

Da eine hohe Elektronendichte am Aromaten die elektrophile Substitution natürlich erleichtert, gelang die Umsetzung zunächst nur mit aktivierten Arenen, z.B. Phenol. Im Jahre 1976 jedoch gelang es *Weiss* [5], durch Verwendung von Trifluormethansulfonat (Triflat) als Gegenion auch Benzen selbst zur Reaktion zu bringen.

3.1.3 Moleküleigenschaften und Spektroskopie

Verbindungen der Summenformel C_3Ph_3X können in der kovalenten Form A oder in der ionischen Form B vorliegen.

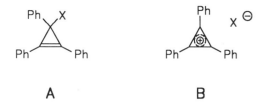

Wegen ihrer gravierenden Unterschiede ist es sinnvoll, im folgenden auch einige kovalente Vertreter des Typs A vergleichend in die Betrachtungen einzubeziehen.

LÖSLICHKEIT UND SCHMELZPUNKTE: Alle Cyclopropenylium-Verbindungen sind als Salze nur in stark polaren Lösungsmitteln wie Alkoholen, Acetonitril, Dimethylformamid oder wäßriger Säure löslich, aber unlöslich in Ether, Chloroform oder Benzen [6]. Damit zeigen sie ein exakt entgegengesetztes Löslichkeitsverhalten verglichen mit den kovalenten Cyclopropen-Verbindungen, aus denen sie meist dargestellt werden. Ein Beispiel für die Nutzanwendung dieses Umstands lieferte *Breslow* [3b] bereits 1961, indem er den 1,2,3-Triphenylcyclopropenyl-*tert*-butylether **15** quantitativ in *sym*-Triphenylcyclopropeniumbromid (**9b**) überführte. Diese ionische Verbindung fällt dabei nach HBr-Einleiten aus Benzen aus.

Ähnlich große Unterschiede fallen auch bei den Schmelzpunkten der einzelnen Verteter ins Auge. Eine Auswahl gibt <u>Tab.1</u>.

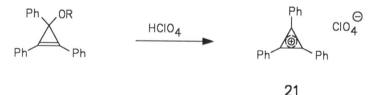

15   **9b**

Tab.1.   Schmelzpunkte ionischer und kovalenter Triphenylcyclopropen-Ver-
        bindungen

ionisch: $X^\ominus$	$C_3Ph_3{}^\oplus X^\ominus$ Schmp. [°C]	kovalent: -X	C_3Ph_3X Schmp. [°C]
$CF_3SO_3{}^\ominus$	250	-CN	145
$BF_4{}^\ominus$	300	-OCH$_3$	70
$Br^\ominus$	270	-NCS	139
$ClO_4{}^\ominus$	239	-NCO	56

RÖNTGEN-KRISTALLSTRUKTURANALYSE des Triphenylcyclopropenium-
perchlorats: In Analogie zum Bromid **9b** erhält man das Perchlorat durch
Etherspaltung mittels Perchlorsäure [7].

Ph, OR   Ph
Ph   Ph   HClO$_4$ ──────▶   Ph   Ph $ClO_4{}^\ominus$

21

Eine *Röntgen*-Kristallstrukturanalyse von **21** wurde 1963-1965 von *Sundara-
lingam* durchgeführt [8]. Das **Triphenylcyclopropenyl-Kation** ist demzufolge
nicht planar! Vielmehr sind die Phenylgruppen propellerartig verdrillt und
bilden zu der Ebene des Dreirings Winkel von 9.6, 12.1 und 21.2° aus
(Abb.1). Die an den Dreiring gebundenen Kohlenstoffatome liegen dabei in
dessen Ebene. Der durchschnittliche C-C-Bindungsabstand im Cyclopropenyl-

Kation beträgt 137.3 ± 0.5 pm, die C-C-Einfachbindungslängen zu den Phenylgruppen betragen 143.6 pm. Die Perchlorat-Anionen liegen jeweils zwischen zwei Kationen, wobei die Phenylgruppen der Kationen auf Lücke stehen.

Da durch die sterische Behinderung der *ortho*-Kohlenstoffatome die Phenylgruppen aus der Ebene des Dreirings herausgedreht sind, wird die Verkürzung der Einfachbindung (144 pm gegenüber 154 pm) in erster Linie auf die Änderung der Hybridisierung durch induktive Effekte und erst in zweiter Linie auf einen durch Mesomerie hervorgerufenen Mehrfachbindungscharakter zurückzuführen sein [6]. Diese aus der *Röntgen*-Kristallstrukturanalyse abgeleitete fehlende Mesomerie wird durch die Kernresonanzspektren verschiedener Triarylcyclopropenylium-Verbindungen bestätigt.

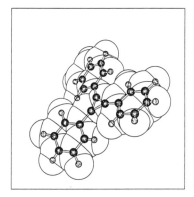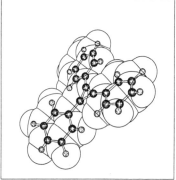

Abb.1. Triphenylcyclopropenium-Perchlorat (21) nach der *Röntgen*-Kristallstrukturanalyse [8] (Stereobild)

KERNRESONANZ: Die Phenylprotonen des Triphenylcyclopropenyl-Kations bilden ein AB_2X_2-System. Im ^{1}H-NMR-Spektrum erscheinen zwei Multipletts, deren Schwerpunkte bei 8.05 und 8.60 liegen. Infolge der benachbarten positiven Ladung absorbieren die beiden zum Dreiring *ortho*-ständigen Phenylprotonen bei tieferem Feld.

Der deutliche Unterschied des Multiplett-Schwerpunkts von 0.61 ppm war der Anlaß für eine Reihe von Kernresonanzexperimenten von *Föhlisch* und *Bürgle* (1967) [9]. Der Ersatz eines Phenylrestes durch *para*-substituierte Aromaten gibt dem Cyclopropenium-System die Möglichkeit zu einer weitergehenden Mesomerie.

Die Grenzstruktur D entspricht einem Transfer von Elektronen des Substituenten auf den Dreiring. Dessen so verminderte positive Ladung muß in erster Linie zu einer abnehmenden Abschirmung der *ortho*-Protonen führen, die Differenz der chemischen Verschiebungen an den nicht substituierten Resten muß also kleiner werden. Eine Auswahl der ^{1}H-NMR-Befunde zeigt Tab.2.

C   D

Tab.2. Chemische Verschiebung (^{1}H-NMR) substituierter Triphenylcyclopropenylium-Kationen in Trifluoressigsäure

Substituent X (in C)	$H_{2,6}$ [ppm]	$H_{3,4,5}$ [ppm]	Δ [ppm]
-H	8.66	8.05	0.61
-OCH$_3$	8.57	8.03	0.54
-OH	8.55	8.02	0.53
-NMe$_2$	8.10	7.77	0.33

Man erkennt, daß bei Hydroxy- und Methoxy-Substituenten der mesomere Effekt offenbar gering ausfällt. Nur durch die Dimethylamino-Gruppe in *para*-Position läßt sich die Elektronendichte am Dreiring nennenswert erhöhen. Eine Mesomerie im unsubstituierten Triphenylcyclopropenium-Ion ist nach diesen Beobachtungen praktisch auszuschließen!

Das ^{13}C-NMR-Spektrum des Triphenylcyclopropenylperchlorats (21) in Chlorsulfonsäure zeigt die erwarteten fünf Signale. Vergleicht man die chemischen Verschiebungen mit denen des Tris(diisopropylamino)triphenylcyclopropenium-tetrafluoroborats (22) [10] (Solvens: CDCl$_3$), so erkennt man wiederum den mesomeren Effekt der Amino-Substituenten. Die höhere Elektronendichte im Dreiring sorgt für eine Verschiebung des δ-Wertes für diese C-Atome um ca. 20 ppm. Lösungsmitteleffekte wurden nicht korrigiert, da sie nach Beobachtung der Autoren [10] bei Carbenium-Ionen nicht auftreten:

^{13}C−NMR:	C_{1-3}	$C_{1'}$	$C_{2',6'}$	$C_{3',5'}$	$C_{4'}$
21 (R= H)	155.4	120.1	135.9	131.2	139.2 ppm
22 (R= $(i-\text{prop})_2$N)	136.0	115.2	134.1	127.2	133.6 ppm

MASSENSPEKTREN: Die Massenspektren der verschiedenen Halogentriphenylcyclopropene zeigen bemerkenswerte Gemeinsamkeiten. Die untersuchten Verbindungen der Summenformel C_3Ph_3X (mit X = BF_3, Cl, Br, I) bilden sowohl ein kovalentes Kation-Halogen-Addukt als auch freie Triphenylcyclopropenyl-Radikale [11].

Das Tetrafluoroborat **9a** nimmt offenbar eine Sonderstellung ein: Obwohl es eindeutig ionisch vorliegt (Schmp. 325 - 328°C), läßt es sich im Massenspektrometer problemlos verdampfen und sogar bei 200°C und 10^{-2} Torr unzersetzt sublimieren. Grund dafür soll die Bildung eines polarisierten BF_3-Triphenylcyclopropenylfluorid-*Donor-Acceptor-Komplexes* **22** sein (vgl. Studienbuch "Supramolekulare Chemie", Teubner 1989).

22

Bei der Ionisation entsteht daraus überwiegend das Molekülion des Fluoraddukts **23**, welches aufgrund der starken C-F-Bindung im Spektrum als Basispeak (m/z = 286) auftritt. Außerdem bildet sich durch radikalische Dimerisierung das Bis-3,3'-triphenylcyclopropen (**25**; m/z = 534), welches in das Triphenylcyclopropenyl-Kation **2** (m/z = 267) zerfällt.

Die hohe Bindungsenergie der C-F-Bindung im Molekülion **23** ermöglicht neben der F-Abspaltung auch den Verlust von Wasserstoff oder Phenylradikalen. Der intensive Peak bei m/z = 265 entsteht durch Abspaltung von HF aus dem [M-H]$^{\oplus}$-Fragment. Das aromatische Cyclopropaphenanthren **26** kann auch durch *ortho*-Kupplung zweier Phenylringe unter H_2-Elimination aus **2** entstehen:

Bei den restlichen Halogen-Verbindungen sind die Verhältnisse überschaubarer und die Spektren nahezu identisch. Durch die schwächere C-Hal-Bindungsstärke erscheinen die Triphenylcyclopropenyl-Kationen als Basispeaks. Einzige nennenswerte Fragmentierungen sind die *ortho*-Kupplung zu **26** und die Dimerisierung.

3.1.4 Neuere Entwicklungen

DIMERISIERUNG: Reduziert man das Triphenylcyclopropenylbromid (**9b**) mit Zink zum Radikal, so tritt spontan Dimerisierung ein [12)].

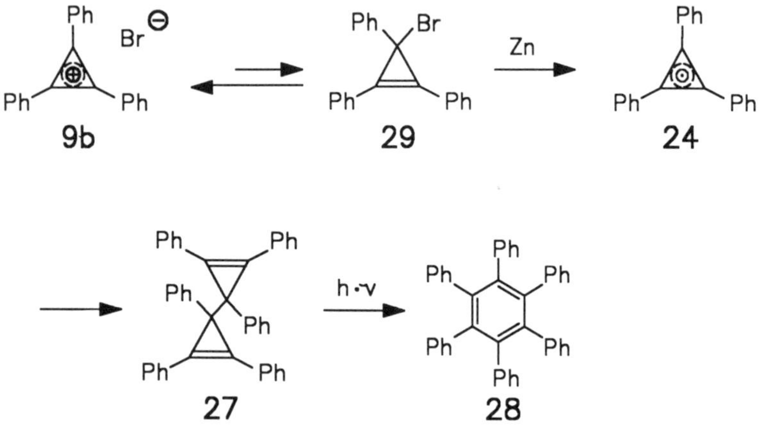

Photolyse des Bis-3,3'-triphenylcyclopropens (**27**) liefert durch eine intramolekulare Umlagerung das Hexaphenylbenzen (**28**). Der Mechanismus der Umlagerung wird von *Padwa* [13)] gemäß <u>Schema</u> 1 über das *Dewar*-Benzen postuliert.

<u>Schema 1</u>. Photochemische Isomerisierung von Bis(cyclopropenen)

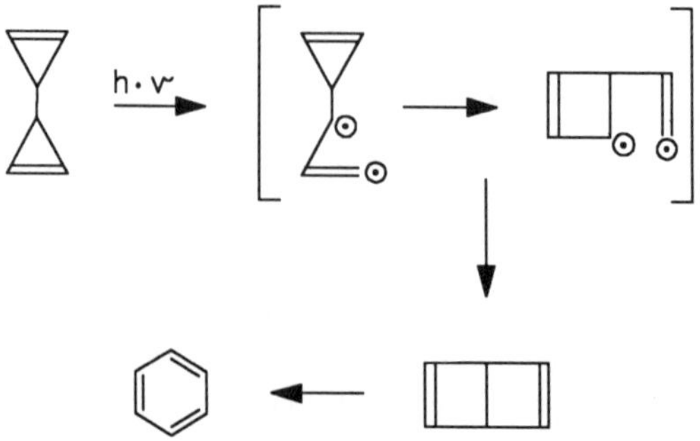

Da bei der Photolyse des Bromids **9b** ebenfalls Hexaphenylbenzen gebildet wird [14], muß man eine photochemisch initiierte homolytische Trennung der C-Br-Bindung im korrespondierenden Bromcyclopropen **29** annehmen.

HETEROCYCLEN: Durch den Einbau von Stickstoffatomen können diverse N-Heterocyclen dargestellt werden [3a,13,15]:

METALLKOMPLEXE: Für die metallorganische Chemie ist das Cyclopropenylium-System von großem Interesse, da es verschiedene Koordinationsformen und Reaktionen an Übergangsmetallzentren ermöglicht. Die meisten bekannten Komplexe werden durch starke Donoren wie CO oder $C_5H_5^{\ominus}$ stabilisiert.

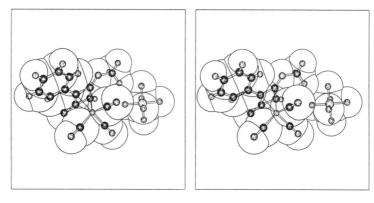

Abb.2. Ergebnis der *Röntgen*-Kristallstrukturanalyse des Tricarbonyl(η-4-1-methoxy-3-methyl-2-phenylcyclobutadien)-Co(I)-hexafluorophosphat-Komplexes **30** [17)] (vgl. Text S. 97)

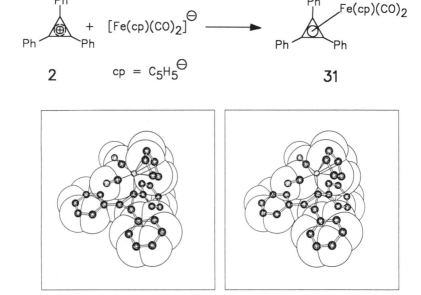

Abb.3. Ergebnis der *Röntgen*-Kristallstrukturanalyse des Dicarbonylcyclopentadienyl-1,2,3-triphenylcyclopropenyl-eisens (**31**) [18)]

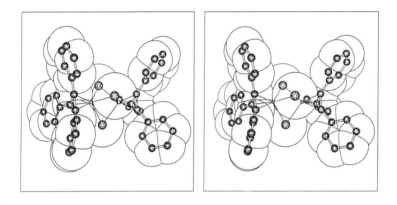

$$\text{3} \quad \underset{\textbf{9b}}{\text{[C}_3\text{Ph}_3\text{]Br}^{\ominus}} + 2\,[\text{Ni(cod)}_2] \xrightarrow[-\,2\,\text{cod}]{} \underset{\textbf{32}}{[(\text{C}_3\text{Ph}_3)\text{NiBr}_3\text{Ni}(\text{C}_3\text{Ph}_3)]^{\ominus}}$$

$$\text{C}_3\text{Ph}_3{}^{\oplus}$$

cod = Cyclooctadien

Abb.4. Ergebnis der *Röntgen*-Kristallstrukturanalyse von **32** [19)] (nur das Anion ist gezeigt)

Es gibt allerdings auch Organometallverbindungen, die Triphenylcyclopropenyl als einzigen organischen Liganden enthalten. Bei Carbonyl-stabilisierten Komplexen kann der Dreiring durch Ringerweiterung über das Oxocyclobutenyl-System Cyclobutadien-Komplexe bilden (vgl. **30** und Abb.2).
Die Konstitution der drei Komplexe ist durch *Röntgen*-Kristallstrukturanalysen gesichert (Abb.2 bis **4**).
Abschließend seien hier noch die gleichfalls sehr stabilen Azulen- bzw. Cyclopropan-substituierten Cyclopropenylium-Ionen **33** und **34** erwähnt [20)]. Ihr $pK_R{}^{\oplus}$-Wert (d.h. der pH, bei dem die Hälfte der Kationen neutralisiert ist) liegt bei 10.

33   **34**

Ganz neu ist, daß das unsubstituierte Cyclopropenyl-Kation $C_3H_3^{\oplus}$ im Schweif des *Halley*schen Kometen nachgewiesen wurde! [21]

3.2 Azulen

Bedenkt man, daß das *Azulen* (1) [1] ein Konstitutions-Isomeres des (farblosen) Naphthalens ist, so ist seine tiefblaue Farbe schon bemerkenswert. Ihr verdankt das Azulen seinen Namen [1d]. Er wurde vor über 120 Jahren (1864) geprägt, jedoch zunächst nicht für das Azulen selbst, sondern für die blauen Komponenten etherischer Öle, die bei der Isolierung anfielen. Das Kamillenöl wird seit dem 15. Jahrhundert wegen seiner auffallenden Farbe erwähnt.

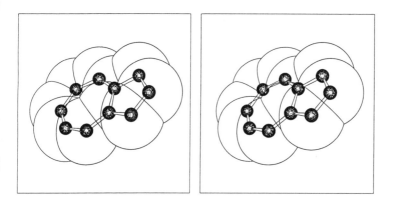

Von der Namensgebung bis zur Strukturaufklärung des Azulens war es noch ein weiter Weg.

Abb.1. Das Azulen-Molekül (1; Stereobild nach *Röntgen*-Daten)

3.2.1 Historisches

Neben einigen blauen gibt es zahlreiche farblose etherische Öle, die sich bei einfachen Aufarbeitungs- und Reinigungsmethoden (Erhitzen oder Behandeln mit Säuren) blau verfärben [1a]. Bei der Behandlung mit Säuren beobachtete *Sherndal* eine Adduktbildung der Träger dieser blauen Farbe. Diese Additionsverbindungen ließen sich leicht mit Wasser wieder spalten, so daß man ein Verfahren zur Reinigung und Isolierung der farbigen Substanzen an der Hand hatte.

Es gelang *Sherndal*, die blauen Bestandteile des natürlichen Cubeben- und Campheröls sowie eine "künstliche" blaue Verbindung des an sich farblosen Gurjunbalsamöls zu isolieren. Er erhielt Monopikrate mit dem gleichen Schmelzpunkt für den blauen Stoff aus dem Cubeben- und Campheröl und einem etwas höheren Schmelzpunkt für die blaue Verbindung aus Gurjunbalsamöl. Eine genauere Untersuchung des Pikrats mit der blauen Substanz des Cubebenöls lieferte als Ergebnis einen Kohlenwasserstoff der Summenformel $C_{15}H_{18}$. *Sherndal* schloß auf ein tricyclisches Molekülgerüst, das der Struktur gewisser Dihydrosesquiterpene entspricht und sprach Azulene als aromatische Verbindungen der Konstitution 2 an.

Aus der Schafgarbe konnte *Augspurger* einen blauen Stoff isolieren, der die gleiche Summenformel wie der von *Sherndal* untersuchte Kohlenwasserstoff hatte. Aus dem oxidativen Abbau schloß *Kremers* auf die Konstitution 3.

2   3

Die Angaben über den oxidativen Abbau *Kremers* wurden von *Ruzicka* und *Rudolph* [1a] als nicht stichhaltig angesehen. Die Kritik konzentrierte sich auf die Konstitution, die *Kremers* den Azulenen zuschrieb. Das Grundgerüst der Benzofulvalene, das von *Courtot* synthetisiert wurde, zeigt nur eine hellgelbe Farbe. Dessen Substitution durch drei Methylgruppen würde sicher keine Farbveränderung von gelb nach blau hervorrufen. Der von *Sherndal* nur vage formulierte Zusammenhang zwischen den Azulenen und den Sesquiterpenen wurde von *Ruzica* und *Rudolph* eingehend studiert. Die Azulene wurden als Isomere des wichtigsten Grundgerüsts der Sesquiterpene, des Cadalens, erkannt [1a]: *"Es steht nur soviel fest, daß die Farbe der Azulene durch eine besondere, bisher unbekannte Gruppierungsart von fünf Kohlenstoffdoppelbindungen (ohne aromatischen Ring) in einem bicyclischen Kohlenstoffgerüst, das mit dem mancher Sesquiterpenverbindungen im nahen Zusammenhange steht (wenn nicht mit dem selben identisch ist), bedingt wird."*

Bis 1936 - in diesem Jahr veröffentlichten *Pfau* und *Plattner* ihre Arbeit [1b] - waren die Ergebnisse von *Ruzica* und *Rudolph* [1a] "der neueste Stand der Wissenschaft", obwohl weiter an der Strukturaufklärung gearbeitet wurde. Die verschiedensten Arbeitsgruppen [1b] unterzogen die Azulene dem oxidativen Abbau, kamen jedoch nicht zu einem eindeutigen Ergebnis.

Pfau und *Plattner* unterwarfen die untersuchten Sesquiterpene einem stufenweisen Abbau. Bei der oxidativen Aufsprengung eines Ringes und erneutem Ringschluß erhielten sie ein gesättigtes Ringketon, das bei der katalytischen Dehrierung ein Phenol lieferte. Dies läßt sich nur durch die Anwesenheit eines Siebenrings im zugrundeliegenden Sesquiterpen erklären. Auf ähnliche Weise wurde ein Fünfring wahrscheinlich gemacht.

Dieses Ergebnis bedurfte einer stärkeren Stütze, weshalb man versuchte, die angenommenen Moleküle durch gezielte Synthesen darzustellen und dann mit den Azulenen zu vergleichen. Die Synthese sei hier nur als (historische) Reaktionsgleichung skizziert:

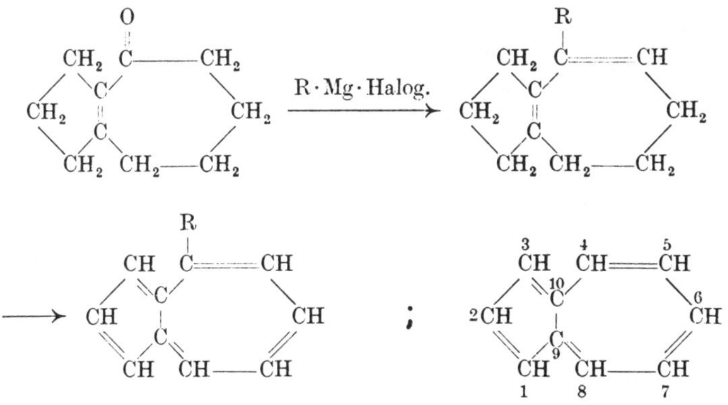

Abb.2.   Erste Azulen-"Synthese" (Faksimile) [1b] und Numerierung des Azulen-Gerüsts

3.2.2 Synthesen des Azulens

Mit der Entdeckung dieses neuen Ringsystems und der ersten Synthese eines
Azulens war ein neues Gebiet der organischen Chemie aufgetan, das bis
heute bearbeitet wird. Das Hauptaugenmerk lag am Anfang auf der Synthese von Azulenen.

Bis in die 50er Jahre hinein ließen sich nur hydrierte Azulene darstellen,
die dann dehydriert werden mußten. Neben den Sesquiterpenen [1] fanden
vor allem Indan-Derivate in der Azulen-Synthese Verwendung. Sie wurden
der Diazoessigester-Methode und der *Demjanow*-Reaktion [1d] unterworfen,
beides Ringerweiterungen, die auch Benzazulene zugänglich machen. Daneben wurden Cycloheptanone und -pentanone als Edukte eingesetzt. Die Synthese *Pfaus* und *Plattners* geht von einer bereits zehngliedrigen Ringverbin-
dung aus.

Ältere Synthesewege seien hier nur schematisch aufgeführt:

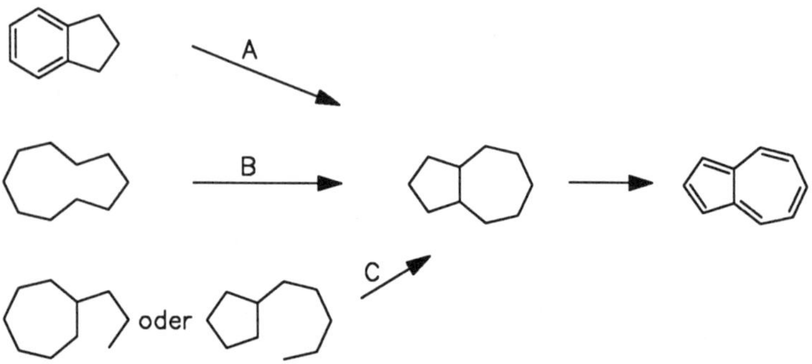

A. Ringerweiterung von Indanen

B. Transannulare Cyclisierung des 10−Rings

C. Angliederung des 5−Rings an den 7−Ring oder des
   7−Rings an den 5−Ring

<u>Abb.3</u>.   Ältere Azulen-Synthesen (schematisch) [1g]

Der letzte Syntheseschritt war dabei immer eine Dehydrierung. Diese Stufe
hatte meist geringe Ausbeuten an Azulen zur Folge. Eine Ausnahme ist die

von *Kovats*, *Günthard* und *Plattner* beschriebene Dehydrierung des $\Delta^{1,7}$-[0.3.5]Bicyclodecens, die eine Azulen-Ausbeute von 60% liefert [1g,2].

An dieser Stelle sollte etwas über die Dehydrierungsmethoden gesagt werden: Die früher gebräuchlichen Dehydrierungsmittel waren Schwefel, Selen und Metallkatalysatoren. Diese Agentien liefern jedoch nur geringe Ausbeuten an Azulenen und führen meist zur Verharzung. Lediglich durch Optimierungsreihen [1e] ließ sich die Ausbeute erhöhen. *Treibs* stellte fest, daß das Ausbeutemaximum der Schwefel-Dehydrierung bereits nach 10 bis 15 Minuten erreicht ist und nach zwei Stunden schon eine Ausbeuteverminderung von 25-50% erfolgt [1e]. Durch Variation der Dehydrierungstemperatur konnte er auch zeigen, daß eine Unterscheidung zwischen Schwefel- und Selen-Guajazulen, die früher vorgenommen wurde, falsch ist, da für die Wanderung der Methylgruppe von der 1- in die 2-Position nicht das Dehydrierungsmittel, sondern die Temperatur und die Konstitution verantwortlich sind.

Zu den schonenderen Dehydrierungsmitteln zählen die Halogene Brom und Iod [1e], die auch zur Dehydrierung solcher Verbindungen genutzt werden können, die anders nicht zum gewünschten Produkt dehydrierbar sind. Ein Nachteil ist jedoch die Bildung von halogenierten Azulenen als Nebenprodukte.

Als gutes und schonendes Dehydrierungsmittel erwies sich Chloranil [1e], das bei niedrigen Temperaturen eingesetzt wird. Oft erfolgt auch spontane Dehydrierung, wenn man die Hydroazulene auf Temperaturen von 180-200°C erhitzt [1e].

Für neuere Hydroazulen-Synthesen sei auf die Übersicht von *Marshall* [1h] verwiesen.

Eine ganz andere Synthesemethode besteht in der direkten Bildung von Azulenen ohne Dehydrierungsschritt, die zuerst *Reppe* im Zuge der katalytischen Cyclisierung des Acetylens zum Cyclooctatetraen gelang [1g].

Die wohl beste Azulen-Synthese geht auf *K. Ziegler* zurück, der die Bildung des Azulens als doppelte Kondensation des Cyclopentadiens (4) mit Glutacondialdehyd auffaßte. Die Synthese mit Glutacondialdehyd selbst gelingt allerdings nicht, da dieser wenig stabil ist. Unabhängig voneinander fanden *König* und *Rösler* sowie *Hafner* [1g] einen Syntheseweg, in dem 1-N-Methylanilino-1,3-pentadien-5-al (5, *Zincke*-Aldehyd), ein Derivat des Glutacondialdehyds, als Edukt eingesetzt wird (Abb.4). Das entstehende Fulven 6 bildet beim Erhitzen auf Temperaturen über 150°C unter Abspaltung von N-Methylanilin unsubstituiertes Azulen. Die Ausbeute läßt sich von 40% auf ma-

ximal 70% steigern [1g], wenn man bei der Ringschlußreaktion in hochsiedenden, basischen organischen Lösungsmitteln arbeitet und im kontinuierli-
chen Verfahren jeweils nur kleine Mengen des Fulvens **6** auf 250-300°C er-
wärmt.

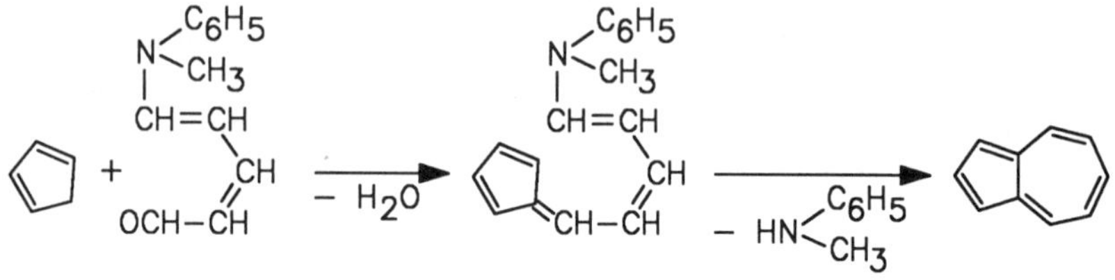

Abb.4. Azulen-Synthese mit dem *Zincke*-Aldehyd [1g]

Mit dieser Synthesemethode lassen sich auch substituierte Azulene darstellen, wenn substituierte Cyclopentadiene oder substituierte *Zincke*-Aldehyde
als Edukte verwendet werden [3].
Eine zweite Variante des *Ziegler*schen Prinzips konnte von *Hafner* [1g] verwirklicht werden, der sich die nahe Beziehung des Pyridins zum *Zincke*-Al-
dehyd zunutze machte. Als Edukte werden Cyclopentadien-Natrium (**7**) und
N-Alkylpyridinium-Salze (**8**) eingesetzt. Eine Zwischenstufe ist das wenig stabile N-Alkyl-2-cyclopentadienyl-1,2-dihydropyridin (**9**), das beim Erwärmen
auf 200°C in Benzidin Azulen liefert (Abb.5a).

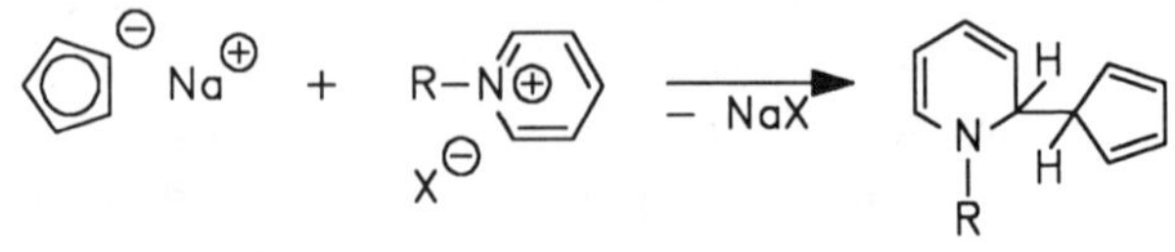

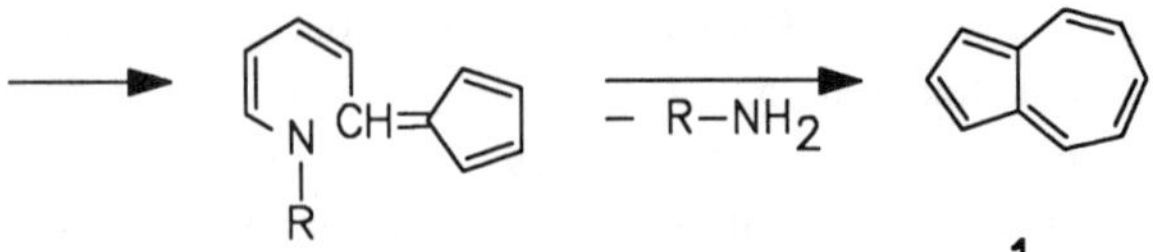

b)

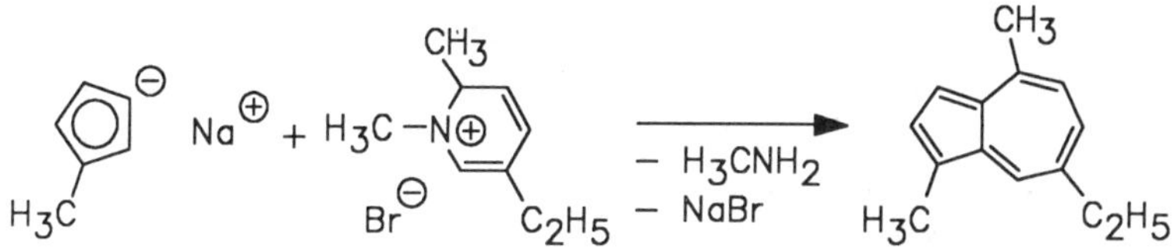

Abb.5. Azulen-Synthesen mit N-Alkylpyridinium-Salzen [1g)]

Auch mit dieser Methode lassen sich substituierte Azulene darstellen (Abb. 5b).

Monosubstituierte Cyclopentadiene können in tautomeren Formen A und B vorliegen [4)], die beide zur Fulven-Bildung geeignet sind (Abb.7). Es ist daher nicht vorauszusagen, wie das Azulen am Fünfring substituiert sein wird.

A   B

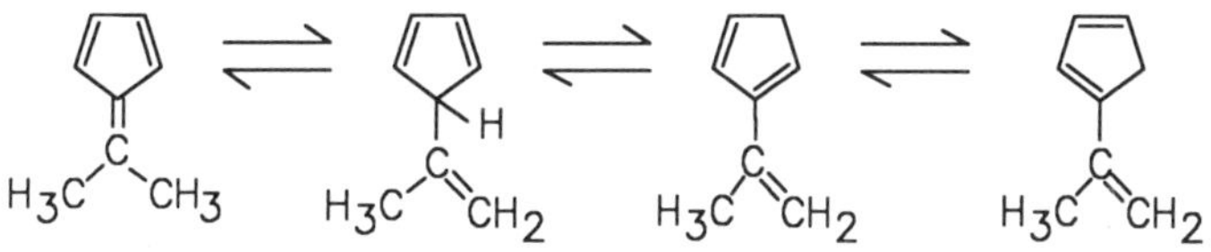

Abb.6. Tautomerie des Pentafulven-Systems [4)]

Während eine Kondensation in α-Stellung nur 1-substituierte Azulene zuläßt, sind bei Kondensation in ß-Stellung sowohl 1- als auch 2-substituierte Azulene zu erwarten [4)]. Aufgrund spektroskopischer Untersuchungen kann eine Substitution in der 2-Position ausgeschlossen werden, was aber noch nichts über die tatsächliche Konstitution der gebildeten Fulvene aussagt. Es konnte aber gezeigt werden, daß in Monoalkylcyclopentadienen eine Zweitsubstitution in ß-Stellung erfolgt. Dieser Befund macht eine Reaktion des Cyclopentadien-Derivats aus der tautomeren Form B wahrscheinlich.

Die einfachste Synthese nach dem Prinzip von *Ziegler* ist die mit Pyrylium-Salzen [1f,g,5], die jedoch nur zu substituierten Azulenen führt (Abb.7). Auch hier macht man sich die Verwandtschaft des Edukts mit dem *Zincke*-Aldehyd bzw. dem Glutacondialdehyd zunutze. Die Synthese besticht durch die Einfachheit ihrer Ausführung und die hohen Ausbeuten. Die Umsetzung verläuft bei Raumtemperatur so rasch, daß keine Zwischenstufen faßbar sind. Aufgrund des Substitutionsmusters des Pyryliumsalzes werden bei dieser Reaktion nur Azulene erhalten, die in der 4-, 6- und 8-Position einen Substituenten tragen. Die Ausbeute an 4,6,8-Trimethylazulen aus 2,4,6-Trimethylpyryliumperchlorat und Cyclopentadienyl-Natrium liegt bei 65%, wenn das Cyclopentadienyl-Natrium in der doppelten Menge zugegeben wird [5]. Das überschüssige Natrium spielt bei der intramolekularen Ringschlußreaktion eine Rolle.

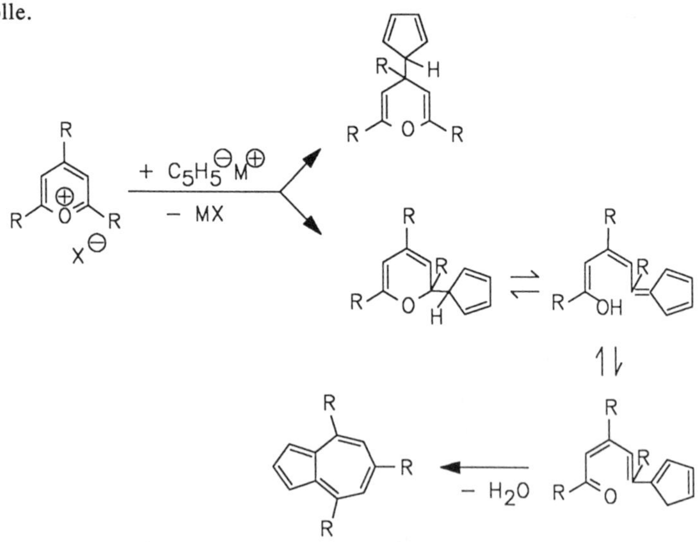

Abb.7. Azulen-Synthese mit Pyrylium-Salzen [5]

Die Variation des Metalls der Cyclopentadien-Komponente oder des Anions des Pyryliumsalzes führt zur Verringerung der Ausbeuten. Diese lassen sich erhöhen, wenn die 4-Stellung im Pyryliumsalz durch einen sperrigen Rest substituiert ist, so daß die Nebenreaktion, der Angriff des Cyclopentadien-Anions in der 4-Position, zurückgedrängt wird. Unsubstituiertes Pyryliumperchlorat ist in der Azulen-Synthese nicht einsetzbar [1g]. Die Darstellung auch am Fünfring substituierter Azulene mit dieser Methode ist möglich, jedoch verläuft sie langsamer und mit geringeren Ausbeuten, da substituierte Cyclopentadien-Natrium-Verbindungen reaktionsträger sind als unsubstituierte. Auch hier dürfte der Angriff des Glutacondialdehyd-Abkömmlings in ß-Stellung zum Substituenten am Cyclopentadien erfolgen.

Eine Synthese, die Pentafulvene einsetzt, wurde von *Alder* und *Whittaker* [6] ausgearbeitet (Abb.8). Hierbei handelt es sich um eine Symmetrie-erlaubte $[_{\pi}8_s + _{\pi}2_s]$Cycloaddition von Dimethylaminovinylfulven (10) und Acetylendicarbonsäuredimethylester (11).

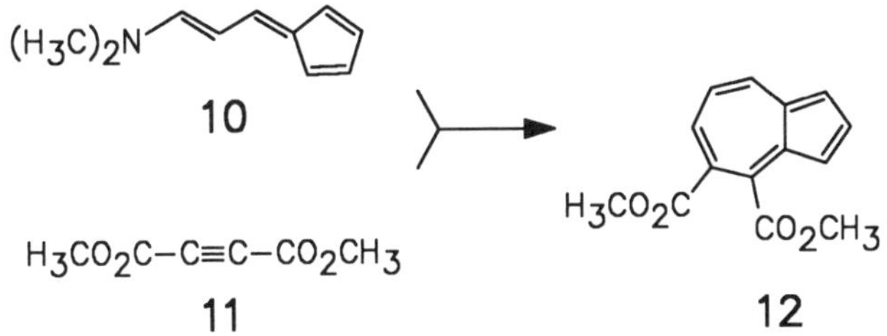

Abb.8. Azulen-Synthese durch Cycloaddition mit Pentafulven [7]

Weitere Methoden zur Azulen-Darstellung setzen Heptafulvene als Ausgangsverbindungen ein, in denen der Siebenring und vier der fünf Doppelbindungen bereits vorgebildet sind.

Das von *Doering* [1f] und *Wiley* erhaltene unsubstituierte Heptafulven (13) ist wenig stabil, ergibt aber mit Acetylendicarboxylat das 1,2-Bis(methoxycarbonyl)azulen (14, Abb.9).

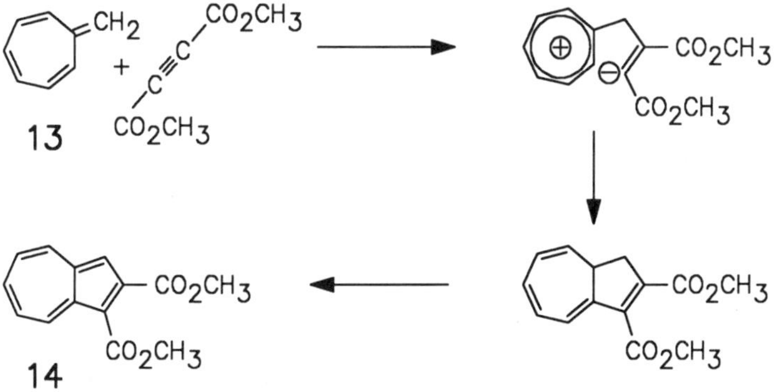

Abb.9. Azulen-Synthese mit Heptafulven

Setzt man vinyloge Heptafulvene ein, so sind keine weiteren Ausgangssub-
stanzen erforderlich (Abb.10). Bei dieser von *Prinzbach* und *Herr* beschriebenen Synthese hängt der Reaktionsverlauf stark von den Substituenten am
Kohlenstoffatom C-10 des vinylogen Heptafulvens ab [8].

Ersetzt man die Methylengruppe des Heptafulvalens durch ein Sauerstoff-
atom, so gelangt man zu Tropon-Derivaten, die, wie auch die Tropilidene,
für Azulen-Synthesen geeignet sind.

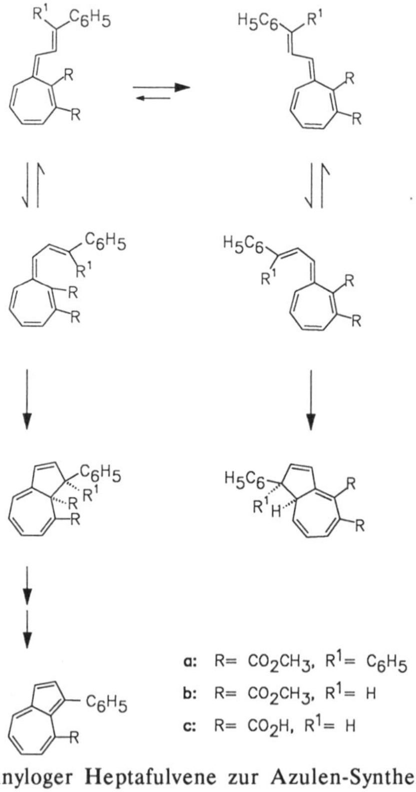

a: R= CO_2CH_3, R^1= C_6H_5
b: R= CO_2CH_3, R^1= H
c: R= CO_2H, R^1= H

<u>Abb.10</u>.   Einsatz vinyloger Heptafulvene zur Azulen-Synthese [8]

Bei der Blitzpyrolyse von 5,5,10,10,-Tetrachlortricyclo[7.1.0.0^{4,6}]deca-2,7-dien
(**15**) entstehen 1,5- und 2,6-Dichlorazulen (**16** und **17**) [9a], bei der Dehalogenierung mit Organolithium-Verbindungen wird jedoch Naphthalen über
meso-1,2,4,6,7,9-Cyclodecahexaen gebildet [10].

Das 1,5-Dichlorazulen (**16**) bildet sich durch Dehydrochlorierung, anschlies-
sende Umlagerung und erneute Dehydrochlorierung. Das 1,6-Dichlorazulen

(17) erhält man über eine *Cope*-Umlagerung und doppelte Dehydrochlorierung [9] (Abb.11).

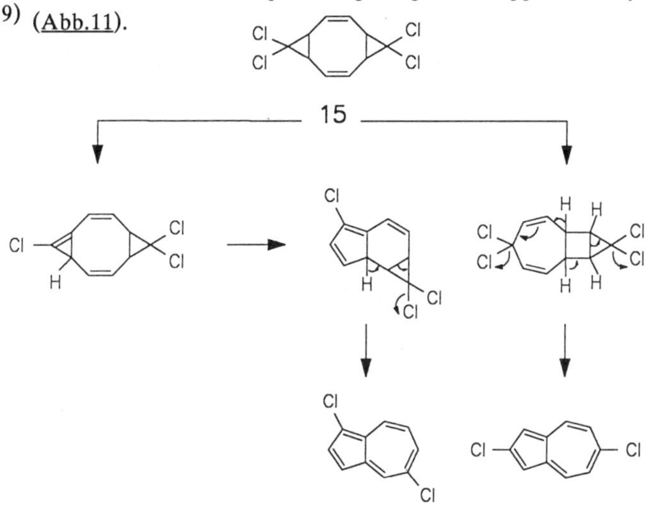

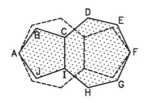

<u>Abb.11</u>   Azulen-Synthese durch Blitzpyrolyse [9a]

3.2.3 Physikalische und spektroskopische Eigenschaften

Azulen (1, $C_{10}H_8$) kristallisiert in blauen Blättchen von Naphthalen-ähnlichem Geruch. Es schmilzt bei 99-100.5°C und siedet bei 242°C [11]. Die Molmasse beträgt 120.1 $g \cdot mol^{-1}$, die Dichte 1.175 $g \cdot cm^{-3}$.
Azulen kristallisiert monoklin mit zwei Molekülen pro Elementarzelle [12] (Maße: a = 788.4 pm, b = 599.8 pm, c = 784.0 pm, ß = 101°33'). Die Zelle hat ein Volumen von $362.6 \cdot 10^6$ pm^3. Die Raumgruppe ist $P2_1/a$ (C_{2h}^5).

<u>Abb.12.</u>   Superposition zweier Azulenmoleküle im Kristall [12]

In der gestörten Kristallstruktur liegen zwei Azulenmoleküle so übereinander, daß der Fünfring des einen über dem Siebenring des anderen Moleküls liegt [12] (Abb.12).
Die durch die *Röntgen*-Kristallstrukturanalyse gefundenen Daten sind in Tabelle 1 aufgeführt [12].

Tab.1. *Röntgen*-Kristallstrukturdaten des Azulens (vgl. Abb.12)

Bindung	Bindungslängen [pm]		
	(a)	(b)	(c)
A-B	140.4	140.6	136.3 ± 2.7
B-C	140.5	141.1	137.8 ± 1.9
C-D	140.7	139.4	139.5 ± 0.5
D-E	138.3	140.1	133.7 ± 3.4
E-F	138.4	137.9	133.7 ± 3.5
F-G	135.6	135.9	142.2 ± 2.6
G-H	141.4	140.8	144.0 ± 2.1
H-I	137.8	137.0	136.9 ± 0.7
I-J	144.7	142.2	145.9 ± 2.4
J-A	135.3	135.2	142.5 ± 3.2
C-I	145.7	145.7	148.3 ± 0.4

(a)-(c): Verschiedene Auswertungsmethoden

Bindungswinkel [°] und Abweichungen [pm] aus der Hauptmolekülebene					
Winkel		Winkel		Atom	Abweichung	Atom	Abweichung
A-B-C	106.1	F-G-H	129.2	A	-3.7	F	-2.2
B-C-I	109.0	G-H-I	128.1	B	-1.3	G	-2.9
I-C-D	128.5	H-I-C	127.0	C	0.1	H	0.1
C-D-E	125.5	C-I-J	107.0	D	-0.7	I	0.1
D-E-F	136.8	I-J-A	102.0	E	5.1	J	5.4
E-F-G	124.5	J-A-B	115.6				

DIE FARBE DES AZULENS

Die interessanteste Eigenschaft des Azulens ist - wie schon einleitend be-
merkt - die blaue Farbe, mit der es sich von seinem Konstitutionsisomeren,
dem Naphthalen, kraß unterscheidet.

Was bewirkt diesen bemerkenswerten Unterschied? Beides sind "Aromaten"
im Sinne von cyclischen, ungesättigten Ringsystemen, bei denen alle Ring-
atome an der Ausbildung eines mesomeren Systems beteiligt sind und die
sich durch eine hohe Stabilisierungsenergie auszeichnen. Weitere Kriterien
sind der ebene oder nahezu ebene Bau, eine anomal hohe diamagnetische
Suszeptibilität und deren Anisotropie sowie ein charakteristisches Verhalten
(Ringstrom-Effekt) bei der NMR-Spektroskopie. Diese Kriterien werden
auch vom Azulen erfüllt. Ein Unterschied ist, daß Azulen ein nichtbenzoider, Naphthalen ein benzoider Aromat ist. Nichtbenzoide Aromaten haben
im Gegensatz zu benzoiden eine ungerade Anzahl von Ringatomen. Bei kondensierten Kohlenwasserstoffen werden hierbei die verschiedenen Ringe betrachtet, beim Azulen das Cyclopentadienid-Anion und das Cycloheptatrien-
ylium-Kation (Abb.13) [13]. Die intramolekulare "Vereinigung" dieser beiden
ionischen Strukturen bewirkt auch das hohe Dipolmoment von 1.08 D [14].

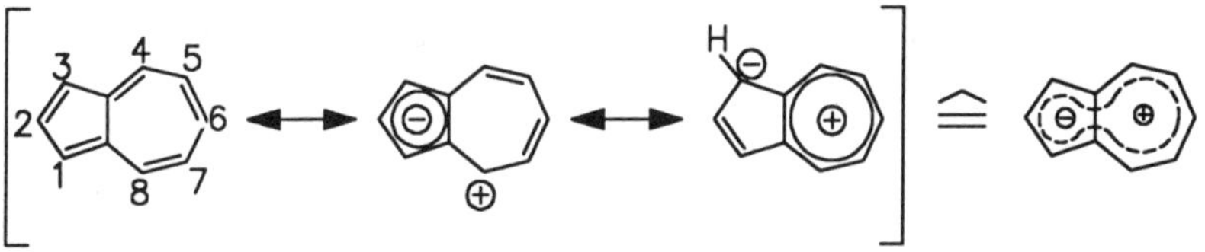

Abb.13. Nichtbenzoider Charakter des Azulens

Man unterteilt Aromaten auch in alternierende und nichtalternierende [15].
Bei *alternierenden Kohlenwasserstoffen* können die konjugierten Kohlenstoffatome in zwei Gruppen geteilt werden, so daß nie zwei miteinander
verbundene Atome der gleichen Gruppe angehören (Abb.14). In ihnen
kommen bindende und antibindende Orbitale in Paaren vor; das bindende
Orbital hat jeweils die Energie -E, das antibindende die Energie +E. Bei
nichtalternierenden Kohlenwasserstoffen ist zumindest ein Paar von
Kohlenstoffatomen aus ein und derselben Gruppe, und die Energieinhalte
der bindenden und nichtbindenden Orbitale sind vom Betrag her nicht

gleich.

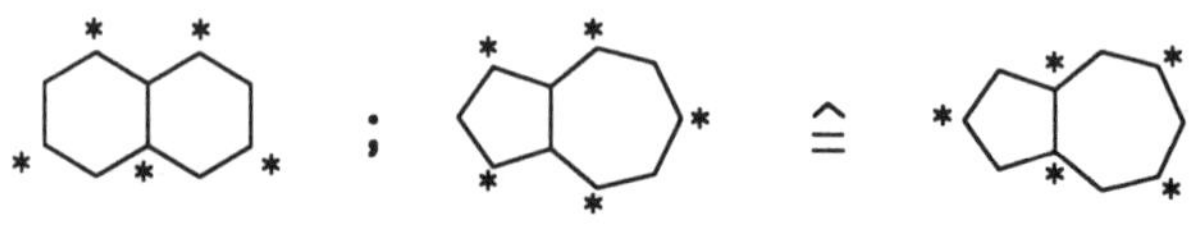

Abb.14. Alternierende (Naphthalen) und nichtalternierende aromatische
Moleküle (Azulen) [16]

Bei ihnen besteht auch ein energetischer Unterschied zwischen den entsprechenden Kationen, Anionen und Radikalen, bei alternierenden Kohlenwasserstoffen ist das nicht so. Der Unterschied zwischen alternierenden und
nichtalternierenden Kohlenwasserstoffen wird bei der Deutung der blauen
Farbe des Azulens mit herangezogen [17].

Farbige Moleküle benötigen eine geringere Anregungsenergie als farblose,
d.h. die Energiedifferenz zwischen HOMO und LUMO ist bei farbigen Molekülen kleiner als bei farblosen. Nach dem einfachen Bild des Hückel-Mo-
dells entsprechen die negativen Werte dieser Molekülorbitale dem ersten
Ionisierungspotential (IP) und der ersten Elektronenaffinität (EA):

IP = -E (HOMO),

EA = -E (LUMO).

Die Anregungsenergie des niedrigsten elektronischen Übergangs hängt mit
der Energiedifferenz zwischen HOMO und LUMO zusammen. In Tab.2 sind
in den ersten beiden Zeilen die ersten Ionisierungspotentiale und Elektronenaffinitäten von Naphthalen, Azulen und Anthracen aufgeführt (die restlichen Zeilen werden unten erläutert).

Man erkennt einen Unterschied in den Differenzen des Ionisierungspotentials und der Elektronenaffinität bei *Naphthalen* und *Azulen*, der schon eine
Erklärung für den Farbunterschied liefern könnte. Betrachtet man aber das
Anthracen, das auch farblos ist, so stellt man nur eine geringe Differenz
zwischen dem Ionisierungspotential und der Elekronenaffinität fest. Das einfache Hückel-Modell erklärt hier die Wirklichkeit nicht hinreichend.

Das Beheben dieser Unstimmigkeiten erfordert die Einführung der durchschnittlichen Elektronen-Abstoßung durch das Self-Consistent-Field-Modell
(SCF). Hierin entsprechen die Orbitalenergien der Energie eines Elektrons,

das das Kernfeld ebenso spürt wie das zeitlich gemittelte Feld der anderen Elektronen.

Tab.2. Ionisierungspotentiale (IP), Elektronenaffinitäten (EA), Triplett-
und Singlett-Übergangsenergien ($T_{1 \to 1'}$, $S_{1 \to 1'}$) in eV. (Die Indices 1
und 1' beziehen sich auf HOMO bzw. LUMO) [17]

	Naphthalen	Anthracen	Azulen
IP_1	8.2	7.4	7.4
EA_{-1}	0.2	0.6	0.7
$T_{1 \to 1'}$	2.6	1.8	1.3
$S_{1 \to 1'}$	4.3	3.3	1.8
$-J_{1,-1} + 2K_{1,-1}$	-3.7	-3.5	-4.9
$J_{1,-1}$	5.4	5.0	5.4
$2K_{1,-1}$	1.7	1.5	0.5

Man kann nun annehmen, daß die gegenseitige Abstoßung der Elektronen durch das Coulomb-Integral J gegeben ist. Dies trifft aber nur bei Elektronen mit entgegengesetztem Spin zu. Bei gleichem Spin ist noch das Austausch-Integral K zu berücksichtigen. Dieses Austausch-Integral entspricht der elektrostatischen Wechselwirkung zwischen der Überlappung der Ladungsdichte des einen Elektrons mit der Ladungsdichte des anderen. Die elektrostatische Wechselwirkung der Überlappungsdichten setzt sich somit aus der Abstoßung zwischen Regionen gleicher Ladung und der Anziehung zwischen Regionen ungleicher Ladung zusammen. Die zeitlich gemittelte Abstoßungsenergie zwischen zwei Elektronen ist bei Elektronen gleichen Spins nicht J, sondern J-K, wobei K stets größer gleich Null ist. Der physikalische Hintergrund, warum die Abstoßung verringert wird, ist in der geringen Wahrscheinlichkeit zu suchen, mit der sich Elektronen gleichen Spins nähern können. Dies ist das Ergebnis des Ausschluß-Prinzips von *Pauli*.

Damit lassen sich Ausdrücke für die Singlett- und Triplett-HOMO-LUMO-Anregungsenergien finden. Hierzu separiert man die Anregung in zwei Stufen. Der erste Schritt stellt die Entfernung des Elektrons aus dem HOMO ins Unendliche dar, der zweite Schritt ist die Einführung eines Elektrons aus dem Unendlichen ins LUMO des Moleküls. Da jedoch zunächst ein Elektron aus dem HOMO ins Unendliche gebracht wurde, ist der Einbau des Elektrons aus dem Unendlichen ins LUMO erleichtert. Die hierdurch gesparte Energie ist gleich J oder aber J-K, wenn der durch das Herauslösen fortgefallene Abstoßungsterm für Elektronen gleichen Spins galt.

Hat das ins LUMO eingeführte Elektron den gleichen Spin wie das im HOMO verbliebene, so sind zwei Triplett-Zustände möglich, je nach Richtung des Spins. Auf die gleiche Weise sind dann zwei Zustände erhältlich, wenn die Spins entgegengesetzt sind. Diese Zustände sind Linearkombinationen des Singlett- und des dritten Triplett-Zustands, dessen Projektion in die z-Achse verschwindet. Die Triplett- und die Singlett-HOMO-LUMO-Anregungsenergien sind somit kleiner als die Differenz des ersten Ionisierungspotentials und der ersten Elektronenaffinität. Im ersten Fall um den Betrag von J, im zweiten Fall um den Betrag J-2K. Die Singlett-Triplett-Aufspaltung beträgt somit 2K.

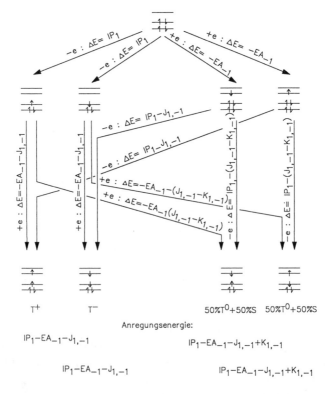

Abb.15. Beziehung zwischen Anregungs- und Orbitalenergien [17)]

In Tab.2 sind in den letzten drei Zeilen die Werte für -(J-2K), J und 2K aufgeführt. Ein Vergleich zeigt, daß die Coulomb-Integrale von Naphthalen und Azulen gleich sind, das Coulomb-Integral des Anthracens jedoch etwas kleiner ist (es ist ein genereller Trend, daß J mit zunehmender Molekülgröße abnimmt).

Die Werte für das Austausch-Integral sind erheblich kleiner, zeigen aber den gleichen Verlauf bezüglich der Molekülgröße. Bei ihnen erkennt man auch einen großen Unterschied zwischen Naphthalen und Anthracen einerseits und Azulen andererseits.

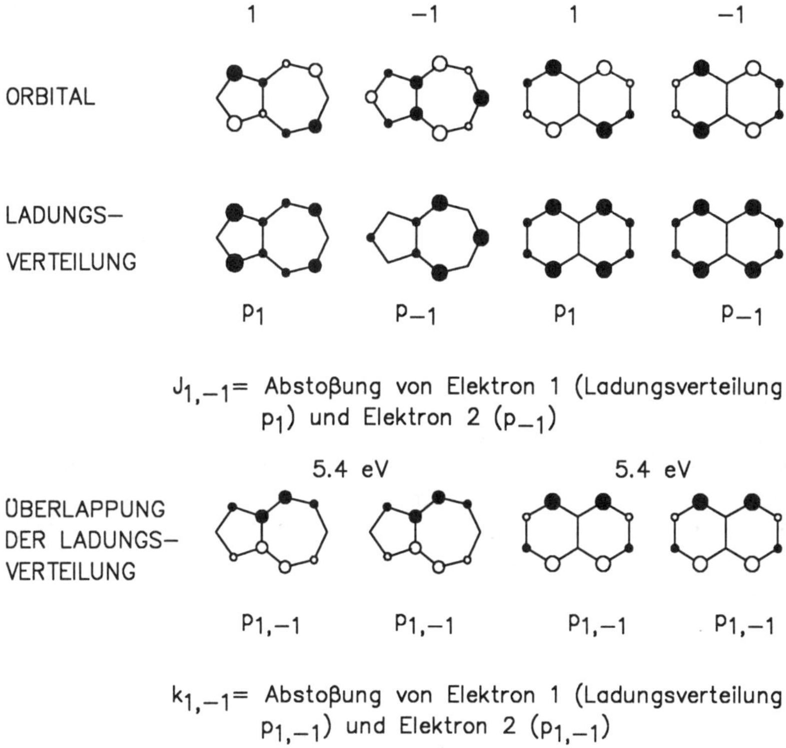

$$1 \qquad -1 \qquad 1 \qquad -1$$

ORBITAL

LADUNGS–
VERTEILUNG

$$p_1 \qquad p_{-1} \qquad p_1 \qquad p_{-1}$$

$J_{1,-1}$ = Abstoßung von Elektron 1 (Ladungsverteilung p_1) und Elektron 2 (p_{-1})

$$5.4 \ eV \qquad\qquad 5.4 \ eV$$

ÜBERLAPPUNG
DER LADUNGS–
VERTEILUNG

$$p_{1,-1} \qquad p_{1,-1} \qquad p_{1,-1} \qquad p_{1,-1}$$

$k_{1,-1}$ = Abstoßung von Elektron 1 (Ladungsverteilung $p_{1,-1}$) und Elektron 2 ($p_{1,-1}$)

Abb.16.   Orbitale des Azulens und Anthracens (von letzterem sind nur zwei der drei Sechsringe gezeigt). Ladungsverteilung für die Bestimmung des Coulomb-Integrals $J_{1,-1}$ (1 = HOMO, -1 = LUMO) und Überlappung der Ladungsverteilung zur Bestimmung des Austauschintegrals $K_{1,-1}$ [17]

Die kleinere Triplett-Anregungsenergie des Azulens im Vergleich zum Naphthalen ist ausschließlich auf die Änderung der Orbitalenergien, durch das Ionisierungspotential und die Elektronenaffinität ausgedrückt, zurückzuführen, da hierbei die 2K-Werte keine Rolle spielen. Beim Anthracen liegen etwa die gleichen Orbitalenergien vor wie beim Azulen. Daß das Anthracen eine höhere Triplett-Anregungsenergie hat, liegt hier lediglich an dem geringeren Wert für das Coulomb-Integral. Der größere Unterschied in der Singlett-Anregungsenergie liegt am größeren 2K-Wert.

Warum ist der Unterschied der Werte der Austausch-Integrale so groß? Das Austausch-Integral ist ein Maß für die Abstoßung gleichsinniger Überlappungsdichten. Sind HOMO und LUMO aber über verschiedene Regionen des Raums verteilt, so ist ihre Überlappungsdichte gering, also hat das Austausch-Integral kleine Werte. In neutralen alternierenden Kohlenwasserstoffen, wie dem Naphthalen und dem Anthracen, treten bindende und antibindende Orbitale paarweise auf. Gibt man in das eine oder andere ein Elektron, so ändert sich die π-Elektronendichte an den atomaren Zentren des Moleküls nicht. Die Orbitale nehmen meist den gleichen Raum ein, so daß die Überlappungsdichte verhältnismäßig groß ist. Bei neutralen alternierenden Kohlenwasserstoffen liegen somit große Werte für K vor, die mit wachsender Molekülgröße abnehmen. In neutralen nichtalternierenden Kohlenwasserstoffen, wie dem Azulen, oder bei geladenen alternierenden Kohlenwasserstoffen, wie dem Benzyl-Kation oder -Anion, treten bindende und nichtbindende Orbitale nicht paarweise auf, so daß bei diesen HOMO und LUMO häufig völlig verschiedene Räume besetzen. Dies bedeutet aber, daß die Überlappungsdichte und damit K ziemlich kleine Werte annimmt.

Der Grund, warum Azulen blau und Anthracen farblos ist, obwohl ihr Ionisierungspotential und ihre Elektronenaffinität ähnliche Werte haben, kann letztlich darin gesucht werden, daß HOMO und LUMO beim Azulen größtenteils an verschiedenen Stellen im Molekül lokalisiert sind. Dies ist aber nur möglich, weil Azulen ein nichtalternierender Kohlenwasserstoff ist. Beim Anthracen sind HOMO und LUMO an den gleichen Stellen lokalisiert, da Anthracen ein alternierender Kohlenwasserstoff ist (Abb.16).

Die Farbigkeit des Azulens versetzte *Plattner* in die Lage, seine Regel aufzustellen, die er aus den Absorptionsspektren ableitete [1d] (Abb.17).

Beim Übergang von Azulen zu 1-Methylazulen stellt man eine Verschiebung von +36 nm (bzw. -800 cm^{-1}) fest. Bei der Substitution in 2-Position erfolgt eine Verschiebung in entgegengesetzter Richtung von -20 nm (+450 cm^{-1}). Die Verschiebungen in 4- und 6-Position betragen -15 nm (+350 cm^{-1}), in

5-Position beträgt der Wert +15 nm (-350 cm^{-1}).

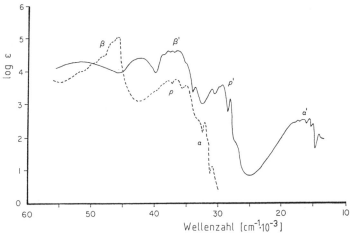

Abb.17. Vergleich der Elektronenspektren von Naphthalen (---) und Azulen (——) [18]

Aufgrund dieser Verschiebungen der Banden in den Absorptionsspektren der Methylazulene, im Vergleich zum Spektrum des Azulens, kann man die violette Farbe der in 2-, 4-, 6- oder 8-Position substituierten Azulene und die rein blaue Farbe der Azulene, die in 1-, 3-, 5- oder 7-Stellung substituiert sind, erklären.

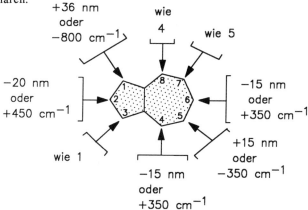

Abb.18. UV/Vis-Verschiebungen beim Übergang von Azulen zu Alkyl-substituierten Azulenen [1d]

Benutzt man die von *Pfau* und *Plattner* gefundenen Verschiebungswerte, so läßt sich die Richtung und Größenordnung der Verschiebung der Banden von mehrfach substituierten Azulenen hiermit leicht durch Addition der Einzelwerte berechnen. Nur die Substitutionsstelle (Position), nicht aber die Art des Alkyl-Substituenten ist von Bedeutung, was sich mit der MO-Theorie deuten läßt [1e].

Die hypsochrome Verschiebung in der zweiten Substituentengruppe ist eng mit dem induktiven Effekt der Alkylgruppe [1e] sowie mit der Elektronendichteverteilung in nichtbenzoiden Aromaten verbunden.

Da keine der beiden *Kekulé*-Formeln eine Doppelbindung aufweist, die beiden gemeinsam angehört, kann das Azulen-System auch als Cyclodecapentaen mit transannularer Bindung aufgefaßt werden:

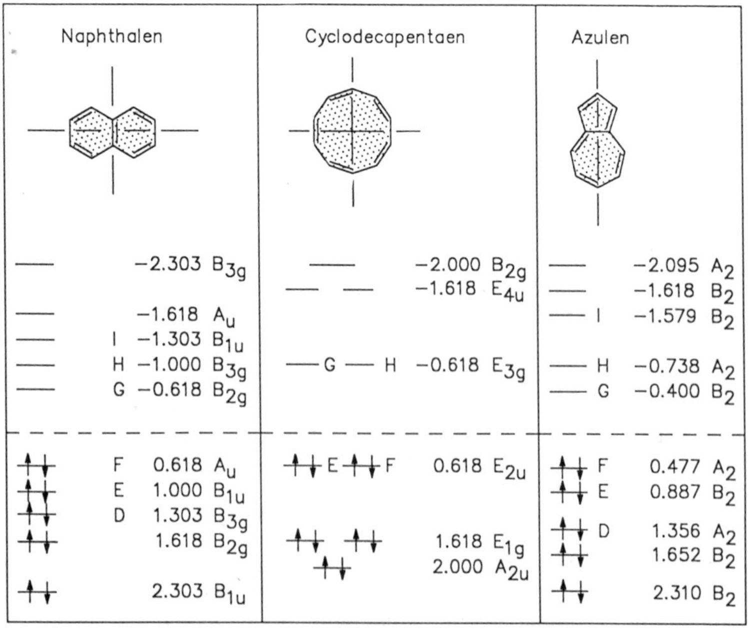

Abb.19. Energie-Eigenwert-Schemata des Naphthalens, Cyclodecapentaens und Azulens [19]

Vergleicht man das Bandensystem des Azulens mit dem des Naphthalens, so erkennt man die große Ähnlichkeit, mit der Ausnahme, daß die Banden zu größeren Wellenlängen verschoben sind. Hierbei fällt auf, daß der Übergang mit der Wellenlänge von 700 nm, der die blaue Farbe des Azulens hervorruft, eine größere Verschiebung erfährt als die anderen Banden (Abb.20).

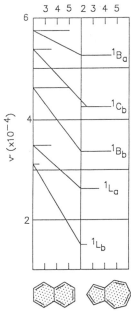

Abb.20. Bandenverschiebung des Azulens in Bezug auf Naphthalen; charakteristische Daten des Azulens

Nach *Coulson* und *Pullman, Mayot* und *Berthier* [20b] sind aus den theoretischen Überlegungen folgende Schlüsse für den Einfluß von Alkylgruppen am Azulen-System zu ziehen:

1) Im nichtalternierenden Azulen-System überwiegt der induktive Effekt eines Substituenten über den Resonanz-Effekt.

2) Der induktive Effekt hängt von der Elektronegativität des Substituenten ab und von seiner Stellung am Molekülgerüst. Die Elektronegativität schlägt sich im Coulomb-Term nieder, die Stellung des Substituenten wird durch die Differenz der Quadrate der Koeffizienten der niedrigsten unbesetzten und höchsten besetzten Atomorbitale des den Substituenten tragenden Kohlenstoffatoms berücksichtigt. Der Gesamteinfluß setzt sich aus den einzelnen Effekten zusammmen; der erste Effekt hängt nur vom Substituenten, der zweite nur von der Ringposition ab.

3) Der Resonanz-Effekt hängt im wesentlichen vom Quadrat des Koeffizi-

enten des höchsten besetzten Atomorbitals ab, das den Substituenten trägt.

Die *Plattner*sche Regel, daß bei geradzahliger Substitutionsstelle eine hypsochrome Verschiebung auftritt, während bei ungeradzahliger Substitution die Verschiebung bathochrom ist, gilt streng nur für Alkylazulene. Arylierte Azulene zeigen meist umgekehrtes Verhalten. Elektronenziehende Substituenten bewirken fast immer eine hypsochrome Verschiebung.

Weit weniger charakteristisch als die Absorptionsspektren im sichtbaren Bereich sind die UV-Spektren [1d]. Die einzelnen Alkyl-Verbindungen zeigen alle recht ähnliche Absorptionen. Alle Substituenten bewirken im UV-Gebiet eine bathochrome Verschiebung. Beim Übergang vom Azulen zum Azulenium-Kation (durch Einwirkung starker Säuren) nimmt die Feinstruktur des Spektrums ab, und es erfolgt eine Verschiebung zu kürzeren Wellenlängen [1e]. Bei anderen aromatischen Systemen beobachtet man mit Säuren fast immer eine bathochrome Verschiebung.

WEITERE SPEKTROSKOPISCHE EIGENSCHAFTEN

Die IR-Spektren zeigen für die jeweilige Azulen-Verbindung einen charakteristischen "Fingerprint"-Bereich; aus ihnen läßt sich jedoch nicht eine der *Plattner*schen Regel analoge Beziehung aufstellen.

In neuerer Zeit werden besonders die Fluoreszenz- und Resonanz-Raman-Spektren sowie der induzierte Circulardichroismus untersucht.

Die NMR-Spektren des Azulens und seiner Derivate sind schwer zu interpretieren, können aber einen tiefen Einblick in die elektronischen und sterischen Wechselwirkungen ermöglichen [20a,21,22].

Im Massenspektrum ist eine große Ähnlichkeit mit dem des Naphthalens zu erkennen, so daß hier von einer gleichen Zwischenstufe ausgegangen werden muß [23]. Es läßt sich jedoch anhand von Metastabilen-Spektren zeigen, daß die Geschwindigkeit der Isomerisierung zu dieser Zwischenstruktur beim Azulen geringer ist als beim Naphthalen [23].

3.2.4 Chemisches Verhalten

Für das chemische Verhalten eines Stoffes ist die Kenntnis der Löslichkeit wichtig. Azulen löst sich gut in organischen Lösungsmitteln und in konzentrierten Säuren, in Wasser ist es unlöslich [11].

Azulen ist erheblich reaktiver als das isomere Naphthalen. Es zersetzt sich durch Oxidation langsam an der Luft, wobei das Licht eine beschleunigende Wirkung ausübt. Die Oxidation kann anhand der Farbänderung von blau oder violett über grün nach gelb oder braun beobachtet werden. Azulen unterliegt als aromatische Verbindung aber den normalen Substitutionsreaktionen am Aromaten, wie der Halogenierung, Sulfonierung, Nitrierung, Azotierung und den *Friedel-Crafts*-Reaktionen (Näheres s.u.). Hierbei zeigen die Azulene jedoch eher das Verhalten der Phenole und Amine als das der unsubstituierten Kohlenwasserstoffe.

Aufgrund seines Dipolcharakters (<u>Abb.21</u>) wird Azulen elektrophil am Fünfring und nucleophil am Siebenring substituiert.

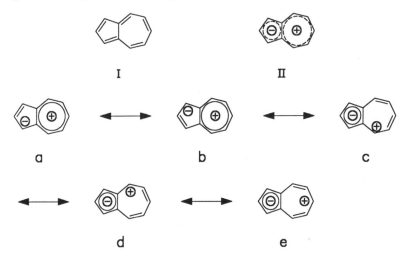

<u>Abb.21</u>.   Mesomerie des Azulen-Systems

<u>Abb.21</u> macht verständlich, daß die elektrophile Substitution an den Kohlenstoffatomen C-1 und C-3, eine nucleophile Substitution dagegen an den Kohlenstoffatomen C-4, C-6 und C-8 erfolgt.

Wird eine Stelle des einen Rings angegriffen, so entwickelt sich gleichzeitig ein π-Elektronen-Sextett im anderen Ring. Die Energie des Übergangszustands ist somit niedrig, wodurch die Reaktion erleichtert wird [24].

Die **Polarisierbarkeit des Azulens** wirkt sich in hohem Maße auf die elektronische Wechselwirkung zwischen dem Substituenten und dem π-Elektronensystem des Azulens aus. Dies zeigt sich unter anderem in der hohen Polarisierung von Doppelbindungen, die mit dem Azulensystem konjugiert sind.

Hierdurch wird wahrscheinlich, daß die Methylgruppe des 1-Methylazulens durch *Hydrid-Hyperkonjugation* mit dem Azulenkern wechselwirkt, wobei ein Azulenium-Ion entsteht [25]. Eine ähnliche Wechselwirkung tritt bei der *Protonen-Hyperkonjugation* der Methylgruppe im 4-Methylazulen auf, bei der dann ein Azuleniat-Ion entsteht.

Elektrophile Substitution: Als elektrophilen Angriff kann man die Adduktbildung der Azulene mit starken Säuren auffassen. Wie *Plattner* durch Leitfähigkeitsmessungen zeigen konnte, wird stets nur ein Proton angelagert [1e]. Da Azulene eine hohe Ladungsdichte am Fünfring besitzen, verlaufen die elektrophilen Substitutionen dort bei milderen Bedingungen als bei benzoiden Aromaten.

Die Nitrierung erfolgt nach *Anderson* schon mit Kupfernitrat in Essigsäureanhydrid [1e]. Aus diesem Nitroazulen läßt sich durch Reduktion Aminoazulen darstellen.

Die Halogenierung gelang *Anderson* durch Einwirkung von Brom oder Chlorsuccinimid nach *Ziegler*. Die grünen monosubstituierten Verbindungen sind unbeständig, die grünen Dihalogenazulene kristallisieren aus [1e]. Setzt man die Azulene mit Halogensuccinimid nicht in Benzen um, sondern in polaren organischen Lösungsmitteln, so erhält man bei -20°C in ca. 90% Ausbeute das Monohalogen-Produkt. In siedendem Ether fällt dagegen das disubstituierte Azulen an.

Im Siebenring halogenierte Azulene erhält man durch Umsetzung der entsprechenden Hydroxy-Verbindungen mit Phosphorhalogeniden [26]. Die Chlorsind stabiler als die Brom- oder Iod-Verbindungen. Bei den Chlor-Azulenen sind die in 6-Stellung substituierten beständiger als die in 1- oder 3-Stellung substituierten.

Die Sulfonierung gelingt nach *Treibs* und *Schroth* mit dem Schwefeltrioxid-Dioxan-Addukt [1e].

Die Azotierung von Azulenen verläuft nach *Plattner* bereits mit einfachen Diazoniumsalzen. Die Azoverbindungen sind basischer als die Azulene und zeigen Indikatoreigenschaften [1e].

Die *Friedel-Crafts*-Alkylierung ergibt nach *Anderson* Azulene, die in 1- bzw. 3-Stellung substituiert sind. Eine Alkylierung des Azulens mit Trialkyloxoniumtetrafluoroborat gelang ihm nicht. *Hafner* konnte jedoch das symmetrische 4,6,8-Trimethylazulen mit Trialkyloxoniumsalzen alkylieren [1g]. Es ist häufig zu beobachten, daß symmetrisch substituierte Azulene Reaktionen eingehen, denen unsymmetrisch substituierte Azulene oder Azulen selbst nicht unterliegen.

En-Synthesen lassen sich ebenfalls leicht mit Azulenen durchführen [27]. Dabei sind auch Chinone einsetzbar.

Die *Friedel-Crafts*-Acylierung erfolgt nach *Anderson* als Diacetylierung, wenn man einen Überschuß von einem Mol Essigsäureanhydrid in Schwefelkohlenstoff mit Azulen in Gegenwart von $AlCl_3$ umsetzt. Das 1-Acetylazulen erhält man mit $SnCl_4$ oder $HgCl_2$ als Kondensationsmittel und Dichlormethan als Lösungsmittel. Das Monoacetylazulen läßt sich mit Natriumhypoiodit zu Azulencarbonsäure abbauen, die mit Diazomethan in den Methylester überführbar ist [1e]. Ebenso leicht, ohne Katalysator, erfolgt die Acylierung mit Carbonsäurehalogeniden oder Phosgen [1f].

Sind die Positionen 1 und 3 im Azulen bereits durch Substituenten besetzt, so erfolgt die Acylierung in 5- oder 7-Stellung [1f], da an diesen Kohlenstoffatomen noch eine höhere Elektronendichte vorhanden ist als an den Kohlenstoffatomen 2, 4, 6 oder 8.

Es ist oft zu beobachten, daß Substituenten in 1- oder 3-Stellung, die zur Ausbildung stabilisierter Carbeniumionen befähigt sind, durch elektrophile Agenten ausgetauscht werden.

Die Formylierung gelang unabhängig voneinander zuerst *Hafner* und *Bernhard* sowie *Treibs* mit Hilfe der von *Vilsmeier* und *Haack* entwickelten Methode [1g]. Die gebildeten Immoniumsalze sind ungewöhnlich stabil, was auf hohe Resonanzstabilisierung zurückzuführen ist. Mit Natriumsalzen CH-acider Verbindungen setzen sie sich zu ungesättigten Azulen-Derivaten um [1g]. Azulen-1-aldehyd unterliegt nicht der Cannizzaro-Reaktion oder der Benzoin-Kondensation. Es ist auch nicht ohne weiteres möglich, Azulen-1-aldehyd zur Carbonsäure zu oxidieren [1g]. Diese Eigenschaften machen eine polare neben den beiden kovalenten Strukturen wahrscheinlich. In Gegenwart saurer Kondensationsmittel, auch Phosphoroxychlorid, reagieren die Azulenaldehyde zu Polymethin-Farbstoffen [1g]. Setzt man Dialkylamide höherer Carbonsäuren in der *Vilsmeier*-Reaktion ein, so erhält man Azulenketone [28].

Die Aminomethylierung konnte im Gegensatz zur Chlor- oder Hydroxymethylierung [1g] unter schonenden Bedingungen verwirklicht werden. Die 1- oder 3-Aminomethylazulene sind erheblich reaktiver als das Azulen. Mit sekundären Aminen reagieren sie unter Amin-Austausch und kondensieren leicht unter Amin-Abspaltung zu grünen hochmolekularen Produkten, wenn die 1- oder 3-Stellung unsubstituiert ist. Weitaus stabiler als die Aminoverbindungen sind Ammoniumsalze, die durch Alkylierung mit Iodmethan erhältlich sind. Diese Ammoniumsalze gehen leicht S_N-Reaktionen ein, wobei

Trialkylamin als Abgangsgruppe fungiert [1g]. Mit Anionen CH-acider Verbindungen, Alkoholaten, Phenolaten und anderen Anionen reagieren sie zu 1-Methylazulyl-Derivaten, wobei auch meist höhermolekulare Verbindungen auftreten [29].

Nucleophile Substitution: Ein nucleophiler Angriff liegt bei der Umsetzung mit metallorganischen Verbindungen vor. Aus Berechnungen der Elektronendichte-Verteilung im Azulen [30] ergibt sich, daß die Kohlenstoffatome C-4 und C-8 die geringste, die Kohlenstoffatome C-1 und C-3 die höchste Elektronendichte tragen. Die Addition des Alkylrests der metallorganischen Verbindungen erfolgt somit bevorzugt am Kohlenstoffatom C-4 oder C-8. Die Stellung des Metallatoms am Fünfring ist ungewiß, bei einer 1,2-Addition befindet es sich am Kohlenstoffatom C-10. Die Hydrolyse ergibt ein substituiertes Dihydroazulen, das nach Dehydrierung ein 4-Alkylazulen liefert [30]. Auch andere metallorganische Verbindungen von Metallen der ersten Hauptgruppe reagieren mit Azulen. *Grignard*-Verbindungen, Magnesiumdialkyle und Aluminiumtrialkyle setzen sich mit Azulen nicht um. Komplexverbindungen von Alkalialkylen mit Aluminiumtrialkylen reagieren erst oberhalb 100°C mit Azulen [30]. Eine nucleophile Disubstitution ist auch in 4- und 8-Stellung mit metallorganischen Verbindungen möglich. Die Darstellung von 4,6,8-Trialkylazulenen gelingt über die Pyrylium-Synthese [5], aber auch durch nucleophile Substitution von 4,8-disubstituierten Azulenen [31]. In 4- oder 8-Stellung befindliche Methoxy-Gruppen lassen sich leicht nucleophil ersetzen. Ein Austausch gegen eine Hydroxygruppe erfolgt schon mit ethanolischer oder wäßriger Alkali-Lösung [1f]. Eine nucleophile Substitution von Halogenatomen in 1- oder 3-Position erfolgt nicht, vielmehr tritt Abspaltung des Halogen-Kations ein [26]. In 2-Position halogenierte Azulene unterliegen aber der nucleophilen Substitution, da die Elektronendichte an diesem Kohlenstoffatom geringer ist als in 1- oder 3-Stellung [1f]. Daß eine nucleophile Substitution der 6-Halogenazulene möglich ist, ergibt sich aus der Darstellung dieser Verbindungen aus 6-Hydroxyazulenen mit Phosphorhalogeniden.

Radikalische Substitutionsreaktionen: Unter diesen Reaktionen sind die Umsetzungen von Azulenen mit Diazoessigester und Diazomethan einzureihen. Eine Ringerweiterung tritt bei der Umsetzung mit Azulenen nicht auf, sondern es bildet sich erneut ein Azulen. Der durch die Reaktion eingetretene Substituent befindet sich an geradzahligen Substitutionsstellen im Siebenring, was aus den Spektren mit Hilfe der *Plattnerschen* Regel abgeleitet werden kann [1f].

Reduktion von Azulenen: Azulen und einige Alkylazulene wurden von *Heilbronner* und *Chopard-Dit-Jean* polarographisch reduziert [1e]. Das Polarogramm zeigt zwei bis drei wohldefinierte Stufen, von denen die erste weniger pH-abhängig ist als die anderen. Bei Alkylazulenen tritt eine Verschiebung des Halbstufenpotentials zu negativen Werten auf, die sich in guter Näherung additiv aus den Einzelverschiebungen zusammensetzt. Die Reduktion der Azulencarbonsäuren mit Lithiumaluminiumhydrid gelang *Arnold* und *Pahls* mit befriedigendem Ergebnis [1e]. Bei den meisten Reduktionsversuchen mit LAH erhält man grüne, höhermolekulare Produkte.

Die Reduktion der 1- oder 3-Azulenaldehyde nach *Wolff-Kishner* führt zu 1- oder 3-Methylazulenen. Ihre Reduktion mit LAH ergibt 1- oder 3-Hydroxymethylazulene. Sekundäre Alkohole entstehen bei der Umsetzung mit *Grignard*-Verbindungen [1g].

In 3-Stellung unsubstituierte 1-Hydroxymethylazulene sind wenig stabil. Sie gehen über Bis(azulylmethan)-Derivate meist in hochmolekulare Verbindungen über; dies kann verhindert werden, wenn der entstandene Komplex statt mit Säuren mit Ammoniumchlorid zerlegt wird. Mit Aminen bilden sie Aminomethylazulene. In der Wärme reagieren sie mit CH-aciden Verbindungen. Dabei übertragen sie die Hydroxymethyl-Gruppe auf die CH-acide Verbindung; in gewissen Fällen kann aber auch der Azulylmethyl-Rest in die CH-acide Verbindung eingeführt werden [1g].

Oxidation von Azulenen: Bei Oxidationsversuchen stellte *Treibs* [1g] fest, daß die Ausbeute an definierten Produkten mit zunehmender Alkylierung des Azulens zunimmt.

Salze der Azulene: Die Umsetzung von Azulenen mit Oniumsalzen wurde ausführlich von *Hafner*, *Stephan* und *Bernhard* [32] beschrieben. Die bei diesen Umsetzungen erhältlichen Azuleniumsalze fallen in kristalliner Form an. In 4- und 8-Position substituierte Azulene reagieren mit Tritylperchlorat zum farblosen Azuleniumsalz, doch führt die Hydrolyse aus sterischen Gründen wieder zum eingesetzten Azulen. Anstelle der Tritylsalze sind auch Tropyliumsalze verwendbar. Setzt man hierbei Azulen selbst ein, so erhält man direkt 1,3-Ditropylazulen, das sich erneut mit einem Tropylium-Ion umsetzen kann [32].

1- oder 3-Alkylidenazulenium-Salze erhält man aus 1- bzw. 3-α-Hydroxy-,

-Alkoxy- oder -Aminoalkylazulenen mit komplexen Säuren. Eine besonders universelle Darstellungsmethode [33] ist die Kondensation von aliphatischen und aromatischen Kohlenwasserstoffen mit Azulen in Gegenwart von wasserfreier etherischer Borfluorwasserstoffsäure [34]. Es entstehen zunächst 1- bzw. 3-(α-Hydroxyalkyl)azulene, die mit Borfluorwasserstoffsäure mesomeriestabilisierte Alkylidenazulenium-Salze ergeben, die alle farbig sind. Die Säure bewirkt sowohl eine Aktivierung der Carbonylfunktion als auch eine Protonierung des Azulens. Dies ist wichtig, denn die Protonierung ist eine Gleichgewichtsreaktion, die fast völlig auf der Seite des Salzes liegt, wodurch die Konzentration an freiem Azulen so gering ist, daß kein Diazulylmethan gebildet werden kann. Die Diazulylmethan-Bildung ist bei anderen Kondensationsreaktionen von Azulenen mit Aldehyden bevorzugt. Alkylidenazulenium-Salze erhält man auch, wenn man Azulene mit Aldehyden, Ketonen oder Orthoestern umsetzt. Kondensiert man Azulen-1-aldehyde mit Azulenen, so entstehen ebenfalls 1- oder 3-Alkylidenazulenium-Salze (Polymethin-Salze) [33].

Je mehr das α-Kohlenstoffatom der Alkylidensalze durch Substituenten oder benachbarte Gruppen in 4- oder 8-Stellung des Azulens eingehüllt ist, ohne daß dadurch die Möglichkeit zur Ausbildung mesomerer Grenzformen verloren geht, um so stabiler sind diese Salze [33].

Bei der Chlormethylierung von Azulenen entsteht als Zwischenprodukt 1-Methylenazuleniumchlorid, das so reaktiv ist, daß es mit weiterem Azulen sofort das Di(1-azulyl)methan bildet [33]. 1- oder 3-Alkylazulene lassen sich leicht durch Hydrid-Abspaltung in die entsprechenden Alkylidenazulenium-Salze überführen. Ähnlich reagieren Azulene, die in 4-, 6- oder 8-Stellung alkyliert sind, mit Metallüberträgern unter Metall-Wasserstoff-Austausch zu 4-, 6- oder 8-Alkylidenazuleniat-Salzen, da sie eine gewisse CH-Acidität zeigen. Als Metallierungsmittel dienen N,N-disubstituierte Metallamide, die eine hohe Basizität aufweisen und in polaren organischen Lösungsmitteln löslich sind [35]. Die Umsetzung von 4,6,8-Trimethylazulen mit n-Butyllithium ergibt kein Azuleniat-Salz, sondern eine lithiumorganische Verbindung [35].

Reagieren Azulenium-Salze mit Nucleophilen, so reagieren Azuleniat-Salze mit elektrophilen Agentien (Abb.22) [35].

Bei der Hydrolyse liefern sie die Ausgangsazulene zurück. Durch Umsetzung mit Halogenalkanen erhält man die entsprechenden, an der Seitenkette alkylsubstituierten Azulene. Auch eine Carbonisierung mit CO_2 ist in guten Ausbeuten möglich [35].

An schwach oder nicht enolisierbare Carbonylverbindungen addieren sich die

Azuleniatsalze glatt, während sie mit enolisierbaren Carbonylverbindungen unter Rückbildung des Ausgangsazulens hydrolysieren [35].

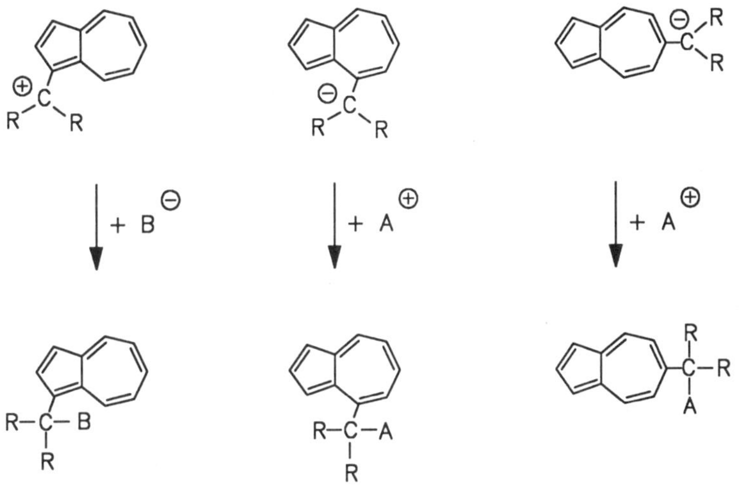

<u>Abb.22.</u> Reaktionen von Azulensalzen

<u>Azulen-π-Komplexe</u>: *Merrifield* und *Phillips* [36] beobachteten die Bildung farbiger Komplexe des Benzens mit Tetracyanethen [37]. Da Azulen zur Adduktbildung neigt, wurde auch versucht, π-Komplexe darzustellen. Tatsächlich konnten *Hafner* und *Moritz* [38] kristalline Azulen-Tetracyanethen-Komplexe erhalten. Die Bildung dieser Komplexe hängt stark von Anzahl, Art und Stellung der Substituenten ab. Komplexe bilden sich leicht mit den stärker basischen, mehrfach alkylierten Azulenen, schwieriger mit Azulenen, die in 1- oder 3-Stellung mit elektronegativen Gruppen substituiert sind [38]. Einige Komplexe wandeln sich leicht unter Eliminierung von HCN in die 1- oder 3-Tricyanvinylazulene um.

Neben den π-Komplexen mit olefinischen Doppelbindungen sind Metall-π-Komplexe von großem Interesse in der Azulen-Chemie [39]. Das Zentralmetall kann hier zwischen dem Elektronen-Sextett des Fünfrings und dem des Siebenrings wählen. Alle Azulen-Metall-Carbonyl-Komplexe binden zwei Metallatome und weisen stets eine π-Cyclopentadienyl-Metall-Bindung auf, während die verbleibende Ligand-Metall-Bindung von Komplex zu Komplex variiert. Die π-Cyclopentadienyl-Metall-Bindung liefert ein Radikal, das über die fünf nicht koordinierten Kohlenstoffatome delokalisiert ist. Da alle Komplexe diamagnetisch sind, muß der zunächst gebildete Komplex weiterreagieren. Je nach der Elektronen-Konfiguration des Metalls sind mehrere Möglichkeiten gegeben [39]: *Fischer* und *Müller* stellten mit der Isopropyl-*Grignard*-Methode erstmals Diazulen-Metall-Komplexe des Chroms und Eisens dar [40].

Ringbildung am Azulen-Gerüst: Setzt man ß-Hydroxy- oder α,ß-Dihydroxyisopropyl-2-aminoazulene mit Amylnitrit um, so desaminiert die Verbindung zu Furo[3,2-f]azulen oder den entsprechenden Dihydro-Produkten. Die Behandlung der Furan-Derivate mit flüssigem Ammoniak liefert Pyrrolo[3,2,f]azulene [1f]. Methylgruppen in 4,6,8-Position erhält man beim Einsatz von 2,4,6-Trimethylpyrylium-Salzen in der Azulen-Synthese. Methylgruppen in diesen Positionen aktivieren das Azulen so stark, daß *Hafner* und Mitarbeiter in der Lage waren, aus den entsprechenden Azulenium- oder Azuleniat-Salzen Pentalene und Heptalene darzustellen [1f].

In neuerer Zeit wurde vor allem die Umlagerung des Azulens zu Naphthalen und umgekehrt untersucht [41]. Daneben werden auch die Gerüstumlagerungen oder Substituentenwanderungen an substituierten Azulenen immer mehr erforscht [42,43].

Eine neue Anwendung von Erkenntnissen der Azulen-Chemie war auf dem Gebiet der **Chromoionophore** möglich, in denen Azulen als Chromophor wirkt [44]. Azulen-Derivate wurden auch als neue wirksame **Clathratbildner-Familie** entdeckt [45] (vgl. Studienbuch "Supramolekulare Chemie", Teubner 1989). Seit einigen Jahren wird die Abhängigkeit des Redoxverhaltens von den Verknüpfungsstellen in Biazulenylen und 1,ω-Biazulenylpolyenen untersucht [46]. Spektroskopisch interessante, gespannte *[2.2]Azulenophane* wurden insbesondere von *Ito* et al. synthetisiert [47-55].

Über neuere Entwicklungen auf dem Gebiet des Azulens und verwandter Moleküle wie Heptalen und Pentalen s. Lit. [56-61].

3.3 Biphenylen

Biphenylen (1) ist ein ungewöhnliches Molekül, das schon aufgrund seines formalen Cyclobutadien-Rings besondere Eigenschaften erwarten läßt. Ringspannung, Bindungsverhältnisse, Reaktivität, Aromatizität und weitere chemische, physikalische und theoretische Fragen stehen im Vordergrund des anhaltenden Interesses an diesem originellen Kohlenwasserstoff-Gerüst.

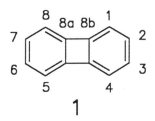

Zur **Nomenklatur**: In älteren Publikationen wurde die Bezeichnung Diphenylen benutzt, was nach IUPAC nicht korrekt ist. Formal kann man *Biphenylen* auch als Dibenzcyclobutadien bezeichnen. Die chemischen und physikalischen Eigenschaften des Cyclobutadiens unterscheiden sich aber so beträchtlich von denen des Biphenylens, daß sich jener Name ebenfalls nicht durchsetzen konnte. Die IUPAC-Numerierung ist in Formel 1 wiedergegeben.

3.3.1 Historische Entwicklung

Die Darstellung des Biphenylens erwies sich als schwierig. Dieser Abschnitt der Chemie begann daher mit einer Serie von erfolglosen Versuchen [1]. Es folgten Veröffentlichungen, die vorgaben, die Substanz erfolgreich synthetisiert zu haben [2]. Jedoch schlugen alle Versuche, die Ergebnisse zu reproduzieren, fehl [3]. Auch die angegebenen chemischen und physikalischen Eigenschaften unterscheiden sich von dem später gesichert hergestellten Biphenylen. So wurde weiter nach einer Synthese für das Biphenylen gesucht, doch erst im Jahre 1941 konnte *Lothrop* [4] die Darstellung des Biphenylens mit überzeugenden experimentellen Beweisen veröffentlichen. Diese Ergebnisse wurden später bestätigt [5].

3.3.2 Synthesen

a) aus 2,2'-Dihalogenbiphenyl

Die erste Synthese des Biphenylens gelang *Lothrop* durch Dehalogenierung von 2,2'-Dihalogenbiphenyl mit Kupferoxid in der Hitze:

Bessere Ergebnisse werden erzielt, wenn man anstelle des Dibrombiphenyls das 2,2'-Diiodbiphenyl einsetzt. Es bildet sich dabei in gewissem Umfang intermediär das Biphenyleniodonium-iodid (3), das sich ebenfalls mit Kupfer-(I)-oxid zu Biphenylen umsetzt.

Die Ausbeuten schwanken je nach Autor von 21% [6] bis 43% [7], wobei die Qualität des eingesetzten Kupferoxids eine wichtige Rolle spielt: Gealterte Proben sollen besonders gute Ergebnisse liefern [8].

Die Reaktion erinnert an die *Ullmann*-Reaktion, bei der jedoch Kupfer als Kupplungsreagens eingesetzt wird. Tatsächlich wurden bei der Umsetzung von 2,2'-Diiodbiphenyl (3) mit speziell präpariertem Kupferpulver gute Ausbeuten erzielt. [9].

Viele substituierte Biphenylene konnten auf diese Weise hergestellt werden, die durch direkte Substitution oder andere Biphenylen-Synthesen nicht zugänglich sind, wie z.B. das 1-Nitrobiphenylen (s.u.) [10]. Die Ausbeuten sind dabei oft gering, jedoch wird nur selten überhaupt keine Umsetzung beobachtet.

b) aus Dehydrobenzen-Verbindungen

Unter geeigneten Bedingungen vermag Dehydrobenzen (Benz-in, 6) zu Biphenylen (1) zu dimerisieren. Als Nebenprodukte entstehen Triphenylen (7) und höhere Oligomere. Die gleichen Produkte werden auch beim Auftauen von in einer Matrix eingefrorenen Präparaten von monomerem Dehydrobenzen erhalten [11].

Es gibt inzwischen eine Vielzahl von Methoden, Dehydrobenzen (6) selbst, wie auch andere Arine, intermediär herzustellen. So entsteht bei der Diazotierung von Anthranilsäure (4) das Benzendiazonium-2-carboxylat (5), das unter Verlust von Stickstoff und Kohlendioxid das Dehydrobenzen (6) liefert. In siedendem 1,2-Dichlorethan ensteht durch Dimerisierung Biphenylen in 30% Ausbeute [12].

Beim Umgang mit dem explosiven Diazoniumcarboxylat 5 ist allerdings Vorsicht geboten. Diese Synthesemethode eignet sich auch zur Herstellung von Methyl-Derivaten des Biphenylens (1,5- bzw. 1,8-Dimethylbiphenylen und 1,4,5,8-Tetramethylbiphenylen), versagt aber bei Nitro- und Halogen-Substitutionsmustern. Auch aus 1-Aminobenztriazol (12) entsteht durch Oxidation mit Blei(IV)-acetat das Dehydrobenzen. Nach dieser Methode können Ausbeuten bis zu 80% Biphenylen erhalten werden. Der Nachteil dieses Verfahrens liegt in der begrenzten Zugänglichkeit substituierter 1-Aminobenztriazole.

Zur Herstellung von 1-Aminobenztriazol (12) [13)] geht man von *o*-Nitroanilin (8) aus, das durch Diazotierung und anschließende Kupplung mit Malonsäurediethylester das Hydrazon 9 bildet. Die katalytische Reduktion mit Palladium ergibt das entsprechende Amin 10. Erneute Diazotierung führt unter Ringschluß über 11 in einer Gesamtausbeute von 54% zum Triazol 12.

Auch bei der Dehalogenierung von *o*-Bromfluorbenzen (14) mit Lithium-amalgam entsteht Biphenylen in guter Ausbeute [13c)].

Es gibt noch weitere Methoden zur Biphenylen-Darstellung, bei denen ebenfalls intermediär Dehydrobenzen (6) erzeugt wird.

Im Rahmen dieses Überblicks sei noch auf die Zersetzung des Benzthiadiazol-1,1-dioxids (15) [14] unter Verlust von N_2 und SO_2 sowie von Phthalsäureperoxid (16) [15] unter Extrusion von CO_2 hingewiesen.

3.3.3 Eigenschaften des Biphenylens

Biphenylen bildet schwach gelbliche, prismenförmige Kristalle, die bei 112°C schmelzen. Der Siedepunkt liegt bei 260°C, aber schon unterhalb dieser Temperatur sublimiert Biphenylen bei Normaldruck. Sein Geruch ist typisch für einen aromatischen Kohlenwasserstoff und erinnert an den der Xylene. Biphenylen ist eine stabile Verbindung, die jahrelang unverändert gelagert werden kann.

Angesichts des gespannten Vierrings im Biphenylen-Molekül könnte man annehmen, daß viele Reaktionen zu einer Ringöffnung führen würden. Dies ist jedoch eher selten der Fall. So z.B. bei der katalytischen Hydrierung [16], die zur Bildung von Biphenyl führt, und unter Reaktionsbedingungen über 400°C wird das Molekülgerüst verändert.

3.3.4 Geometrie und Elektronenstruktur

Der eigentliche Beweis für die planare tricyclische Struktur des Biphenylens wurde durch Elektronenbeugungsuntersuchungen in der Gasphase [17] und durch *Röntgen*-Kristallstrukturanalyse [18] erbracht (Abb.1).

Die Ergebnisse zeigen, daß die beiden Benzenringe im Biphenylen als ebene π-Systeme vorliegen. Die Grenzstruktur (1) hat unter allen anderen möglichen Grenzstrukturen das größte Gewicht.

Die Bindungen 4a-8b mit 142.6 pm und 1-2 mit 142.3 pm weichen deutlich von der idealen Bindungslänge von 139 pm des Benzens ab, während die anderen Bindungen in den Sechsringen typische Längen von 137.2 bzw. 138.5 pm aufweisen. Die Bindungen zwischen den Sechsringen entsprechen mit 151.4 pm nahezu Einfachbindungen. Der Vierring ist ziemlich exakt rechtwinklig, die Winkel δ weichen nur wenig von 90° ab. Auffällig sind die Abweichungen vom Idealwinkel 120° in den Sechsringen. So beträgt der Winkel γ, der direkt am Vierring anliegt, 122.6°, während der benachbarte Winkel ß mit 115.2° schon deutlich gestaucht ist. Der noch weiter außen liegende Winkel α zeigt eine Abweichung von 2.3° vom Idealwert.

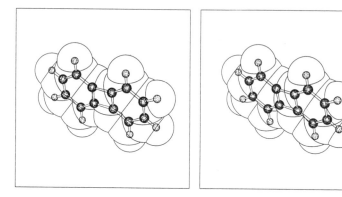

<u>Abb.1.</u> Das Biphenylen-Molekül (Stereobild, Schakal-Programm)

Die Ergebnisse theoretischer Molekülberechnungen des Biphenylens nach der Kraftfeld- (force field-, MM-)Methode [19] und der semiempirischen MNDO-Methode nach *Dewar* [20] sind in <u>Tab.1</u> aufgeführt.

Man erkennt die gute Übereinstimmung der theoretischen mit den experimentell bestimmten Werten. Nur für die Bindungsabstände d zwischen den beiden Sechsringen liefern diese beiden Berechnungsmethoden zu niedrige Werte. Trotz des geringeren Rechenaufwands ergibt die Kraftfeldmethode gegenüber den MNDO-Berechnungen bessere Werte, was mit der besonderen Berücksichtigung von Kleinringen durch dieses Verfahren zu erklären ist.

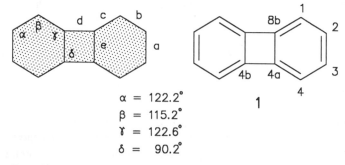

$$\alpha = 122.2°$$
$$\beta = 115.2°$$
$$\gamma = 122.6°$$
$$\delta = 90.2°$$

<u>Tab.1.</u>   Experimentelle und berechnete Bindungsabstände [pm] und Bindungswinkel im Biphenylen-Molekül (1) (s. nächste Seite)

Bindung	experimentell gemessen	berechnet MM	MNDO
a (2-3)	138.5	139.8	139.0
b (1-2)	142.3	141.8	144.1
c (4-4a)	137.2	137.2	136.9
d (4a-4b)	151.4	147.7	148.3
e (4a-8b)	142.6	141.7	147.1

ENERGIEINHALT UND SPANNUNGSENERGIE DES BIPHENYLEN-MOLEKÜLS

Berechnungen der π-Resonanzenergie und der auf den Vierring zurückgehenden destabilisierenden Spannungsenergie wurden immer wieder veröffentlicht. Die Abweichungen der Ergebnisse sind jedoch beträchtlich. *Coulson* [21] berechnete als erster einen Betrag von 419 kJ/mol für die Spannungsenergie. Dieser schien jedoch im Vergleich mit anderen gespannten Molekülen zu hoch und wurde später auf 310 kJ/mol korrigiert [22]. Andere Autoren [23a] errechneten 360 kJ/mol. Mit einer Variante der SCF-MO-Theorie [23b] wurde der sehr niedrige Wert von 151 kJ/mol für die Spannungsenergie ermittelt.

Springall et al. [24a] bestimmten die Verbrennungswärme des kristallinen Biphenylens ($-\Delta H_c$ = 6200 ± 20 kJ/mol bzw. 6220 ± 3 kJ/mol [24b]) und berechneten durch den Vergleich der Standardbildungsenthalpien von Biphenylen und Biphenyl die Spannungsenergie zu 269 kJ/mol und die Resonanzenergie zu 72 kJ/mol [25]. In einer früheren Veröffentlichung wurde letztere mit 305 kJ/mol angegeben [25]. Eigene Kraftfeldberechnungen [19] ergaben 305 kJ/mol für die Spannungsenergie, 326 kJ/mol für die π-Resonanzenergie und 444 kJ/mol für die Standardbildungsenthalpie. Nach der MNDO-Methode [20] wurde für die Standardbildungsenthalpie ein Wert von 393 kJ/mol berechnet.

SPEKTROSKOPISCHE EIGENSCHAFTEN

a) IR-Spektrum: Das IR-Spektrum des Biphenylens wurde von *Wittig* und *Lehmann* [26] beschrieben und von *Curtis* et al. interpretiert [27]. Die IR-Spektren von verwandten *o*-substituierten Benzen-Derivaten wie *o*-Xylen und Tetralin zeigen intensive Absorptionen für die C-H-Deformationsschwingung bei 740 cm^{-1}. Bei Verbindungen mit Ringspannung erfährt diese Bande eine Aufspaltung. So findet man beim Indan Absorptionen bei 752 und 738 cm^{-1}, beim Benzcyclobuten liegen diese Banden mit 781 und 714 cm^{-1} noch weiter auseinander. Beim Biphenylen kommt die Aufspaltung mit 750 und 734 cm^{-1} dem Indan sehr nahe. Eine detaillierte Zuordnung der IR-Banden findet man in Lit. [28].

b) <u>UV-Spektrum</u>: Das UV-Spektrum [29] des Biphenylens (1) zeigt zwei Hauptbanden bei 235-260 nm und 330-370 nm, die typisch für einen polycyclischen aromatischen Kohlenwasserstoff sind (<u>Abb.2</u>). Es weist damit größere Ähnlichkeit mit dem Spektrum des Anthracens als mit dem des Biphenyls (17) auf, das nur eine Absorptionsbande bei kürzeren Wellenlängen zeigt. Die Absorptionsbande bei der höheren Wellenlänge spricht für eine π-Resonanzwechselwirkung der beiden Benzenringe des Biphenylens - trotz der ungewöhnlich langen Bindungen zwischen den Sechsringen.

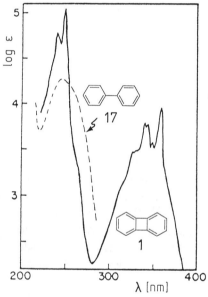

<u>Abb.2</u>. UV-Spektrum des Biphenylens (——) und des Biphenyls (17; ---) in Ethanol (nach *Baker, McOmie* [29])

c) <u>NMR-Spektren</u>: Im ^{1}H-NMR-Spektrum erfährt das A_2B_2-System der beiden Protonensorten (δ = 6.62, 6.73) im Vergleich mit Benzen eine deutliche Hochfeldverschiebung. Durch Vergleich mit dem verwandten Benzo[b]biphenylen (18) [30)] wurde ein geringerer Ringstromeffekt der Sechsringe und ein starker abschirmender paramagnetischer Ringstromeffekt des Vierrings nachgewiesen.

1   **17**   **18**

Dem Wasserstoffkern H_1 des Biphenylens, der dem Vierring am nächsten steht, wird damit das Signal bei 6.62 zugeordnet. Die für die Ringstromeffekte berechneten Werte sind Tab.2 zu entnehmen.

Tab.2.   Ringstromeffekte und ^{1}H-NMR-Absorptionen des Biphenylens

Ring	Ringstrom-effekt	Proton	gef.	ber.
A	+ 0.514	H-1	6.62	6.34
		H-2	6.73	6.49
B	-1.166			

Im ^{13}C-NMR-Spektrum findet man die Absorption der Kohlenstoffkerne 2, 3, 6, und 7 ähnlich wie bei Benzen bei 128.4, der C-Kerne in 1- ,4-, 5- und 8-Stellung etwas stärker abgeschirmt bei 118. Dagegen ist das Signal der C-Atome des viergliedrigen Rings mit 151.9 stark Tieffeld-verschoben.

3.3.5 Chemische Reaktivität

a) Elektrophile Substitution: Biphenylen kann unter üblichen Bedingungen ohne Veränderung des Molekülgerüsts durch Elektrophile substituiert werden. Seine Reaktivität ist etwas höher als die des Benzens. Die Frage, in welcher Position die Substitution erfolgt, läßt sich durch die Analyse der möglichen Grenzstrukturen für den Carbenium-Übergangszustand abschätzen:

Bei der Beurteilung muß man davon ausgehen, daß Biphenylen-Grenzstrukturen ohne Doppelbindungen im Vierring energetisch wesentlich günstiger sind. Erfolgt ein Angriff eines Elektrophils in α- oder 1-Position, so liegen zwei der drei kationischen Grenzstrukturen energetisch ungünstig vor. Bei einer ß-Substitution ist das Verhältnis umgekehrt; sie ist damit energetisch bevorzugt. Außerdem zeigt die Grenzstruktur D Analogien zu Dimethylenbenzcyclobuten, einem Molekül, das wegen seiner Delokalisationsenergie energetisch stabilisiert ist.

In der Tat entstehen sowohl bei der *Friedel-Crafts*-Acylierung [6,31], Bromierung bzw. Halogenierung [31] und Nitrierung [31] nahezu ausschließlich 2-substituierte Biphenylene.

Ist die 2-Position des Biphenylens schon besetzt, so ist das elektronische Verhalten dieser funktionellen Gruppe für die Zweitsubstitution entscheidend. Handelt es sich um einen Elektronendonor (Do), so wird das Elektrophil in die 3-Position dirigiert. Dieses Verhalten steht in Analogie zu dem des Benzens, mit dem Unterschied, daß die *para*-Position im Biphenylen nicht verfügbar ist.

Die Bromierung von 2-Acetamidobiphenylen (**19**) [32] führt daher zum Produkt **20**:

19   **20**

Liegt jedoch ein elektronenziehender Erstsubstituent (Z) in 2-Stellung vor, so wird dieser Ring besonders in 3- und 4a-Position desaktiviert. Dies führt dazu, daß nun der andere Sechsring Ziel einer elektrophilen Substitution wird. Aus den Übergangs-Grenzstrukturen A-F ersieht man, daß nur ein Angriff auf die 6- und 7-Position möglich ist:

Substitution in 7-Position:

A   B   C

Substitution in 6-Position:

D   E   F

Die Grenzstrukturen für den Angriff in 7-Position sind jedoch alle drei energetisch ungünstig, da in A und B die beiden positiven Ladungen jeweils in Konjugation stehen und in C direkt benachbart sind. Im Gegensatz dazu entstehen bei der Einführung des Substituenten in die 6-Position resonanzstabilisierte kationische Übergangszustände, in denen die positiven Ladungen gekreuzt konjugiert sind bzw. nicht benachbart liegen. Bei der doppelten Nitrierung [31] des Biphenylens entsteht nach der Bildung des 2-Nitrobiphenylens (**22**) daher 2,6-Dinitrobiphenylen und in gleicher Weise bei der zweifachen *Friedel-Crafts*-Acylierung [31,33] 2,6-Diacetylbiphenylen.
Die Einführung von Substituenten in die 1-Position des Biphenylens ist, wie oben geschildert, durch elektrophile Substitution nicht möglich. Eine be-

grenzte Auswahl dieser Verbindungen läßt sich aus entsprechenden Ausgangsverbindungen mit einer Synthesemethode von *Lothrop* (s.o.) gewinnen.
Ein anderer Weg nutzt die Tatsache, daß Aryl-Protonen in direkter Nach-
barschaft zu einem gespannten Ringsystem eine ausgeprägte Acidität besitzen. Die 1-Position des Biphenylens zeigt deshalb auch eine etwa 80fach
größere Deprotonierungstendenz (mit Lithiumcyclohexylamid in Cyclohexyl-
amin) als das benachbarte Proton. So läßt sich Biphenylen mit *n*-Butyllithi-
um in THF gezielt in 1-Position metallieren.
Das 1-Biphenylenlithium (21) dient als Ausgangsmaterial für weitere 1-sub-
stituierte Biphenylene [34].

b) <u>Nucleophile Substitution</u>: Eine nucleophile Substitution des unsubstituierten Biphenylens ist bisher nicht beobachtet worden; dies kann auf dessen
besondere elektronische und sterische Eigenschaften zurückgeführt werden.
Erst durch einen desaktivierenden Substituenten, wie die Nitrogruppe in 2-
Position, wird das Biphenylen anfällig für einen nucleophilen Angriff. Die
nucleophile Aminierung führt daher - wie zu erwarten - zur Einführung der
Aminofunktion in die 3-Position (23) [35]. 1-Nitrobiphenylen zeigt im Gegensatz dazu keine Umsetzung.

c) <u>Additionsreaktionen</u>: Als "aromatischer" Kohlenwasserstoff zeigt Biphenylen keine typischen Additionsreaktionen. Bei der Reduktion mit Wasserstoff/Kupfer [4] oder Wasserstoff/Raney-Nickel [6] ensteht unter Aufbrechen des Vierrings Biphenyl.

Bei der Bromierung des Biphenylens ensteht erwartungsgemäß 2-Brombiphenylen durch elektrophile Substitution.

Bei Überschuß an Brom und Abwesenheit von Katalysatoren konnte ein Tetrabromaddukt [7] isoliert werden, das sich jedoch als Tetrabrombenzcyclooctatrien (24) erwies [36].

1   **24**

d) Oxidation: Bei der Oxidation von Biphenylen mit Chromtrioxid in Schwefelsäure ensteht Phthalsäure [4]:

1

e) Komplexe mit Biphenylen: Biphenylen bildet mit Pikrinsäure und anderen Nitroverbindungen Molekülkomplexe [4,6]. Mit Tetracyanethylen entsteht ein Molekülkomplex des Donor-Acceptor- (Charge Transfer-)Typs [37], der stabiler ist als der entsprechende Komplex mit Fluoren.

Auch mit Übergangsmetallcarbonylen reagiert Biphenylen zu verschiedenen Produkten. So entsteht je nach Verhältnis und Bedingungen mit dem Molybdäntricarbonyl-Diglyme-Komplex ein 1:1- (25) bzw. 1:2-Biphenylen-Metallcarbonyl-Komplex (26) [38].

25   **26**

Mit Nickeldicarbonyl-bis(triphenylphosphan) kommt es zur Öffnung des Molekülgerüsts unter Bildung des Tetraphenylens. Eisenpentacarbonyl und Nikkeltetracarbonyl führen offenbar nicht zur Umsetzung mit Biphenylen [38].

f) Verzerrung des Biphenylen-Gerüsts [39]: Das Gerüst des Biphenylens (1) war bisher nur mit rechteckigem Vierring mit Maßen um 151 pm (C4a-C4b) und 143 pm (C4a-C8b) bekannt. Wie weicht Biphenylen einer zusätzlich auferlegten Spannung aus, die durch Anlegen einer möglichst kurzen Klammer in 1,8-Stellung erzeugt wird? Das Problem besteht darin, daß einerseits die Verzerrung um so größer und folgenschwerer, andererseits aber die Synthese um so schwieriger wird, je kürzer man die Brückenlänge wählt.

27

28: X = S
29: X = SO$_2$

Molekülmodell-Betrachtungen hatten **28** als so gespannt erscheinen lassen, daß seine direkte Entstehung in einer einfachen Einstufensynthese nicht erwartet werden konnte. Trotzdem wurde die Dibromverbindung **27** mit Natriumsulfid in Gegenwart von Cäsiumcarbonat nach dem Verdünnungsprinzip umgesetzt; dabei konnte das gespannte Sulfid **28** in 24% Ausbeute erhalten werden. Oxidation mit H$_2$O$_2$ lieferte das Sulfon **29**.

Bei Raumtemperatur zeigen **28** und **29** im 90 MHz-^{1}H-MNR-Spektrum ein scharfes Singlett für die CH$_2$-Protonen (δ = 3.78 bzw. 4.56, in CDCl$_3$), das im 400 MHz-^{1}H-NMR-Spektrum von **29** deutlich verbreitert ist. Die CH$_2$-Signale beider Verbindungen spalten bei Temperaturerniedrigung zum AB-System auf ($\Delta\nu$ = 31 Hz, J_{AB} = 17 Hz bzw. $\Delta\nu$ = 61 Hz, J_{AB} = 16 Hz, Koaleszenztemperaturen -34 bzw. -10°C). Die Ringinversions-Barrieren (Umklappen der C-S-C-Gruppe von einer Seite des Biphenylen-Systems zur anderen; vgl. Schema 1) von **28** und **29** ergeben sich daraus zu 49 bzw. 53 kJ/mol. Der geringe Unterschied der Barrieren von Sulfid **28** und Sulfon **29** ist im Zusammenhang mit einer Inversion einsamer Elektronenpaare am Sulfidschwefel, die beim Sulfonschwefel nicht möglich ist, bemerkenswert.

Schema 1:

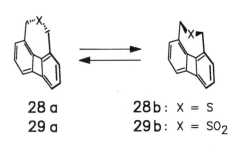

28 a   **28 b** : X = S
29 a   **29 b** : X = SO$_2$

In <u>Abb.</u>3 ist das Ergebnis der *Röntgen*-Kristallstrukturanalyse des Sulfids **28** wiedergegeben (von **29** wurde gleichfalls eine Strukturanalyse erhalten): Die Ringspannung bewirkt stark unterschiedliche Bindungslängen im viergliedrigen Ring. Im trapezförmig verzerrten Vierring von **29** ist ähnlich wie bei **28** die C8a-C8b-Bindung (144.4 pm) verkürzt und die C4a-C4b-Bindung (154.6 pm) gedehnt; diese Bindung ist somit länger als eine isolierte Einfachbindung. Bemerkenswert ist, daß trotz dieser Verzerrung das gesamte Biphenylen-Gerüst praktisch <u>eben</u> bleibt. Allerdings werden die Bindungswinkel in den beiden Benzenringen durch die Verklammerung deutlich verändert: Der Idealwinkel von 120° wird bei **29** auf 114.5° (bei **28** sogar auf 113.2°) (C8b-C1-C2) verkleinert und auf 128.0° (C4a-C8b-C1) vergrößert.

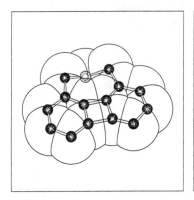
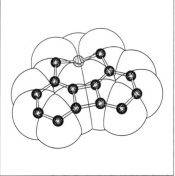

<u>Abb.</u>3. Struktur von **28** im Kristall (Stereobild nach Ergebnissen der *Röntgen*-Kristallstrukturanalyse)

Die UV-Spektren von **28** (λ_{max} = 359, 258 nm; ϵ = 2720 bzw. 28550) und **29** (λ_{max} = 363, 257 nm; ϵ = 1780 bzw. 15390) zeigen gegenüber denen von Biphenylen (λ_{max} = 278, 248 nm) und Dimethylbiphenylen (λ_{max} =

357, 254 nm) meßbare Rotverschiebungen und signifikante Intensitätsabnah-
men der langwelligen Banden (in Ethanol). Dies ist ein Indiz für die Störung des π-Elektronensystems; analoge Störungen wurden beim Übergang
von Naphthalen zu 1,8-Methanonaphthalen beobachtet (siehe Abschnitt 4.2).
Im Einklang damit ist der räumliche Bau des Moleküls 28, wie er durch
MNDO-Berechnungen ermittelt wurde. Um möglichst sicher das absolute
Energie-Minimum zu erreichen, wurde die Struktur auf drei Wegen optimiert: a) simultane Optimierung aller Bindungslängen und -winkel, wobei
ungefähre Standardwerte für Bindungslängen und -winkel als Anfangswerte
eingesetzt wurden; b) gleichzeitige Optimierung aller Bindungslängen und -
winkel, wobei die durch *Röntgen*-Kristallstrukturanalyse ermittelte Struktur
als Anfangswert eingegeben wurde; c) schrittweise Optimierung, wobei das
C-Atomskelett der Benzenringe, dann die Schwefelbrücke und dann die H-
Atome nacheinander optimiert wurden; nach jedem Durchgang wurde wieder
in dieser Reihenfolge angefangen. Zusätzlich wurde mit einem U-förmig ver-
bogenen Biphenylen-Gerüst begonnen, um sicher zu gehen, daß die Optimierung zu einem ebenen Kohlenstoffgerüst führt. Alle drei vollen Optimierun-
gen liefern die in Tab.3 aufgelisteten Werte. Insgesamt stimmen gefundene
und berechnete Werte gut überein.

Tab.3. Berechnete Bindungslängen [pm] und -winkel [°] von 28 und Vergleich mit den durch *Röntgen*-Kristallstrukturanalyse von 28 erhaltenen Werten

Bindungen	(ber.)	(gef.)	Winkel	(ber.)	(gef.)
C8b-C1	136	134.2-135.6	C8b-C1-C2	112	113.2
C1-C2	145	140.9-142.1	C1-C2-C3	122	120.3-121.2
C2-C3	140	138.2-138.4	C2-C3-C4	124	123.6-124.4
C3-C4	145	140.8-142.2	C3-C4-C4a	116	115.2-115.4
C4-C4a	137	135.5-136.4	C4a-C8b-C1	130	127.1-128.0
C8b-C4a	146	140.9-141.1	C4a-C8b-C8a	90.3	91.3-92.3
C8b-C8a	146	145.9			
C4a-C4b	150	154.9			
C1-C11	150	150.1-150.2			
C9-S	-	183.1-184.0			

Setzt man die Bindungsenthalpie ΔH_0 als Maß für die Stabilität (oder die Ringspannung), so ergeben die berechneten Werte ΔH_0 = 395 kJ/mol für Biphenylen (1) und 431 kJ/mol für 28.

Aus den gleichfalls berechneten Atomladungen der Moleküle 1 und 28 geht hervor, daß sich die Ladungsverteilung bei der Verklammerung des Moleküls 1 zu 28 nur unwesentlich ändert.

28 und 29 sind die Biphenylen-Derivate mit der bisher kürzesten Klammer. Die dadurch bewirkte vergleichsweise geringe zusätzliche Ringspannung hat eine bemerkenswert starke trapezoide Verzerrung des Vierrings - bei Erhaltung der Planarität des Gesamtgerüsts - zur Folge [39].

g) <u>Buttaflane</u>: Bestrahlung des Biphenylens in *n*-Hexan führt sowohl zu dem *syn*-Photodimeren 30 als auch zu der pentacyclischen Verbindung 31 [40]. Durch katalytische Hydrierung wurden vier der Doppelbindungen von 30 entfernt. Intramolekulare [2+2]-Photocyclisierung liefert Dibenzo[4.4.2.2]buttaflan (33). Als *"Buttaflane"* wurden solche Ringskelette bezeichnet, in denen zwei Propellan-Einheiten über einen Cyclobutanring verbunden sind [41].

3.4 Circulene, Cycloarene

Ein reizvolles Gebiet der Aromatenchemie ist das der cyclisch kondensierten (anellierten) Benzenringe, der *"Cycloarene"* [1]. Einige Moleküle dieses Typs lassen sich formal in einen inneren (in den Formeln fett gezeichneten) und einen äußeren Perimeter (gleichfalls fett gezeichnet) zerlegen. Das einfachste Beispiel bietet das Pyren. Die beiden Perimeter sind formal durch Radialen-Bindungen zusammengehalten:

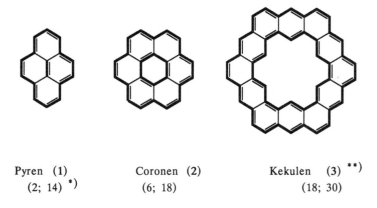

Pyren   (1)
(2; 14) [*]

Coronen   (2)
(6; 18)

Kekulen   (3) [**]
(18; 30)

Beide Perimeter enthalten cyclisch konjugierte π-Bindungen. Solche Typen von Verbindungen werden *Circulene* genannt. Zu ihnen gehören außer dem altbekannten Coronen (2) das [5]Circulen (4), das [7]Circulen (5), das Heterocirculen 6 und der dem "Kekulen" (3, s. auch Titelbild des Bandes) verwandte Kohlenwasserstoff 7; sie sollen im folgenden etwas eingehender beschrieben werden.

---

[*]   Diese Zahlen geben die Anzahl der π-Elektronen im inneren und äußeren Perimeter des Moleküls an.

[**]   Siehe Titelbild dieses Bandes und innere Umschlagseite

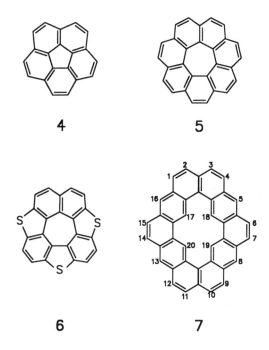

4   5

6   7

Die Gesamtzahl der π-Elektronen solcher Systeme kann vom *Hückel-* (4n + 2) oder vom anti-*Hückel-*Typ (4n) sein. Für eine Aromatizitäts-Beziehung ist sie allerdings nicht aussagekräftig: das *Hückel*sche Aromatizitätskriterium ist nur auf Monocyclen anwendbar.

Danach können Circulene mit je zwei (4n + 2)-Perimetern als aromatisch bezeichnet werden, vorausgesetzt, die beiden Perimeter sind nur schwach oder gar nicht aneinander gekoppelt. Dann läge ein aromatisches Annulen (mit kleinerer Ringgliederzahl) in einem aromatischen Annulen (mit größerer Ringweite) vor. Circulene (gelegentlich auch Corannulene [2]) genannt) mit zwei weitgehend isolierten 4n-Perimetern wären demnach antiaromatisch.

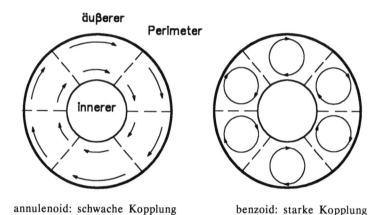

annulenoid: schwache Kopplung   benzoid: starke Kopplung

<u>Abb.1.</u> Kopplungsmöglichkeiten zwischen äußerem und innerem Annulen-
Perimeter (jeweils fett gezeichnet analog zu 1-3) in Circulenen

3.4.1 Coronen

3.4.1.1 EINLEITUNG
Coronen (2) ist der einfachste Kohlenwasserstoff, in dem ein zentraler Benzenkern ringförmig mit anderen Benzenringen kondensiert ist, so daß der innere Sechsring kein Wasserstoffatom mehr trägt ("Circumbenzen", Abb.2).

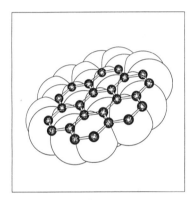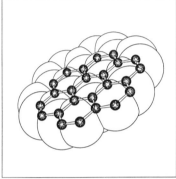

Abb.2. Coronen (Stereobild nach Ergebnissen der *Röntgen*-Kristallstrukturanalyse)

Nicht nur die symmetrische, graphitähnliche Struktur dieses Moleküls hoher Symmetrie (D_{6h}) weckte das Interesse der Chemiker, sondern auch die Synthese des kondensierten Ringgerüsts war eine historische Herausforderung für die präparative Chemie. Die erste Synthese war experimentell aufwendig. Nach wie vor ist *Coronen* Gegenstand theoretischer und spektroskopischer Studien.

3.4.1.2 SYNTHESEN DES CORONENS
Mit der Entdeckung der Tautomerie der Anthrachinon-α-carbonsäurechloride war die Voraussetzung für die erste Synthese des Coronens geschaffen [3,4]. 1932 gelang *Scholl* und *Meyer* die (zehnstufige) Darstellung des Hexabenzobenzens (2) oder - wie die Autoren es nannten - Coronens (von corona = Kranz, da die äußeren Benzenringe einen Kranz bilden) [5].
Ausgehend von Anthrachinon-1,5-dicarbonsäuredichlorid (8), das mit *m*-Xylen in Gegenwart von $AlCl_3$ umgesetzt wird, entsteht neben 1,5-Di-*m*-xyloyl-

anthrachinon das 9,10-Di-*m*-xylyl-9,10-dioxydihydroanthracen-1,5-dicarbonsäu-redilacton (**9**), das zur Dioxydicarbonsäure verseift und direkt mit $KMnO_4$ quantitativ zur Dioxyhexacarbonsäure (**10**) oxidiert wird.

Durch Reduktion mit HI und Phosphor in siedendem Eisessig entsteht die Diphenylanthracenhexacarbonsäure (**11**), die durch Abspaltung von vier Molekülen H_2O in die Dibenzocoronendichinondicarbonsäure (**12**) übergeht.

Bei der Reduktion von **12** mit HI/Phosphor bei 180°C entsteht die Hexahydrodibenzocoronendicarbonsäure (**13**), die beim Erhitzen mit Natronkalk und

Kupferpulver im Vakuum das *anti*-di-*peri*-Dibenzocoronen (14) bildet.

13   **14**

Der Abbau des Dibenzocoronens zum Coronen erfolgt über das Dibenzoco-ronenchinon (15) und die Coronen-2,3,8,9-tetracarbonsäure (16), die mit Na-tronkalk im 20 mm-Wasserstrahl-Vakuum auf 500°C erhitzt wird, wobei das Coronen in gelben Nadeln und in chemisch reiner Form sublimiert.

15   **16**   **2**

Mit zehn Stufen und geringer Gesamtausbeute ist dies die längste und auf-wendigste Coronen-Synthese.

Die einfachste und ergiebigste Synthese des Coronens stammt von *Clar* und *Zander* (1957) [6]. Durch Erhitzen von 1,12-Benzperylen (17) in Maleinsäu-reanhydrid in Gegenwart von Chloranil als Oxidationsmittel entsteht das Co-ronencarbonsäureanhydrid (18), das bei 400°C unter Decarboxylierung Coro-nen bildet (vgl. Abb.3.):

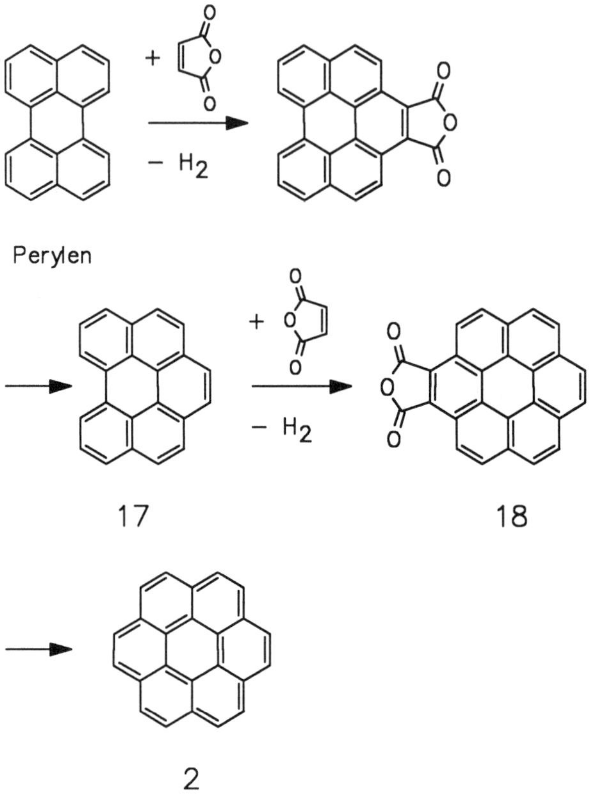

Perylen

17   18

2

Abb.3. Synthese des Coronens (2) nach *Clar* und *Zander* [6]

Die Ausbeute an Coronen bezogen auf das 1,12-Benzperylen beträgt 41%; ausgehend von Perylen liegt sie immer noch bei 25%.

Von *M. S. Newman* [7] stammt eine interessante und lehrreiche Synthese: Durch eine Pinakolreduktion von 7-Methyl-1-tetralon (19) mit Hg/Al in Ethanol entsteht das 3,4,3',4'-Tetrahydro-7,7'-dimethyl-1,1'-binaphthyl (20), das mit Maleinsäureanhydrid zum 1,2,2a,3,4,4a,5,6-Octahydro-9,12-dimethyldibenzo[c,g]phenanthren-3,4-dicarbonsäureanhydrid (21) umgesetzt wird.

19

20   **21**

Aromatisierung des mittleren Rings mit Bleitetraacetat in Eisessig ergibt das 1,2,5,6-Tetrahydro-9,12-dimethyldibenzo[c,g]phenanthren-3,4-dicarbonsäurean-hydrid (**22**), das mit Pd/C zu den Verbindungen **23** und **24** dehydriert wird.

22   **23**
                          +

2   **24**

Die weitere Dehydrierung und Decarboxylierung zum Coronen erfolgte mit KOH bei Temperaturen um 320°C. Die Ausbeute an reinem Coronen lag bei 1.7% ausgehend von 7-Methyl-1-tetralon (**19**).

Eine weitere Synthese (vgl. <u>Abb.4</u>) geht von 2,7-Bis(brommethyl)naphthalen (**25**) aus, das mit Phenyllithium in 20% Ausbeute zum [2.2](2,7)Naphthalenophan (**26**) cyclisiert wird [8]. Die Cyclisierung von **25** in einer *Wurtz-Fittig*-Reaktion mit Natrium in Dioxan gelingt mit einer Ausbeute von 16% [9]. Eine direkte Dehydrierung von **26** mit S, Se, Pd/C oder Pd zum Coronen blieb erfolglos. Dagegen führt die Reaktion von **26** mit AlCl$_3$ in siedendem Kohlenstoffdisulfid und anschließender Behandlung des Reaktionsgemisches mit Palladiumschwarz bei 260°C in 49% Ausbeute zum Coronen.

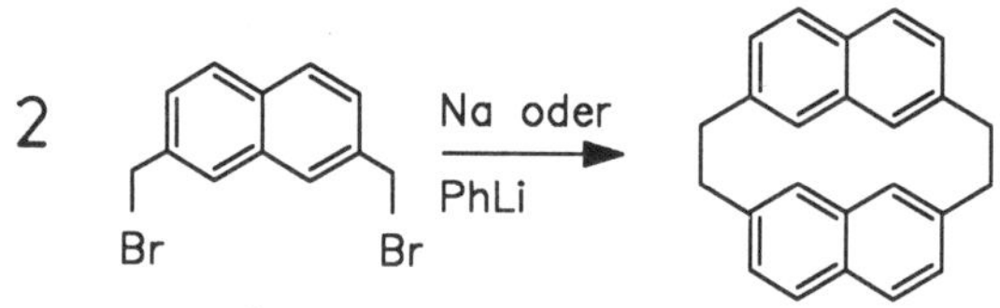

<u>Abb.4</u>.   Coronen-Synthese nach *Baker, Glockling* und *McOmie* [9]

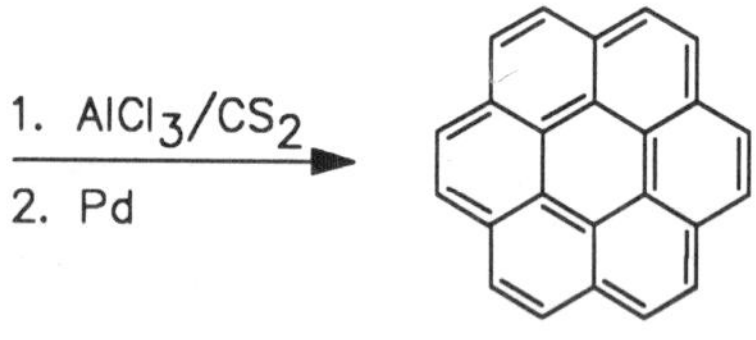

Die Gesamtausbeute an Coronen bezogen auf die Ausgangsverbindung 2,7-Dimethylnaphthalen betrug 5%.

Eine weitere Synthese, in der die cyclische Vorstufe zum Coronen in einem Schritt durch eine *Wurtz-Fittig*-Kupplung dargestellt wird, stammt von *Baker, McOmie* und *Norman* [10]. Bei der Umsetzung von 1,4-Bis(brommethyl)benzen (**27**) mit Natrium in Dioxan ensteht, durch das "Prinzip der starren Gruppen" begünstigt, das Trimerisierungsprodukt Tri-*p*-xylylen (**28**) und nicht das Dimere {[2.2]Paracyclophan}, das bei dieser Reaktion nicht gebildet wird. Das Tri-*p*-xylylen enthält einen 18-gliedrigen Ring, der beim Erhitzen mit PdO das Coronen in einer Ausbeute von 1.9% bildet (vgl. Abb.5). Die Gesamtausbeute an Coronen beträgt nur 0.05%.

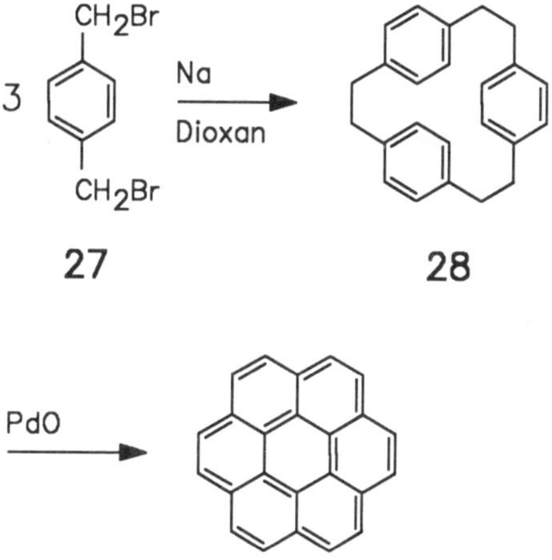

27   **28**

2

Abb.5. Coronen-Synthese nach *Baker, McOmie* und *Norman* [10)

Auch durch photocyclische Dehydrierung ist Coronen dargestellt worden [11).

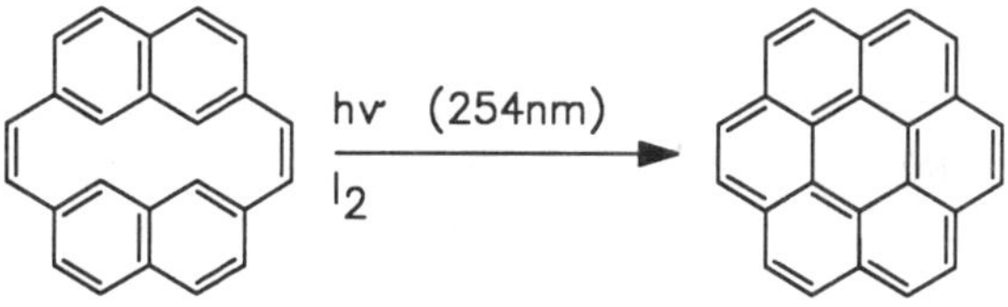

29   **2**

Abb.6. Photocyclische Dehydrierung von [2.2](2,7)Naphthalenophan-1,11-di-en (**29**) zum Coronen (**2**)

In diesem Fall ist die cyclische Ausgangsverbindung das [2.2](2,7)Naphthale-
nophan-1,11-dien (**29**), das zwei Stilben-Einheiten besitzt. Da Stilben einer
photocyclischen Dehydrierung zum Phenanthren unterliegt, sollte **29** unter
Bestrahlung in Gegenwart eines Oxidationsmittels eine analoge Reaktion zeigen. In der Tat ergibt die Bestrahlung von **29** bei 254 nm in Gegenwart von
Iod in guten Ausbeuten Coronen (vgl. Abb.6).

Neben diesen direkten Synthesen wurde die Bildung von Coronen aus entsprechenden cyclischen Ausgangsverbindungen zur Bestätigung der Konstitution angewandt [12,13]. So entsteht aus den Kohlenwasserstoffen **30** und **31**
unter dehydrierenden Bedingungen in quantitativer Ausbeute Coronen [13].

30   **2**   **31**

3.4.1.3 EIGENSCHAFTEN DES CORONENS

Physikalische Eigenschaften: Das Coronen kristallisiert in gelben Nadeln. Es
besitzt einen Schmelzpunkt von 431°C und siedet bei 535°C [14]. Lösungen
von Coronen in organischen Lösungsmitteln zeigen eine blauviolette Fluoreszenz ähnlich der des Anthracens [5]. Die Molmasse beträgt aufgrund der
Summenformel $C_{24}H_{12}$ 300.36 g/mol. Coronen hat eine Dichte von 1.377
g/cm³ [14]. Es kristallisiert im monoklinen System mit zwei planaren, zentro-
symmetrischen Coronen-Molekülen in der Elementarzelle [15].

Die aus dem *Röntgen*diagramm ermittelte Dimension der Elementarzelle
(Raumgruppe $P2_1/a$) beträgt: a = 1610 pm, b = 469.5 pm, c = 1015 pm, ß
= 110.8°.

Da man durch *Röntgen*-Kristallstrukturanalyse den Bindungsabstand der C-
Atome im Molekül und mit Hilfe der *Pauling-Brockway*-Beziehung [16] aus
diesem Bindungsabstand den Doppelbindungscharakter der Bindungen bestimmen kann, ist somit die "Valenzformel" des Coronens bestimmbar. Für
Coronen lassen sich zwanzig stabile Valenzformeln zeichnen (vgl. Abb.7).

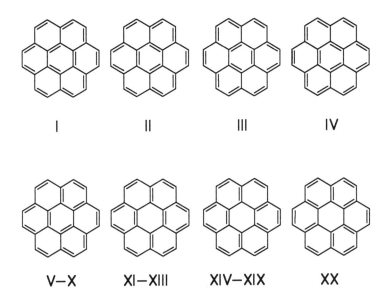

I   II   III   IV

V—X   XI—XIII   XIV—XIX   XX

<u>Abb.7.</u> Die zwanzig "Valenzstrukturen" des Coronens

Scholl schloß die Valenzstruktur **2a** (≙ **XX**) aus, da diese eher einer chinoi-
den Struktur nahekommt und nicht mit der blaßgelben Farbe des Coronens
übereinstimmt; für ein derartiges chinoides System dürfte man ein lebhaftes
Gelb erwarten [5].

Die (formalen) Strukturen **2b** (≙ **I**) und **2c** (≙ **III**), die heute als Grenzstrukturen zu werten sind, zeigen dagegen ein dem "aromatischen Zustand"
entsprechendes Ringsystem, in dem der innere Ring stärker benzoiden
Charakter hat und die 18 äußeren Kohlenstoffatome eine geschlossene Kette
mit neun konjugierten Doppelbindungen bilden.

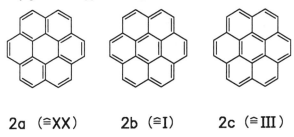

2a (≙ XX)   **2b** (≙ I)   **2c** (≙ III)

Scholl schlug folgende anschauliche Formel vor, die den Valenzstrukturen **2b** und **2c** entspricht:

$$\text{———} = 3 \; e^{\ominus}$$
$$\text{——} = 2 \; e^{\ominus}$$

Danach besteht Coronen aus zwei konzentrisch angeordneten, geschlossenen Kohlenstoffketten: einer inneren Kette von sechs Kohlenstoffatomen mit der Elektronenanordnung von Benzen und einer äußeren Kette von 18 Kohlenstoffatomen, die gleichfalls durch drei Elektronen (pro C-Atom) wie im Benzen (ohne H-Atome) miteinander verbunden sind. Dabei ist die äußere Kette durch sechs Elektronenpaare an der inneren Kette befestigt. *Scholl* formulierte wie folgt [5]: "Der Vergleich liegt nahe mit einem Rade, dessen Kranz und Nabe durch die Speichen miteinander verbunden sind, wodurch ein Gebilde von besonderer Festigkeit entsteht".

Diese anschauliche Vorstellung erwies sich jedoch später als falsch, was schon aus dem Umstand abgeleitet wurde, daß sich Coronen bemerkenswert leicht durch nascierenden Wasserstoff hydrieren läßt [17]. Die Bestimmung der Bindungslängen im Coronen-Molekül durch *Röntgen*-Kristallstrukturuntersuchungen [15] und durch Elektronenbeugung in der Gasphase [18] [sowie theoretische Berechnungen, s.u.] ergaben folgendes Bild der Bindungen im Coronen:

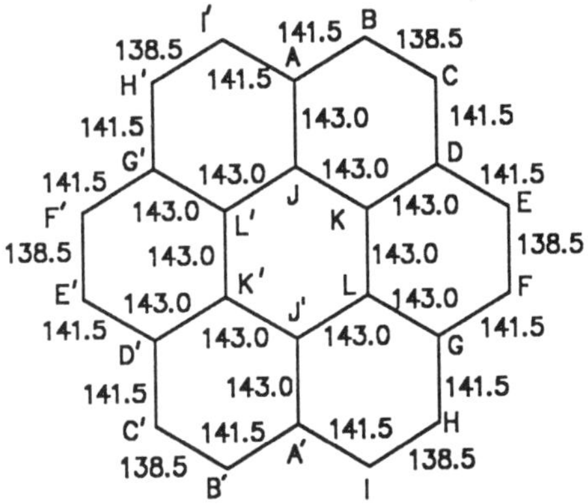

Abb.8. Experimentelle Bindungslängen im Coronen [pm]

Dabei ist zu berücksichtigen, daß die Unterschiede der Bindungsabstände im Molekül so gering sind, daß sie im Bereich der experimentellen Meßfehler liegen.

Den Doppelbindungscharakter einer Bindung erhält man mit Hilfe der *Pauling-Brockway*-Beziehung aus dem experimentell bestimmten Bindungsabstand. Diese Beziehung stellt den Bindungsabstand als eine Funktion des Doppelbindungscharakters der entsprechenden Bindung dar. Als Bezugswerte werden folgende Bindungen verwendet:

Bindungstyp	Doppelbindungscharakter	Bindungslänge
Ethen	100%	134 pm
Benzen	50%	139 pm
Graphit	33%	142 pm
Diamant	0%	154 pm

Trägt man diese Werte in ein Diagramm ein, so erhält man die in Abb.9 gezeigte Kurve:

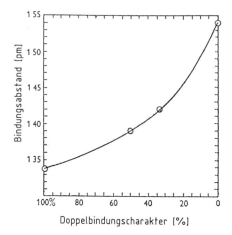

Abb.9. *Pauling-Brockway*-Beziehung

Betrachtet man nun die experimentell bestimmten Bindungsabstände im Coronen (vgl. Abb.8), so fällt auf, daß im zentralen Benzenring die Bindungsabstände ähnlich denjenigen im Graphit sind.

Bestimmt man von jeder Bindung im Coronen den Doppelbindungscharakter aller 20 relevanten *Kekulé*-Grenzstrukturen, so erhält man die in Abb.10 enthaltenen Werte, aus denen sich über die *Pauling-Brockway*-Beziehung die in Abb.11 eingezeichneten theoretischen Bindungsabstände ableiten.

Die berechneten und experimentell bestimmten Bindungsabstände stimmen, trotz der einfachen Berechnungen, in der Tendenz gut überein (Abb.8, 11).

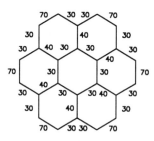

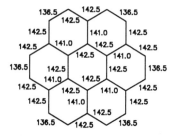

Abb.10. Prozentualer Doppelbindungscharakter [%]
der Bindungen im Coro-
nen-Molekül

Abb.11. Berechnete Bindungslängen [pm] im Coronen

3.4.1.4 CHEMISCHES VERHALTEN

Über die chemische Reaktivität des Coronens ist nicht viel bekannt, da sich die meisten Arbeiten mit der Synthese und den physikalischen Eigenschaften des Moleküls beschäftigen und es relativ wenige Coronen-Derivate gibt. Coronen bildet mit Pikrinsäure ein Monopikrat ($C_{24}H_{12} \cdot C_6H_3N_3O_7$), das in Form roter Nadeln kristallisiert, die sich bei 310-325°C zersetzen [9]. Der 1,3,5-Trinitrobenzen-Komplex bildet orangefarbene Nadeln mit Zersetzungspunkt 280°C [7]. Mit Iod ensteht ein *π-σ-Charge-Transfer-Komplex* (1:1), dessen Kristall- und Molekülstruktur durch *Röntgen*-Kristallstrukturuntersuchungen geklärt wurde (s.u., Abb.15). [19].

Hydrierung: Bei der Hydrierung unter Druck können nacheinander folgende partiell hydrierte Coronene isoliert werden:

Zuerst bildet sich das Hexahydrocoronen (32). Bei weitergehender Hydrierung entsteht das Octahydrocoronen (33), das einem Pyren-Derivat entspricht. Durch weitere Hydrierung bildet sich ein Naphthalen- (34) und ein

Benzen-Derivat (35), das zum Perhydrocoronen (36) hydriert wird [20]. - Coronen läßt sich durch Einwirkung von Natrium in siedendem Amylalkohol relativ leicht zum Tetradecahydrocoronen (37) hydrieren [17].

Elektrophile Substitution: Bei der Behandlung von Coronen mit 1 mol Brom in Eisessig bei Raumtemperatur erhält man Dibromcoronen, das gelbe Nadeln bildet. Wird ohne Lösungsmittel mit überschüssigem Brom gearbeitet, so entsteht das Tetrabromcoronen als blaßgelbe Kristalle [17]. Die Chlorierung in Trichlorbenzen ergibt Pentachlorcoronen [21].

Die Nitrierung zum Mononitrocoronen erfolgt mit verdünnter Salpetersäure. Durch Reduktion mit Phenylhydrazin läßt sich das Aminocoronen darstellen. Erhitzen mit konz. Salpetersäure liefert eine Dinitroverbindung in Form goldgelber Nadeln [16]. Tri- und Hexanitrierung sind gleichfalls möglich [21]. Durch *Friedel-Crafts*-Acylierung konnten das Benzoylcoronen [17] und das Acetylcoronen [22] dargestellt werden. Beide Verbindungen lassen sich mit Aluminiumisopropylat nicht reduzieren [22]. Über das Acetylcoronen ist das Ethinylcoronen zugänglich, das unter thermischen und ionischen Bedingungen polymerisiert wurde [23].

Die Umsetzung von Coronen mit einem Mol Bernsteinsäure- oder einem Mol Phthalsäureanhydrid und Aluminiumchlorid führt zu den entsprechenden monosubstituierten Reaktionsprodukten (38) bzw. (39), die als Ausgangsverbindungen für das 1,2-Benzcoronen (40) bzw. Naphtho(2',3':1,2)coronen (41) fungieren. Durch Ringschluß von 38 bzw. 39 und Reduktion der entsprechenden Chinone entstehen 40 bzw. 41 [24].

38   **40**

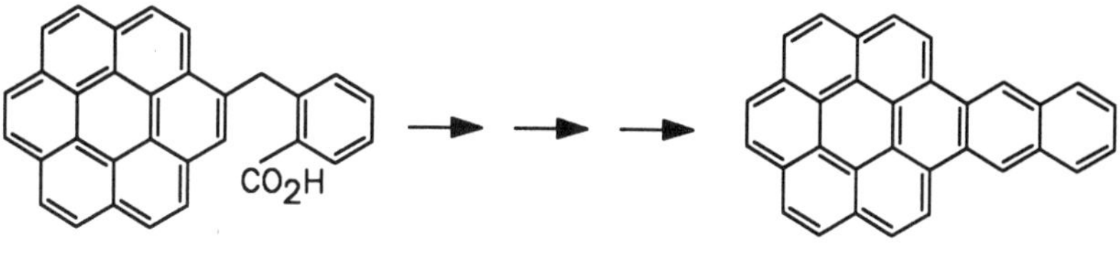

39   **41**

Die Formylierung von Coronen gelingt mit der *Rieche*schen Aldehyd-Synthese, bei der das Coronen mit Titantetrachlorid und *n*-Butyldichlormethylether umgesetzt wird [22].

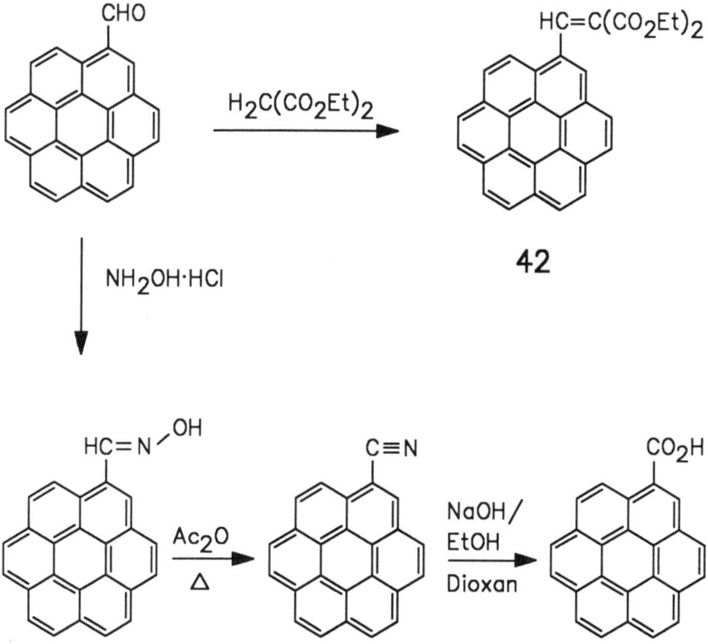

Abb.12.   Derivate des Coronenaldehyds

Von dem Coronenaldehyd, der relativ schwerlöslich ist, sind verschiedene Derivate dargestellt worden (s. Abb.12) [25)].

Die Coronenmonocarbonsäure wurde von *Hopff* und *Schweizer* [26)] durch Umsetzung von Coronen mit Carbamidsäurechlorid und wasserfreiem Aluminiumchlorid und anschließender Verseifung des Amids mit verd. KOH-Lösung als Kaliumsalz aus der Reaktionslösung isoliert. Sie bildet blaßgelbe Nadeln, die bei 341°C schmelzen. Ihr Anilid und Methylester wurden über das Säurechlorid erhalten.

$$R = CONH_2$$
$$COOH$$
$$CONH-C_6H_5$$
$$COOCH_3$$

Die Acylaminoanthrachinone der Coronenmonocarbonsäure sind in guten Ausbeuten durch Umsetzung des Säurechlorids mit verschiedenen Aminoanthrachinonen darstellbar. Da sie nur in heißer Küpe löslich sind, was auf die hydrophobe Wirkung des großen Coronen-Rests zurückzuführen ist, ergab die Ausfärbung nur blasse Farbtöne.

Die bei obiger Reaktion gebildeten Di- und Tricarbonsäuren ließen sich nicht rein isolieren. Sie wurden in die entsprechenden Methylester übergeführt und als Isomerengemische aufgetrennt [26)].

Durch Umsetzung von 1,12-Benzperylen mit Maleinsäureanhydrid in Gegenwart von Chloranil als Dehydrierungsmittel entsteht das rote Coronen-1,12-carbonsäureanhydrid, das mit einer KOH-Lösung in das gelbe Kaliumsalz der Dicarbonsäure überführt wird. Durch Reaktion mit Dimethylsulfat entsteht der Coronen-1,12-dicarbonsäuredimethylester [27)].

Bei der Decarboxylierung von Coronen-1,12-dicarbonsäureanhydrid mit Kalilauge und Raney-Nickel als Katalysator bei 350°C bildet sich das Bicoronyl (45), dessen UV-Absorptionsspektrum eine starke Ähnlichkeit mit der des Coronens hat (Abb.13). Der Grund liegt in der Behinderung der freien Drehbarkeit der Coronyl-Ringe im Bicoronyl [28)].

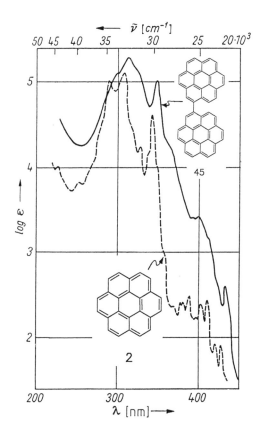

Abb.13. UV-Absorptionsspektren von Coronen und Bicoronyl (45, in Tri-chlorbenzen)

Ein weiterer roter Kohlenwasserstoff, der bei dieser Reaktion in geringer Ausbeute gebildet wird, ist durch eine Natriumchlorid/Aluminiumchlorid-Schmelze mit Coronen besser erhältlich. Bei dem Kohlenwasserstoff kann es sich um eines der beiden Kondensationsprodukte **46a** oder **46b** des Coronens handeln. Aufgrund des Absorptionsspektrums geben die Autoren dem Kohlenwasserstoff **46a** den Vorzug [28].

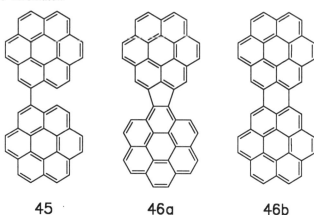

45   **46a**   **46b**

<u>Oxidation</u>: Bei der Oxidation von Coronen mit Natriumdichromat und Eisessig in Nitrobenzen-Lösung bildet sich in hohen Ausbeuten das 1,2-Coronenchinon (**47**). Dieses Chinon läßt sich mit Dichromat/Eisessig nicht weiter oxidieren. Bei Gegenwart von KOH findet keine Benzilsäure-Umlagerung statt, die für viele *o*-Chinone charakteristisch ist. Mit KOH und H_2O_2 erhält man Ringaufspaltung zur 1,12-Benzperylen-6,7-dicarbonsäure (**48**) [27]. Mit *o*-Phenylendiamin isoliert man ein Diazin (**49**), das ockergelbe Nadeln bildet [30].

KOH/H_2O_2 **47** H_2N ... H_2N

CO₂H → CO_2H
CO₂H → CO_2H

48   **49**

Einige Derivate des Coronens wurden nicht über das Coronen als Stammverbindung dargestellt: Dazu gehören das 1,2;5,6-Dibenzcoronen (50), 1,2;7,8-Dibenzcoronen (51), 1,2;3,4;5,6-Tribenzcoronen (52) und das Hexabenzcoronen (53). Über die Synthese und die Eigenschaften dieser Kohlenwasserstoffe sei auf das zweibändige Werk "Polycyclic Hydrocarbons" von *Clar* [31] verwiesen.

50   **51**

52   **53**

3.4.1.5 SPEKTROSKOPIE

Das UV-Spektrum des Coronens zeigt 17 Banden im Wellenlängenbereich von 430-282 nm. In der folgenden Tabelle sind die Wellenlängen und die Extinktionswerte der einzelnen Banden aufgelistet (Lösungsmittel Chloroform) [32].

Nach UV-Bestrahlung zeigt eine feste Lösung von 2% Coronen in Perhydrocoronen zwei Phosphoreszenzen: eine langlebige gelbe bei Raumtemperatur und eine schneller abklingende blaue Phosphoreszenz bei höheren Temperaturen [33]. Das Spektrum der intensiven gelben Phosphoreszenz der Mischkristalle bei -195°C ist mit dem bekannten (Triplett-Singlett-)Phosphoreszenzspektrum des Coronens [34] bis auf eine geringe Violettverschiebung von

1500 pm identisch [35].

Tab.1. UV/Vis-Banden des Coronens (Lage und Intensität)

Wellenlänge [nm]	Wellenzahl [cm^{-1}]	Extinktion [log ϵ]
431	23.200	2.23
422	23.600	2.15
411	24.300	2.60
404	24.700	2.50
389	25.600	2.50
382	26.100	2.49
377	26.400	2.49
355	28.000	3.00
347	28.700	4.06
441	29.300	4.74
335	29.800	4.21
326	30.600	4.35
316	31.600	4.40
305	32.800	5.44
299	33.400	4.98
293	34.100	4.87
282	35.400	4.29

Bei Temperaturerhöhung auf 170°C werden die Banden der blauen Phosphoreszenz so intensiv, daß nur noch diese beobachtbar sind. Dieses Spektrum
weist eine große Ähnlichkeit mit dem Fluoreszenzspektrum des Coronens
auf; beiden Spektren liegt der gleiche Elektronenübergang zugrunde.
Demnach handelt es sich bei der blauen Phosphoreszenz um eine Hochtemperatur-Phosphoreszenz (α-Phosphoreszenz) des Coronens. Sie kommt dadurch zustande, daß bei Wärmezufuhr ein strahlungsloser Übergang vom 1.
Triplett-Anregungszustand in den 1. Singlett-Anregungszustand stattfindet,
aus dem dann der Übergang in den Grundzustand erfolgt [36]. Der Energie-
unterschied der beiden Anregungszustände darf nicht zu groß sein, da sonst
eine thermische Anregung nicht möglich ist. Bei den zahlreichen organischen
Farbstoffen, die eine Hochtemperatur-Phosphoreszenz zeigen (Fluorescein,
Kristallviolett, Rhodamin B), liegt die Termdifferenz bei 21-42 kJ/mol. Beim

Coronen ist sie mit 50 kJ/mol erstaunlich niedrig. Normalerweise liegt die Termdifferenz des 1. Singlett- und Triplett-Anregungszustands von polycyclischen aromatischen Kohlenwasserstoffen bei 84-126 kJ/mol, womit eine thermische Anregung und somit eine Hochtemperatur-Phosphoreszenz nicht möglich ist [35].

Das Fluoreszenzspektrum des Coronens wurde unter verschiedenen Bedingungen gemessen [37-40]. Ein gut aufgelöstes Fluoreszenzspektrum erhält man, wenn *n*-Heptan als Lösungsmittel verwendet und die Messung bei -180 °C durchgeführt wird (Abb.14) [39].

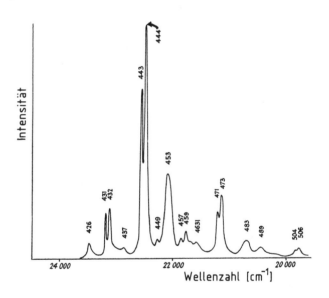

Abb.14. Fluoreszenzspektrum des Coronens in *n*-Heptan bei -180°C

Wird statt "normaler Lösungsmittel" wie *n*-Hexan oder *n*-Heptan eine cholesterische Flüssigkristall-Matrix verwendet, in der das Coronen gelöst ist, so ist die Fluoreszenzstrahlung des achiralen Coronens in hohem Maße circular-polarisiert [40].

Die *circular-polarisierte Fluoreszenz* ist ein "Ensembler-Effekt" helical orientierter fluoreszierender Chromophore, in diesem Fall des Coronens. Dem in dem Lösungsmittel gelösten Coronen wird die anisotrope Orientierung der Lösungsmittelmoleküle aufgeprägt. In cholesterischen Flüssigkristallen liegt eine helicoidale Anordnung der Moleküllängsachsen vor. Werden in einer solchen cholesterischen Matrix formanisotrope Chromophore - hier Coronen - eingebettet, so beobachtet man als Folge einer solchen helicalen Anordnung achiraler Chromophore innerhalb ihrer Absorptionsbanden eine anomale optische Rotationsdispersion und einen Circulardichorismus (*Cotton*-Effekt). Bei der Emission tritt eine Circularpolarisation der Fluoreszenz auf (CPF). Als Maß für die CPF wird ein Dissymmetriefaktor g_e verwendet [40].

Das ^{1}H-NMR-Spektrum des Coronens zeigt ein Signal bei 8.82 (CCl_4).

Von dem *π-σ-Charge-Transfer-Komplex*, den Coronen mit Iod bildet, existiert eine *Röntgen*-Kristallstrukturuntersuchung (Abb.15) [19]. Es war dies der erste *π-σ*-CT-Komplex mit Iod, dessen (supra-)molekulare Struktur bestimmt wurde.

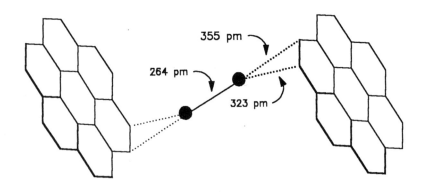

355 pm

264 pm

323 pm

Abb.15. Der Coronen-Iod-*π-σ*-Charge-Transfer-Komplex nach der *Röntgen*-Kristallstrukturanalyse

Danach liegt die Achse des Iodmoleküls senkrecht zur Molekülebene des Coronens. Sie stimmt aber nicht mit der sechszähligen Achse des Coronens (D_{6h}) überein.
Dieses Bild wird durch das ^{129}I-*Mössbauer*-Spektrum bestätigt, das nur eine Sorte von Iodatomen zeigt [41] (Abb.16).

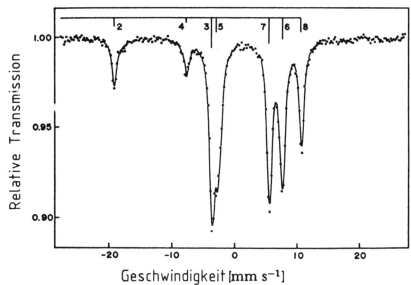

Abb.16. ^{129}I-*Mössbauer*-Spektrum des Coronen-Iod-Komplexes bei 16 K (Hyperfeinstruktur aufgrund des Kernspins 7/2)

3.4.2 [5]Circulen

Das *[5]Circulen* (**4**) enthält eine ungerade Anzahl anellierter Sechsringe und somit einen ungeradzahligen inneren und einen ungeradzahligen äußeren π-Elektronenperimeter. Die Gesamtzahl der π-Elektronen würde bei Planarität und allseitiger Kopplung ein anti-*Hückel*-System (20 π-Elektronen, n = 5) ergeben.

In den (fünf) kanonischen Strukturen des Typs **4'**, **4"** läßt sich dieses Dibenzo[ghi,mno]fluoranthren-System in zwei aromatische Perimeter auftrennen:

Man erkennt ein Cyclopentadienyl-Anion im Molekül-Innern und das bisher unbekannte Cyclopentadecaheptaenyl-Kation an der Peripherie. SCF-MO-LCAO-Berechnungen zeigten schon vor der Synthese, daß diese polaren Grenzstrukturen einen großen Beitrag zum Resonanz-Hybrid liefern sollten, daß das Molekül ferner schalenförmig vorliegen (vgl. Abb.17) und ein permanentes Dipolmoment aufweisen sollte. In diesem speziellen Fall der "intramolekularen Konkurrenz" zwischen sterischer Spannung und Aromatizität lassen sich tatsächlich zwei durch die besondere Stereochemie erzwungene aromatische Perimeter formulieren.

Die Reaktivität dieses Circulens, ausgedrückt in den Verhältnissen der partiellen Geschwindigkeitsfaktoren für elektrophile, nucleophile und radikalische Substitution, entspricht den berechneten relativen Delokalisationsenergien. Aus ihnen geht z.B. hervor, daß Substitutionen am [5]Circulen insgesamt schneller verlaufen als die entsprechenden Reaktionen am Benzen, während elektrophile Angriffe denjenigen der 1-Position des Phenanthrens vergleichbar sind.

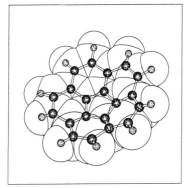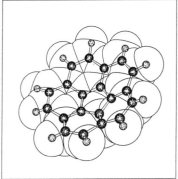

Abb.17. Statische Stereochemie des [5]Circulens (4); Ergebnis der *Röntgen*-Kristallstrukturanalyse (Stereobild) [42]

Synthese: Bromierung von 3-Carbomethoxy-4H-cyclopenta[def]phenanthren (55) mit NBS führt zum 4-Bromester 56. Dieser wurde eingesetzt, um 1,1,2-Ethantricarbonsäureethylester in Gegenwart von Kalium-*tert*-butylat und *tert*-Butylalkohol zur 4-(1,1-Dicarbethoxy-2-carboxyl-1)-4H-cyclopenta[def]phenanthren-3-carbonsäure (57) zu alkylieren. Cyclisierung des Diesters 58 mit Polyphosphorsäure ergibt 5,5-Dicarbethoxy-6-carboxy-3-oxo-3,4,5,5a-tetrahydrobenzo[ghi]fluoranthren (59). Hydrierung mit 5proz. Pd/C liefert 5,5-Dicarbethoxy-1,2,2a,2b,3,4,5,5a,9,10,10a,10b-dodecahydrobenzo[ghi]fluoranthren-6-carbonsäure (60). Nach Verestern mit Diazomethan wurde mit Natrium in flüssigem Ammoniak und Ether der Acyloinester 61 erhalten. Das Circulen-Grundgerüst war damit aufgebaut. Auf eine Natriumborhydrid-Reduktion des Acyloinesters folgte die Hydrolyse mit Kaliumhydroxid in *n*-Propanol. Man erhielt die Diolsäure 62, die nach Wasserabspaltung und Decarboxylierung in 2-Oxo-1,2,2a,2b,3,4,4a,5,6,6a,6b,7,8-tetradecahydrocirculen (63) übergeht. Reduktion mit Natriumborhydrid und anschließende Aromatisierung bei 270 °C über 5proz. Pd/C lieferte das Circulen 4 (Schmp. 268-269°C) [42].

Acenaphthylen 54   55

Nach der *Röntgen*-Kristallstrukturanalyse [42] besitzt das Molekül - anders als das planare Coronen - eine schüsselförmige Gestalt (Abb.17). Die Schüssel hat eine Tiefe von 80 pm. Die Bindungslängen betragen: a = 141.3 pm, b = 139.1 pm, c = 144 pm und d = 140.2 pm. Die mit 139 pm kurze Radialbindung (b) spricht gegen eine annulenoide Aromatizität mit schwacher Kopplung, also mehr für einen benzoiden Charakter.

Das Beispiel dieses nicht exakt planaren und doch als aromatisch zu bezeichnenden Moleküls zeigt, daß sich nicht zu starke Abweichungen vom ebenen Bau kaum auf die Mesomerieenergie auswirken.

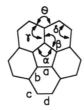

Die kurzen Radialbindungen könnten ihre Ursache allerdings auch in der sterischen Spannung haben, die dem Molekülgerüst durch die σ-Bindungen aufgezwungen wird. Dadurch erhalten die Bindungswinkel an der Peripherie für aromatische Moleküle annähernd normale Werte: γ = 114.3° und δ = 122°; die größte Abweichung weist der Winkel θ mit 130.9° auf. Das ^{1}H-NMR-Spektrum des im Vergleich zum gelben Coronen fast farblosen [5]Circulens zeigt ein Singulett bei δ = 7.8, also im üblichen Bereich aromatischer Protonen (Benzen: δ = 7.27). Auch die ^{13}C-H-Kopplung ähnelt der des Benzens. Eigentlich hätte der Anteil der polaren Strukturen des Typs 4' eine Tieffeldverschiebung bewirken müssen. Vermutlich kompensiert die Nichtplanarität der Benzenringe, die eine Hochfeldverschiebung induziert, diesen Effekt.

3.4.3 [7]Circulen

Anders als Coronen und [5]Circulen hat das in gelben Blättchen mit Schmp. 295-296 °C kristallisierende *[7]Circulen* (5) außen 22, innen 6 π-Elektronen, ein <u>sattelförmiges</u> Molekülgerüst mit bootförmig verbogenem mittlerem Siebenring (*Röntgen*-Kristallstrukturanalysen bei 20°C und bei -110°C, s. <u>Abb.18</u>) [43].

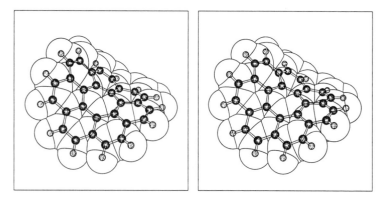

Die ^{1}H-NMR-Absorption (δ = 7.45) und die drei ^{13}C-NMR-Signale weisen auf den aromatischen Charakter, aber auch auf die Polarität und Ringspannung hin. In Lösung scheint die Konformation flexibel zu sein.

<u>Abb.18</u>.   Geometrie des [7]Circulen-Moleküls (*Röntgen*-Kristallstrukturanalyse) [43]

Die <u>Synthese</u> gelang im Jahre 1983 mit einer aus der Cyclophan-Chemie stammenden und auch beim *Kekulen* (s.u.) eingesetzten Strategie [43]. Entscheidend war, daß als einer der beiden Bausteine - wegen der hohen Spannung des entstehenden Cyclus - nicht ein Phenanthren-Baustein eingesetzt werden konnte, sondern die Dibrombiphenyl-Einheit. Der äußere Ringperimeter wird schließlich durch Lithiierung und Formylierung der Halogen-Positionen in **70a** sowie durch anschließende reduktive Kupplung des Dialdehyds **70c** (LAH/TiCl$_3$ in Dimethoxyethan) erreicht:

3.4.4 [7]Heterocirculen

Im *[7]Heterocirculen* (6) mit einem äußeren 22π-Perimeter (18 Atome) und einem 6π-Innenperimeter liegt die Ladungsverteilung der Grenzstruktur 6' umgekehrt wie im Carbocyclus [5]Circulen [44].

Die Synthese nutzt das entsprechende Trithiahexahelicen (74) als Zwischenprodukt, das mit AlCl$_3$/NaCl cyclisiert wird. *Diels-Alder*-Reaktion mit Maleinsäureanhydrid in Nitrobenzen ergibt das rote Anhydrid 76, das mit Kupfer/Chinolin in das Heterocirculen übergeführt wird [44].

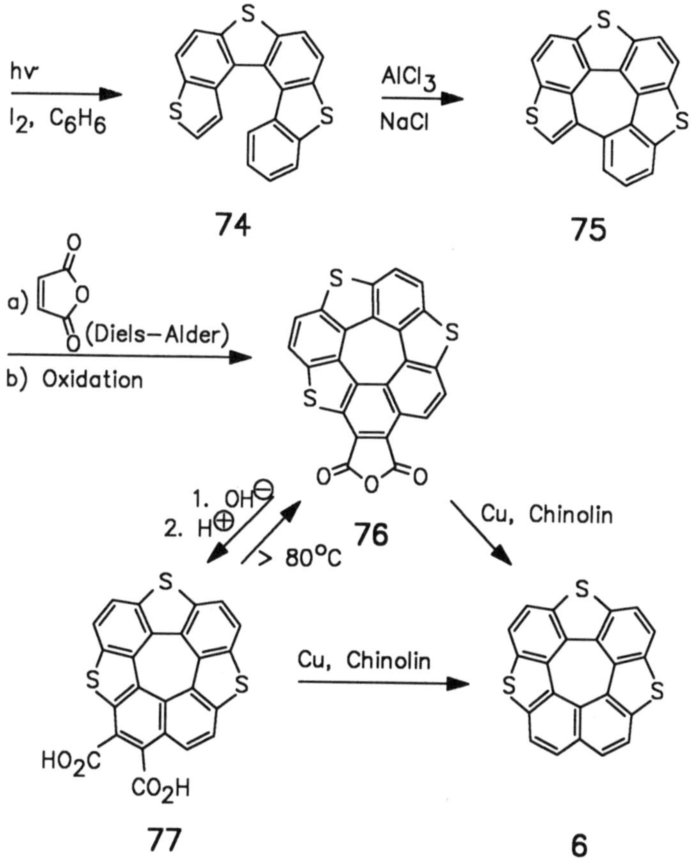
hν
I_2, C_6H_6
74
$AlCl_3$
NaCl
75
a)
(Diels–Alder)
b) Oxidation
76
1. $OH^{\ominus}$
2. $H^{\oplus}$
> 80°C
Cu, Chinolin
HO_2C
CO_2H
77
Cu, Chinolin
6

3.4.5 Cyclo[d.e.d.e.e.d.e.d.e.e]decakisbenzen

Im Jahre 1986 konnte *Staab* das gegenüber dem *Kekulen* (3) [1]) ringengere *"Cycloaren"* 7 synthetisieren, das als inneren Ring das [14]Annulen-Skelett enthält und ebenso wie *Kekulen* (3) mit einem äußeren und einem inneren [4n+2]-π-Perimeter formuliert werden kann [45]).

7   7a

Frühere Versuche, 7 durch Photocyclisierung aus [2.2](3,10)Benzo[c]phenan-threnophan-1,15-dien (78) darzustellen, führten nur zu einer einseitigen Durchkonjugation und damit zu einem helicalen Gerüst (79), dessen starre Struktur offenbar den zweiten Ringschluß zu 7 verhinderte.

3   78   79

(Kekulen)

Eine aufgrund dieser Erfahrungen abgewandelte Synthesestrategie führte zur erstmaligen Synthese von **7**. Schlüsselreaktion ist die Cyclisierung des partiell hydrierten Bromids **83b** (über die Stufen **80a-83a**) und des Thiuronium-Salzes **83c** (bzw. des intermediären Dithiols **83d**) in siedendem Methanol, dem Kaliumhydroxid zugesetzt war; dabei fällt **84** in 30% Ausbeute an. Letzteres wurde quaternisiert und mit Kalium-*tert*-butylat in THF zum entsprechenden Carbocyclus umgelagert, dessen doppeltes Sulfoxid in Toluen pyrolysiert wurde und unter Eliminierung das Dien **85** in 17% Ausbeute ergab. Photocyclisierung von **85** in *n*-Propylamin unter Argon lieferte nach 6.5 Stunden bei -32°C mit einer Hg-Niederdrucklampe in 35% Ausbeute verschiedene hydrierte 7-Derivate, die mit DDQ (2,3-Dichlor-5,6-dicyan-*p*-benzochinon) in *m*-Xylen 54 Stunden lang bei 90°C dehydriert wurden und dabei in 13% Gesamtausbeute **7** in gelben Kristallen mit Schmp. >330°C (Zers.) ergaben [45].

80 a: X= OH
    b: X= OSO$_2$Me
    c: X= CN
    d: X= COOH

81

82 a: X= Cl
    b: X= CN
    c: X= COOMe
    d: X= CHO

83 a: X= OH
    b: X= Br
    c: X= [SC(NH$_2$)$_2$]Br
    d: X= SH
    e: X= [P(C$_6$H$_5$)$_3$]Br

84

85

Im ^{1}H-NMR-Spektrum von 7 (360 MHz) wurden bei 150°C (in [D$_2$]-1,2,4,5-Tetrachlorbenzen) entsprechend der Symmetrie nur fünf Signale gleicher Intensität gefunden. Die Zuordnung der Signale geschah durch NOE-Experimente. Die Tieffeldverschiebung der inneren Protonen zeigt, daß wie beim *Kekulen* keine Diatropie des makrocyclischen Systems zu beobachten ist.

Das UV-Spektrum ähnelt denen von Benzo[c]phenanthren und Pentaphen und ist somit im Einklang mit dem benzoiden Charakter von 7. Der aus der Phosphoreszenz-Emission mit der ODMR-Methode ermittelte Nullfeld-Aufspaltungsparameter |D| ist jedoch für 7 mit 0.0881 cm^{-1} bei 1.3 K deutlich kleiner als der für *Kekulen* gemessene |D|-Wert von 0.10622 cm^{-1}. Dies deutet auf eine weniger ausgeprägte Lokalisation von Sextetts und Doppelbindungen als im *Kekulen* hin.

Während spektroskopische Untersuchungen und die *Röntgen*-Kristallstrukturanalyse für *Kekulen* (vgl. Stereobild auf der Umschlag-Innenseite) eine bemerkenswert eingeschränkte π-Elektronen-Delokalisation im planaren makrocyclischen System im Sinne der Formulierung 3 ergeben hatten, läßt sich für 7 auch nicht eine einzige Formulierung mit der Maximalzahl der möglichen Sextetts schreiben, wie dies bei *Kekulen* (3) der Fall ist [45].

3.5 [7]Helicen - und weitere Helicene

Phenanthren-benzologe Kohlenwasserstoffe werden nach *M. S. Newman* [1] mit dem Familiennamen *"Helicene"* bezeichnet, da sie durch die *ortho*-Anellierung von aromatischen Ringen im einfachsten Fall eine zylindrische Helix bilden. Sie sind wie alle Moleküle mit helicalem Bau chiral. Neben den "all-Benzen-Helicenen", die nur aus Benzenringen zusammengesetzt sind, kennt man auch solche, die im Helicen-Gerüst Heteroatome enthalten und nach *Newman* als "Heterohelicene" bezeichnet werden [1].

3.5.1 [7]Helicen

Das *[7]Helicen* (1; Heptahelicen) ist nach der systematischen IUPAC-Nomenklatur als Benzo[c]phenanthro[4,3-g]phenanthren zu bezeichnen. Es ist das erste Molekül in der Reihe der Helicene, bei dem sich die beiden endständigen Benzenringe in einer zweiten Schicht überlagern. Diese *"face-to-face"*-Überlappung bedingt einige charakteristische Eigenschaften.

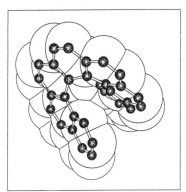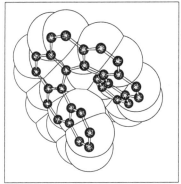

Abb.1. (*P*)-[7]Helicen (1, Stereobild; basierend auf der *Röntgen*-Kristallstrukturanalyse)

Das zylindrische, palindromische Schraubenmolekül 1 besitzt die Symmetrieelemente der Punktgruppe C_2 [2,3]. Es ist dissymmetrisch und damit chiral. Der Begriff "palindromisch" entstammt der Musik und bedeutet, auf die

Symmetrie der Helicene übertragen, gleiche Ganghöhe (Es gibt auch nicht-palindromische zylindrische Helices, die häufig bei Biomolekülen auftreten; sie haben keine C_2-Achse und gehören - wie auch konische Helixmoleküle - zur Symmetriegruppe C_1). [3)]

Die helicale Struktur des [7]Helicens (1) ist durch viele physikalisch-chemische Methoden eindeutig bewiesen worden. ^{1}HMR- und ^{13}CMR-Methoden spiegeln die C_2-Symmetrie des Helixmoleküls wider [2)]. Aus dem PMR-Spektrum geht außerdem die Überlappung der beiden endständigen Aromaten hervor, denn die Protonen des ersten und siebten Benzenrings sind im Vergleich zum [6]Helicen deutlich hochfeldverschoben. Diese Verschiebung nimmt mit steigender Zahl sich überlappender Aromaten zu. Die Ergebnisse anderer Untersuchungen wie MS, UV und IR stehen im Einklang mit der Helixstruktur von 1. Der kristallographische und molekulare Aufbau des [7]Helicens ist durch *Röntgen*-Kristallstrukturanalyse [4,5)] exakt aufgeklärt worden. Die C-C-Abstände des helicalen Moleküls 1 lassen sich in mehrere Gruppen aufteilen:

a) Die längeren C-C-Bindungen an der äußeren Peripherie betragen 143 pm; b) die kürzeren sind 133 pm lang;

c) die Bindungen der inneren Molekülperipherie messen durchschnittlich 144 pm;

d) die Bindungen, über die zwei aromatische Ringe kondensiert sind, weisen eine Länge von 143 pm auf;

e) die verbleibenden sechs C-C-Abstände der endständigen Benzenkerne sind 140 pm lang. Auch die Dieder- und Torsionswinkel sind exakt bekannt [5)].

Das Racemat 1 hat einen Schmelzpunkt von 254-255°C [6)]. Die Racematspaltung gelingt nach der klassischen Methode *Pasteurs*, dem Auslesen der enantiomorphen Kristalle [7)]. Aufgrund der spontanen Konglomeratbildung ist durch Auswahl eines Kristalls die optische Aktivität bestimmbar [8)]. Die spezifische Drehung des Enantiomeren 1a in Chloroform beträgt $[\alpha]^{25}_{579}$ = -5900 ± 200 [7)]. Die angewandte Technik der Enantiomerentrennung könnte hier auch auf einer Mikrozwillingsbildung beruhen; mit Erfolg wurde die Methode bei den Helicenen [6]- bis [9]- und einigen Heterohelicenen angewandt [2)].

Die Enantiomere des [7]Helicens schmelzen bei 309-310°C [8)]. Sie racemisieren in Lösung bei 295°C [2)]. Die Aktivierungsenergie erwies sich mit E_a = 172 kJ/mol als unwartet niedrig.

Erst einige Jahre nach der erfolgreichen Racematspaltung konnte die absolute Konfiguration des [7]Helicens bestimmt werden. Zur Lösung dieses Problems boten sich drei Möglichkeiten an [2]:

a) Aufstellen von Beziehungen zwischen Stereochemie und Vorzeichen der Drehung (chiroptische Methoden);

b) chemische Korrelationen;

c) *Röntgen*-Beugungsuntersuchungen nach *Bijvoet.* Nach Anwendung aller drei Verfahren steht heute fest, daß das linksdrehende Enantiomer **1a** die (*M*)-Helicität und das rechtsdrehende **1b** die (*P*)-Konfiguration aufweist [2,8].

[7]Helicen wurde 1967 von *Martin* et al. erstmals dargestellt [6]. Wenig später folgte aus dem gleichen Arbeitskreis eine neue verbesserte Synthese [9]. Der zentrale Reaktionsschritt - nicht nur beim Heptahelicen, sondern auch bei allen anderen Helicenen - besteht in einer photoinduzierten Cyclisierung von geeigneten (*Z*)-Stilbenderivaten. Dabei bilden sich jedoch häufig unerwünschte isomere Kohlenwasserstoffe. Diese Isomerenbildung vollständig auszuschalten, gelang auch nicht mit einer zweiten, modifizierten Synthesemethode [9].

Ausgehend von dem (*Z*)-Stilbenderivat 1-(4-Methylphenyl)-2-(2-naphthyl)-ethen (**2**), das in Gegenwart von Iod in Benzen bestrahlt wird, erhält man das Methyl-substituierte *ortho*-anellierte Benzophenanthren-System **3**. Die Methylgruppe wird derivatisiert, indem sie mit NBS und dann mit Triphenylphosphan zum entsprechenden Triphenylphosphoniumbromid **4** umgesetzt wird. Es schließt sich eine *Wittig*-Reaktion mit 2-Naphthalenaldehyd an, aus der ein Gemisch von (*Z*)- und (*E*)-1,2-Diarylethenen **5** resultiert. Beide Konfigurationsisomere werden in Gegenwart von Iod eine bis anderthalb Stunden bestrahlt. [7]Helicen (**1**) entsteht in 20% Ausbeute [9] gegenüber 12% [6] beim erstgenannten Verfahren.

(Z)–**2** $h\nu,\ I_2,\ C_6H_6$ →   **3**

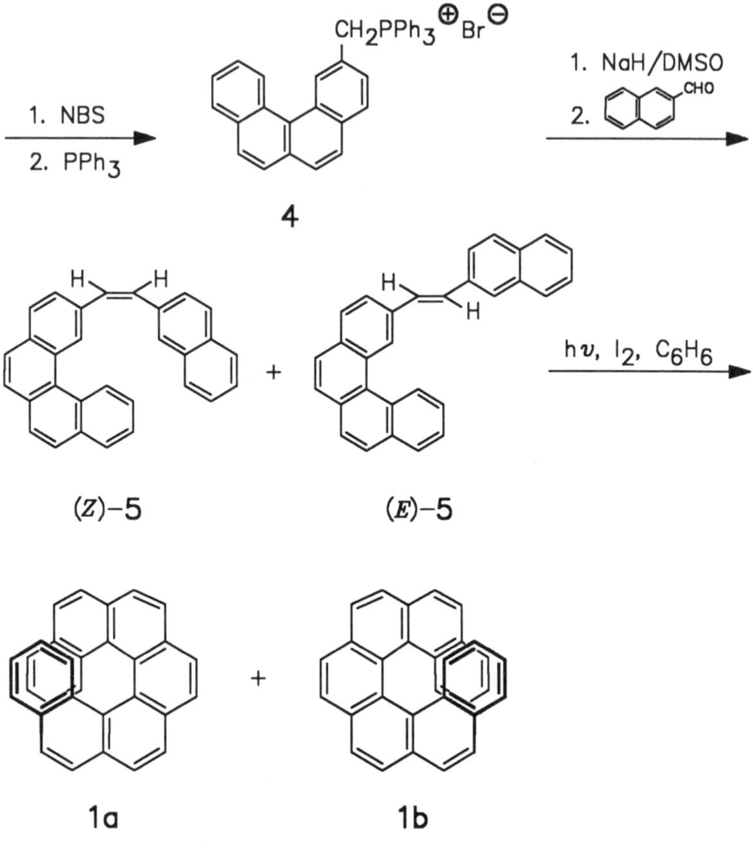

Abb.2.   Synthese des [7]Helicens (**1**) nach *Martin* et al. [9]

Bis heute sind zwei helicale Moleküle bekannt, in denen <u>drei</u> Arenschichten Tripeldecker-artig "face-to-face" stehen. Bei den "*all*-Benzen-Helicenen" [2] beginnt die dritte Schicht mit dem 13. Benzenring. Die Drehwerte $[\alpha]_D^{25}$ nehmen vom [5]- zum [10]Helicen (vgl. <u>Abb.3</u>) von 2000 auf ca. 8000 zu, wobei der zunächst fast lineare Anstieg abflacht.

Die Synthese des [13]Helicens (**6**) erfolgte schon vor längerer Zeit [10], während die des zweiten dreischichtigen ("three layered") Helicens [11] erst vor einigen Jahren gelang. Hierbei handelt es sich um ein Heterohelicen [2], das abwechselnd aus Thiophen- und Benzenringen aufgebaut ist. Anfang und Ende dieses Schraubenmoleküls bildet jeweils ein Thiophenring, so daß sich - nach alternierender Anellierung von acht Thiophen- und sieben Benzenringen - die Dreierschicht durch Überlagerung der Aromaten Thiophen-Benzen-Thiophen bildet [12].

Die Darstellung beider Verbindungen ist den Synthesen niederer Homologer analog, nur daß der entscheidende Schritt, die Photocyclisierung, zweifach intramolekular vorgenommen wird.

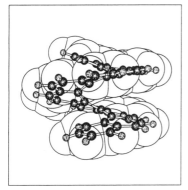
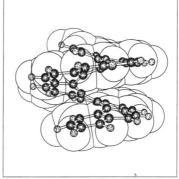

Abb.3.   a) Stereobild des Kohlenstoffgerüsts des [10]Helicens (13); von der Seite gesehen [12a]

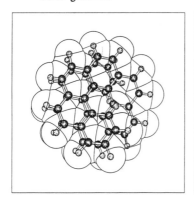
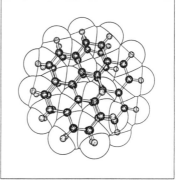

Abb.3.   b) [10]Helicen (*Röntgen*-Struktur); Blick von oben (in Windungsrichtung) [12a]

3.5.2 Weitere Helicene [13-71)]

3.5.2.1 CARBOHELICENE

Im folgenden sind einige Ergebnisse der *Röntgen*-Kristallstrukturanalysen weiterer Carbohelicene [13-41)] (in Stereobildern) zusammengefaßt: Hexahelicen (**7**), [11]Helicen (**8**), Tribenzo[7]helicen (**9**), 1,16-Dihydroindenohelicen (**10**) und substituierte Helicene wie 1-Methyl[6]helicen (**11**) und 1,16-Dimethyl[6]helicen (**12**).

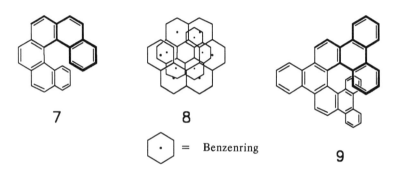

7   **8**   **9**

⬡• = Benzenring

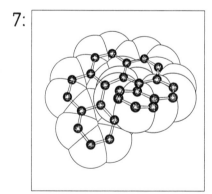

7:

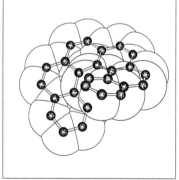

8: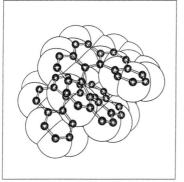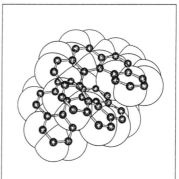

9: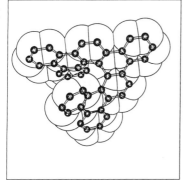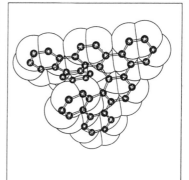

10

11

12

10:

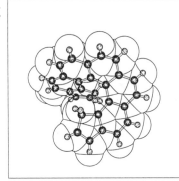 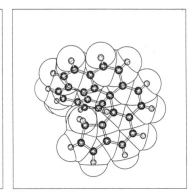

11:

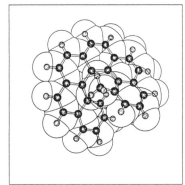 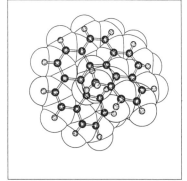

12:

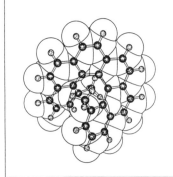 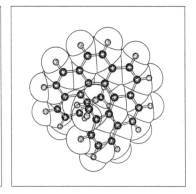

Abb.4. *Röntgen*-Kristallstrukturen einiger Carbohelicene (Stereobilder)

Tab.1. Vergleich der Ganghöhen (in nm) von Hexahelicen (7), 1,16-Dimethyl[6]helicen (12) und [10]Helicen (13)

Helix	[10]Helicen (13)	[6]Helicen (7)	1,16-Dimethyl[6]-helicen (12)
Ganghöhe [nm]:			
innere Helix	322	326	324
mittlere Helix	362	457	394
äußere Helix	388	604	402

Man erkennt, daß die inneren Ganghöhen recht ähnlich sind, die äußeren jedoch stark variieren können.

Die meisten Helices zeichnen sich durch besonders hohe Drehwerte, hervorgerufen durch den inhärent chiralen Chromophor, aus. Tab.2 gibt einen Überblick:

Tab.2. Drehwerte einiger Carbohelicene (Lösungsmittel meist $CHCl_3$)

Helicen	(Nr.)	$[\alpha]^T_\lambda$
[5]Helicen	(14)	$[-1670]^{26}_{578}$
		$[-4950]^{26}_{436}$
[6]Helicen	(7)	$[-3640]^{24}_{D}$
		$[-4820]^{24}_{D}$
[7]Helicen	(1)	$[+6200]^{25}_{D}$
[8]Helicen	(15)	$[-7170\pm100]^{25}_{579}$
[9]Helicen	(16)	$[-8100\pm200]^{25}_{579}$
[10]Helicen	(13)	$[-8940\pm100]^{25}_{579}$
[11]Helicen	(8)	$[-9310\pm100]^{25}_{579}$
[13]Helicen	(6)	$[-9620\pm100]^{25}_{579}$

Die ORD-, CD- und UV-Spektren von [5]Helicen (**14**), [6]Helicen (**7**) [25)] und von den [7]- bis [9]Helicenen (**1, 15, 16**) [8)] sind bekannt. Die ORD-Kurven ähneln sich; mit zunehmendem Anellierungsgrad sind die Cotton-Effekte zu höheren Wellenlängen verschoben. Entsprechend verhalten sich die CD- und UV-Kurven.

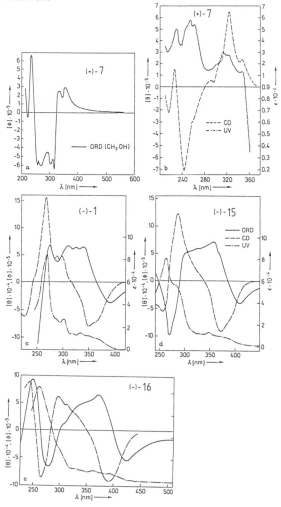

<u>Abb.5</u>. ORD-, CD- und UV-Kurven der [6]- bis [9]Helicene **7, 1, 15** und **16**

Anhand der chiroptischen Eigenschaften war die Zuordnung der absoluten Konfiguration [(*P*)- und (*M*)-Reihe] für die getrennten Enantiomere in allen Fällen möglich. Die Absicherung erfolgte nach der *Bijvoet*-Methode an (-)-2-Bromhexahelicen [30,31].

Die "faszinierendste und überraschendste Entdeckung" auf dem Gebiet der Helicene war nach *Martin* ihre thermische Racemisierung [28]. Wegen der relativ geringen sterischen Wechselwirkungen der terminalen Ringe bei der Racemisierung ist die Schwelle für das <u>Pentahelicen</u> niedrig (<u>Tab.3</u>), um sich dann beim <u>Hexahelicen</u> erwartungsgemäß deutlich zu erhöhen.

<u>Tab.3</u>.   Vergleich der Racemisierungsbarrieren von Methyl-substituierten Helicenen mit denen unsubstituierter Helicene

Helicen	$\Delta G^{\ddagger}_{rac}(T)$	$\Delta H^{\ddagger}_{rac}$	$\Delta S^{\ddagger}_{rac}$	$t_{1/2}$	K_{rac}	E_a	T
	[kJ/mol]	[kJ/mol]	[eu]	[min]	[s^{-1}]	[kJ/mol]	[K]
Pentahelicen	101	9	-4	63	-	98	330
Hexahelicen	151	146	-4	13	$5.6 \cdot 10^5$	149	495
Heptahelicen	174	169	-4	13	-	172	568
Octahelicen	177	171	-5	31	-	174	566
Nonahelicen	182	174	-6	123	-	177	566
1-Methyl-hexahelicen	183	161	-10	-	$2.5 \cdot 10^5$	-	542
1,14-Dimethyl-hexahelicen	183	161	-	-	$2.4 \cdot 10^5$	-	542
1,16-Dimethyl-hexahelicen	186	-	-		$1.3 \cdot 10^5$	-	543
1,3,14,16-Tetra-methylhexa-helicen	186	158	-13	-	$1.3 \cdot 10^5$	-	543
2,15-Dimethyl-hexahelicen	165	-	-	-	$2.6 \cdot 10^5$	-	513
4,13-Dimethyl-hexahelicen	154	-	-	-	$6.6 \cdot 10^5$	-	496

Weiter zunehmende Anellierung wirkt sich allerdings nicht mehr stark aus; die Barrieren sind für [7]- bis [9]Helicen (**1, 15, 16**) ebenso wie für substituierte Hexahelicene annähernd gleich und eigentlich unerwartet niedrig, wenn man bedenkt, daß das Molekül beim Racemisierungsvorgang von einer

Schraubenform in die umgekehrte übergehen muß. Bei diesem konformativen Prozeß müssen mehrere Benzenringe in eine stark verzerrte Wannenform gezwungen werden.

Hydrierung des mittleren Rings im Pentahelicen führt zu einer höheren Racemisierungsbarriere im Vergleich zum Grundgerüst (E_a = 125 kJ/mol) [27]. Den Einfluß von Methylsubstituenten am Hexahelicen auf die kinetischen Daten der Racemisierung zeigt Tab.3.

Racemate der Helicene konnten auf unterschiedliche Weise gespalten werden: Helicene kristallisieren oftmals spontan als Konglomerate; einige wurden nach der *Pasteur*schen Methode durch Auslesen von Hand getrennt. Auch die Enantiomerentrennung mit Hilfe diastereomerer Salze aus dem 7-Trimethylphosphoniummethyl[6]helicen-Kation und dem *D*-(-)-Dibenzoylweinsäure-Anion war erfolgreich [30,31].

Eine Photocyclisierung mit circular polarisiertem Licht führte mit geringem Enantiomerenüberschuß (ee 3%) zu Dihydropentahelicen [32].

Hohe Enantiomerenüberschüsse (bis 98%) ließen sich durch vorübergehende Einführung optisch aktiver Reste [Mandel-, Milchsäure-Derivate, (-)-Menthylester etc.] in Helicene erzielen [34].

Schließlich wurde enantiomerenreines Hexahelicen selbst als optisch induzierender Rest zur Synthese von [8]- bis [11]- und [13]Helicen eingesetzt [35].

Die Trennung verschiedener [n]Helicen-Racemate über Donor-Acceptor-Komplexe wurde mit *π*-Säuren wie α-(2,4,5,7)-Tetranitro-9-fluorenylidenaminooxypropionsäure (*Newmans* Reagens, TAPA) [36] und dem Buttersäureanalogen TABA [36] sowie Binaphthyl-2,2'-dihydrogenphosphat (BPA) [37] versucht. Weitere heute gängige Methoden sind die Inclusionschromatographie an Triacetylcellulose (TAC) [38] sowie an helicalen Polymeren wie (+)-Poly(triphenylmethylmethacrylat) [(+)-PTrMA] [39].

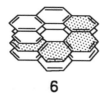

6

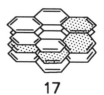

17

Abb.6.   [13]- und [14]Helicen (6, 17)

Die bisher erhaltenen höchsten Homologen der Carbohelicene sind das Tri-
decahelicen {[13]Helicen, **6**} und das Tetradecahelicen {[14]Helicen, **17**},
die an (+)-TAPA in die Enantiomere gespalten werden konnten [40,41].

3.5.2.2 HETEROHELICENE

Heterohelicene [41-51] unterscheiden sich von Carbohelicenen außer durch
das Vorhandensein von Heteroatomen durch ihre Geometrie. Beim Einbau
von Heteroatomen verändern sich die Winkel zwischen den an diese ankondensierten Benzenringen; bis zur Überlappung endständiger Arene ist daher
ein höherer Anellierungsgrad erforderlich. Für eine theoretisch mögliche *all*-
Thiophen-Helix bedeutet dies acht kondensierte Fünfringe.

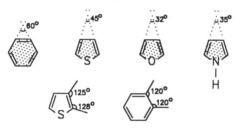

Abb.7. Unterschiedliche Winkel von Benzo-, Thiopheno-, Furano- und Pyr-
rolo-Bausteinen [12] sowie Winkelvergleich von Benzen und Thio-
phen

Abb.7 veranlaßt zu der Überlegung, durch Einbau von Heteroaromaten Heli-
cengerüste zu synthetisieren, die sich in ihrer Architektur sowie ihren chemischen und chiroptischen Eigenschaften von den Carbohelicenen unterscheiden.

Anders als im Hexahelicen (**7**) weichen in Heterohelicenen (z.B. **18**) die
einzelnen Benzen- und Thiophenringe nicht stark von der Planarität ab;
auch die Bindungslängen und -winkel sind den nichtanellierten Benzen- und
Thiophenringen ähnlich. Die Winkel zwischen den Ringebenen variieren von
-18.4° bis +19.9°; die inneren Bindungen bilden eine unregelmäßige Helix.
Der kürzeste C-C-Abstand zwischen den Helixenden ist 291 pm. Die absolute Konfiguration [44] wurde mit der "dipol velocity method" berechnet und
stimmt mit den experimentellen CD-Spektren überein; unabhängig davon
wurde sie für **18** durch *Röntgen*beugung ermittelt: Das (+)-Heterohelicen **18**
besitzt eine rechtsgängige (*P*)-Schraubenstruktur [44].

Damit und durch Vergleich der ORD- und CD-Spektren anderer Heterohelicene kann deren absolute Konfiguration als bekannt angesehen werden: (+)-
Heterohelicene haben allgemein (*P*)-Schraubensinn. Wie die Carbohelicene
zeichnen sich die Heterohelicene durch hohe Drehwerte aus (vgl. Tab.4).

Tab.4. Optische Drehung der Hetereohelicene **18-29** [32,37-41]

Heterohelicen		$[\alpha]T_\lambda$
[6]Heterohelicene:		
	18	$[+2050]^{20}_{541}$
	19	$[+3640]^{20}_{436}$
	20	$[-2287]RT_{589}$
[7]Heterohelicene:		
	21	$[-2177]RT_{589}$
	22	$[-1784]$
	23	$[-2509]$
	24	$[+7200]^{25}_{436}$

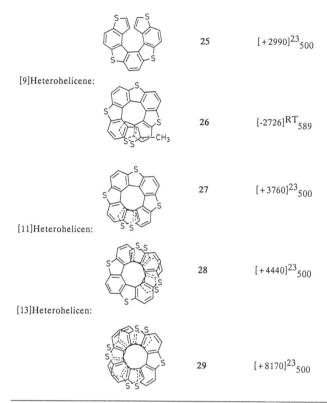

25      $[+2990]^{23}_{500}$

[9]Heterohelicene:

26      $[-2726]^{RT}_{589}$

27      $[+3760]^{23}_{500}$

[11]Heterohelicen:

28      $[+4440]^{23}_{500}$

[13]Heterohelicen:

29      $[+8170]^{23}_{500}$

Die UV-Spektren von Heterohelicenen zeigen eine ausgeprägtere Feinstruktur als die der Carbohelicene; der Grund dafür scheint ungeklärt [52].
Die chiroptischen Eigenschaften einer Anzahl von Heterohelicenen sind von *Groen* und *Wynberg* verglichen worden [44]. <u>Abb.8</u> gibt einige Beispiele.

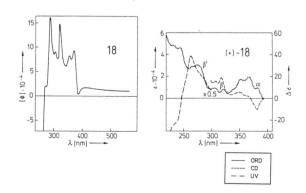

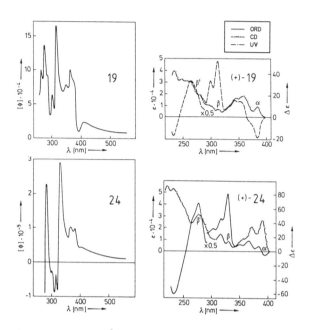

<u>Abb.8</u>. ORD-, CD- und UV-Spektren von **18, 19** und **24** (Zuordnung der Kurven im Kasten rechts oben)

Zum Hexahelicen (**7**) besteht ein prinzipieller Unterschied: Hier bestimmt der starke *Cotton*-Effekt, der zur p-Bande gehört, die optische Drehung im sichtbaren Bereich; die optische Aktivität der α- und ß-Banden ist vernachlässigbar. Die Gestalt der CD- ähnelt den entsprechenden UV-Kurven, wenn man von geringfügigen Rot- und Blau-Verschiebungen sowie unterschiedlichen Intensitäten absieht.

Die Hexaheterohelicene racemisieren entsprechend ihrer veränderten Geometrie (geringere sterische Wechselwirkung der terminalen Ringe) leichter als Hexahelicen selbst.

Als bisher höchste Homologe der Heterohelicene sind das [13]Heterohelicen (**29**) und das [15]Heterohelicen (**30**) bekannt geworden. [51)]

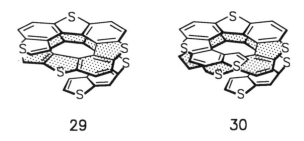

29   **30**

3.5.2.3 DOPPELHELICENE, CYCLOPHANOHELICENE, METALLOHELI-CENE, BIHELICENYLE

[3,4-c]Hexahelicenohexahelicen (**31**) ordnet man ebenso wie Diphenanthro-[4,3-a;3',4'-o]picen (**32a**) den *Doppelhelicenen* zu [58,60,61]. Das Racemat von **32a** wurde an einer TAPA-imprägnierten Kieselgelsäule partiell getrennt. Die Geschwindigkeitskonstante der Racemisierung ($1.9 \cdot 10^{-2}$ min^{-1}) und die Halbwertszeit ($t_{1/2}$ = 38 min bei 210°C) liegen in der Größenordnung des Hexahelicens ($t_{1/2}$ = 48 min bei 205°C). Daraus folgt, daß das Umklappen des einen helicalen Teils durch den anderen nicht stark behindert wird. Intermediat sollte demnach die symmetrische *meso*-Form sein. Der höchste spezifische Drehwert wird mit $[\alpha]_{380}$ = 323000 bzw. $[\alpha]_{345}$ = 9900 angegeben, wobei die optische Reinheit allerdings unbestimmt ist.

Auch das Benzo[5]diphenanthro[4,3-a;3',4'-o]picen (**32b**) weist *d,l*-Konfiguration auf. Die beiden Helixteile liegen auf gegenüberliegenden Seiten des zentralen Naphthalen-Systems, wie NMR-Spektren beweisen.

31   **32a**

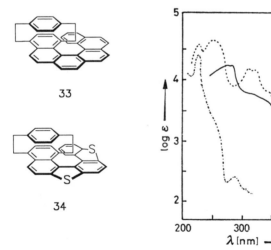

32b

Zur Bestimmung der absoluten Konfiguration wurden Helicene synthetisiert, die eine Paracyclophan-Einheit im Molekül enthalten und aus sterischen Gründen nur in einer Konfiguration entstehen können [62,63].

Von dem *"Cyclophanohelicen"* 33 [62a] wurden folgende chiroptische Daten ermittelt: $[\alpha]_{578} = -2716$ [62], $[\alpha]_{577} = -662$ [63], $[\theta]_{578} = -12464 \pm 200$ {zum Vergleich: (-)-Hexahelicen $[\alpha]_{578} = -3750$, $[\theta]^{25}_{578} = -12300$}. Ein Vergleich der ORD-Kurven von (-)-Hexahelicen und (-)-33 zeigt, daß beide die gleiche Windungsrichtung aufweisen; dasselbe kann aus den CD-Spektren abgeleitet werden.

33

34

UV

log ε

λ [nm]

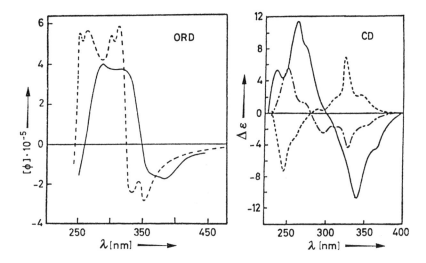

Abb.9. Das [2.2]Paracyclophanohelicen **33** und das [2.2]Paracyclophanohete-rohelicen **34**; UV-, ORD- und CD-Spektren von **33** (——) [62,63]. Zum Vergleich (+)-Hexahelicen (---), (+)-1,4-Dimethylhexahelicen (– · – · –) und [2.2]Paracyclophan (- · · -)

Bihelicenyle (**35**) [65] und *helicale Metallocene* (**36**) sind Helicen-verwandte Moleküle, deren Konformation und chiroptische Eigenschaften noch wenig untersucht sind:

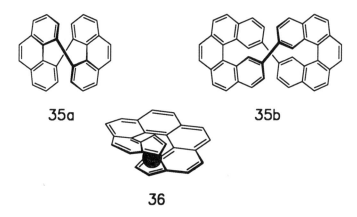

35a   **35b**

36

3.5.2.4 HELICENOPHANE [72-86]

Wie die oben beschriebenen [5]- bis [14]Helicene zeigen, ist eine Verbrückung der offenen Molekülenden aufgrund der konformativen Stabilität
der Helicene normalerweise nicht notwendig. Vielmehr verfolgte *Martin* [28,
72] mit der Darstellung der verbrückten [7]Helicene **37-39** (Abb.10) das
Ziel, die Auswirkungen der Verbrückung auf die Helixstruktur zu untersuchen. Insbesondere Konformationsänderungen des Chromophors im gelösten
und im festen Zustand erscheinen im Vergleich zu den "offenen" Helicenen
interessant.

Staab et al. konnten 3,18-Ethanodinaphtho[1,2-a;2',1'-o]pentaphen (**40**) synthetisieren [72b]. Die Helicität dieses Kohlenwasserstoffs - der nicht rein *ortho*-kondensiert ist und daher den Helicenen nur verwandt ist - wurde noch
nicht näher untersucht.

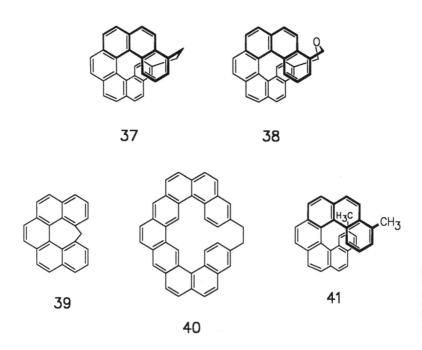

37   **38**

39

40   **41**

37:

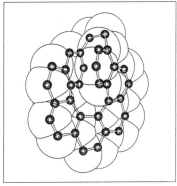
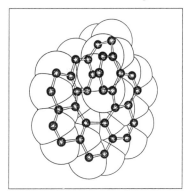

38:

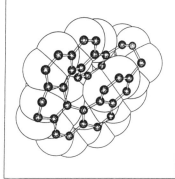
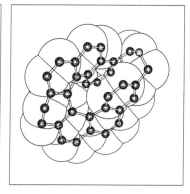

41:

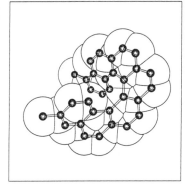
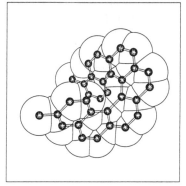

<u>Abb.10.</u> a) Helicenophane **37** - **40**. *Röntgen*-Kristallstruktur von **37** und **38**;
b) Zum Vergleich die *Röntgen*-Struktur des 3,15-Dimethyl[7]heli-
cens (**41**) [72a]

Vergleiche der Elektronenspektren mit denen des 3,15-Dimethyl[7]helicens (41) zeigen für **37** und **38** bathochrome Verschiebungen ($\Delta\lambda$ = 8-50 nm im Bereich von 250-400 nm). Die Abhängigkeit der Ganghöhe von Radius und Anzahl der ankondensierten Benzenringe ist in Abb.11 wiedergegeben.

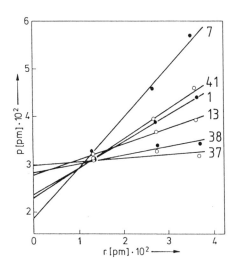

Abb.11. Beziehung zwischen Ganghöhe (p) und Radien (r) der Helicene **7**, **1**, **13** und der verbrückten Helicene (Helicenophane) **37**, **38**, **41** (nach *Martin*)

37 besitzt bemerkenswerterweise die geringste Ganghöhe bei großem Radius des Helicens. Generell führen sowohl eine Verklammerung der Helicene als auch die *ortho*-Anellierung weiterer Benzenringe zu einer Verringerung der Ganghöhe und zu einer Aufweitung des Helicen-Radius.
Die von *Wynberg* et al. [73] synthetisierten Methano-verbrückten Heterohelicene **42a,b** (Abb. 12) weisen aus analogen Gründen eine hypsochrome Verschiebung der α-Bande im Absorptionsspektrum verglichen mit den entsprechenden Banden offenkettiger Alkylheterohelicene auf.

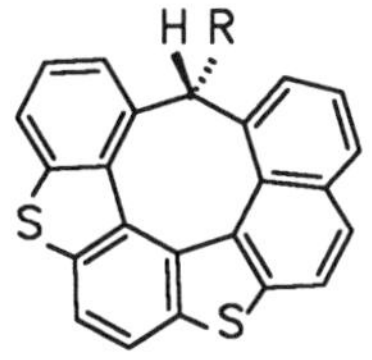

42a: R = H

42b: R = CH₃

<u>Abb.12.</u> Methano-verbrückte Heterohelicene (**42a, b**) [73]

Nakazaki et al. synthetisierten *chirale Kronenether* (**43, 44**) mit Penta- und Hexahelicen-Ankergruppen [74]. Stereochemisch reizvoll ist, daß die Krone in **43** entgegengesetzte Helicität erhält [75], während **44** gleichsinnige Schraubenwindung der Krone und des Helicens aufweist. Somit zeigen auch (*M*)-(-)-**43** und (*M*)-(-)-**44** eine entgegengesetzte chirale Erkennung beim Transport von Methyl-(±)-phenylglycin (**45**) und (±)-1-Phenylethylamin (**46**) durch Flüssigmembranen. Dabei bewirkt **43** eine höhere Enantiomerenselektivität als **44** [(*P*)-(+)-**44**: Enantiomerenreinheit 77% für (*R*)-**45**; (*M*)-(-)-**43**: Enantiomerenreinheit 75% für (*S*)-**45**]. Enantiomerentrennungen von (±)-**43** und (±)-**44**: wurden an (+)-Poly(triphenylmethylmethacrylat) durchgeführt: Elution mit Methanol ergab optisch reines (*M*)-(-)-**43**, (*P*)-(+)-**43**: (*M*)-(-)-**44**, (*P*)-(+)-**44** mit [α]$_D$ = -754, +748, -1269, +1260 (in Methanol). Die absoluten Konfigurationen wurden durch CD-Vergleich mit dem (*M*)-(-)-Pentahelicen [76] und dem (*M*)-(-)-Hexahelicen (**7**) [77] bestimmt.

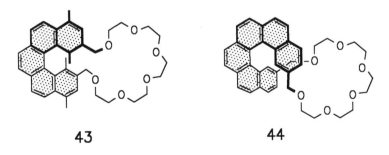

43   **44**

<u>Abb.13.</u> Penta- und Hexahelicen-Kronenether (**43, 44**)

Die Arbeitskreise *Cram* [69)], *Lehn* [79)], *Stoddart* [80)], *Kellogg* [81)] untersuchten - seit *Wudl* [82)] 1972 die ersten synthetischen **chiralen Makrocyclen mit Donorzentren** [83)] vorstellte - eine größere Anzahl von chiralen Wirtverbindungen, die Binaphthyl-Einheiten enthalten. Sie studierten deren Komplexierungseigenschaften und ihre chirale Differenzierung gegenüber einer Reihe von Gästen. Das axial-chirale Binaphthyl-Element könnte man hier auch als eine "Pro"-Pentahelicen-Struktur verstehen, wobei ein ankondensierter aromatischer Ring durch die Krone ersetzt ist. Die Helicität des "Koordinatorteils" (Kronenring) von **46** und **47** entspricht derjenigen des Binaphthols.

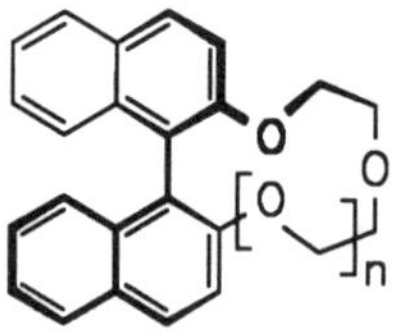

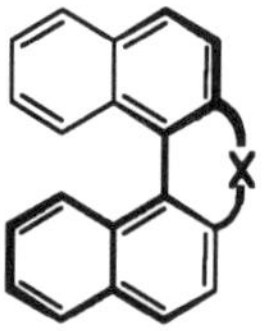

47a :	n = 0	[α] = +546	**48a :**	X =	$-CH_2-CH_2-$
47b :	n = 1	[α] = +77	**48b :**	X =	$-O-[CH_2]_n-O-$
47c :	n = 2	[α] = −127	**48c :**	X =	$-S-S-$
47d :	n = 3	[α] = −63	**48d :**	X =	$-NH-CO-NH-$
47e :	n = 4	[α] = −77			

Abb.14.   Binaphthyl-Derivate **47** und **48**

Die Abwesenheit der optisch aktiven, verbrückten Biaryl-Moleküle **48a-d** führt in nematischen Mesophasen wie z.B. 4-Cyano-4'-*n*-pentylbiphenyl oder einem Gemisch aus flüssigkristallinen Cyclohexan-Derivaten zur Induktion von cholesterischen Mesophasen mit gleicher Aktivität [84a)] (siehe Studienbuch "Supramolekulare Chemie", Teubner 1989).

Yamamoto et al. beschrieben eine enantioselektive Synthese des *D*-Limonens **(50)** [bzw. (+)-ß-Bisabolens] mit Hilfe des Binaphthols als Induktor [85)]. Der durch die Aluminiumverbindung als Vehikel erzeugte Übergangszustand ("metal-anchimeric assistance", **"Metall-Nachbargruppen-Effekt"**) nimmt eine Pentahelicen-analoge Struktur ein, die ein Enantiomer bevorzugt induziert.

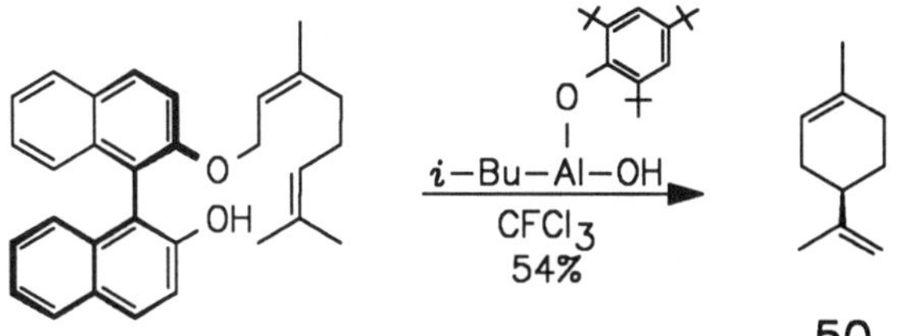

(+)-R- **49**

50

ee = 77%

<u>Abb.15.</u> Enantioselektive Synthese des D-Limonens (50) [85)]

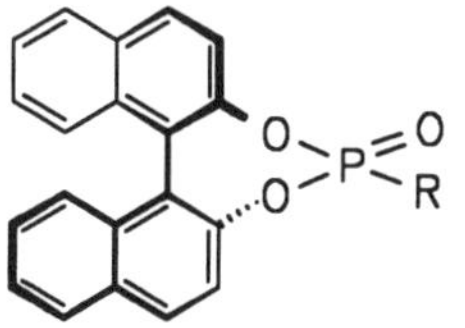

51a : R = OH
51b : R = Cl

<u>Abb.16</u>   Cyclische Binaphthylphosphorsäure-(BPA-)Derivate **51a, b** [84b)]

Auch hinter den cyclischen Binaphthylphosphorsäure-Derivaten **51a, b**, die als Enantiomeren-Trennreagentien eingesetzt werden, verbirgt sich eine heterocyclische Pentahelicen-Struktur $\{[\alpha]_D^{RT} = +530, c = 1.35,$ in Methanol$\}$. Die Racemattrennung von **51a** erfolgte über das Cinchonin-Salz [84b)].

Die Stereoselektivität der 9,9'-Spirofluoren-Kronenether **52** gegenüber lipophilen Salzen biologisch relevanter α-Aminoalkohole [R'CH(OH)CH(NHR)-R''] wurde von *Prelog* et al. beschrieben [86)]. Die axial-chirale Ankergruppe, die auch als ein Heptahelicen-analoges Skelett aufgefaßt werden kann, führt zu einer Versteifung der Krone und zu einer optischen Induktion über das Kronenether-Gerüst:

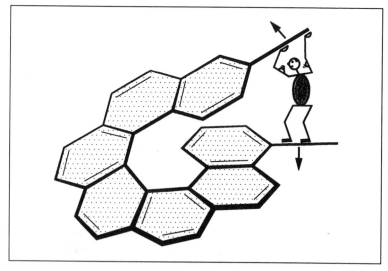

52

$n = 1; \; [\alpha]_D = -78.5$

<u>Abb.17.</u>   Optisch aktive 9,9'-Spirofluoren-Kronenether **52** [86)]

Weitere und neuere helicale Moleküle siehe Lit. [87,88)].

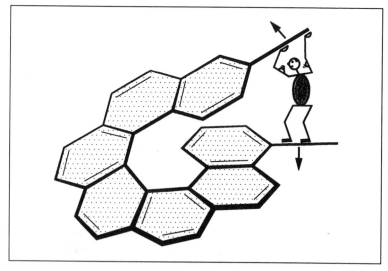

F. Vögtle, A. Schröder
(Computer–Zeichnung, AutoCad–Programm)

4 Araliphaten

4.1 Triptycen und Iptycene

Triptycen ist der Trivialname für 9,10-[1',2']Benzeno-9,10-dihydroanthracen oder Tribenzobicyclo[2.2.2]octatrien (1), einen polycyclischen Kohlenwasserstoff, dessen drei Benzenringe in einer hochsymmetrischen (D_{3h}) Anordnung über zwei sp^3-hybridisierte Kohlenstoffatome (Brückenköpfe) miteinander verbunden sind.

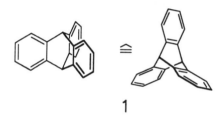

1

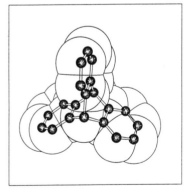 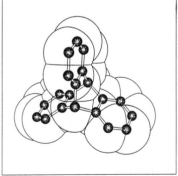

<u>Abb.1.</u> Das Triptycen-Molekül (Stereobild; Bei den Strukturdaten des Triptycens [28] stellte sich ein Druckfehler beim y-Wert des Kohlenstoffatoms 4 heraus, der im Rahmen dieses Buches durch Iteration auf den Wert 0.2179 korrigiert wurde)

4.1.1 Geschichtliches

Das Grundgerüst des Triptycens wurde erstmals von *Clar* durch eine *Diels-Alder*-Reaktion von Anthracen mit *p*-Benzochinon und anschließende Keto-Enol-Umlagerung dargestellt [1]. Seinen Versuchen, durch Zinkstaub-Destillation zum reinen Kohlenwasserstoff zu gelangen, war jedoch kein Erfolg beschieden.

So gelang es erst *Bartlett, Ryan* und *Cohen* [2], das Triptycen selbst zu synthetisieren. Sie beschritten den gleichen Weg zum Aufbau des Gerüsts wie *Clar*. Anstelle der Zinkstaub-Destillation oxidierten sie das Hydrochinon und setzten dann das Chinon erst zum Dioxim, anschließend zum Amin und danach zur Monochlorverbindung um. Deren Reduktion führte dann zum Kohlenwasserstoff.

Nach ihren Angaben entstammt der Name "**Triptycen**", den sie dem Kohlenwasserstoff 1 gaben, einer Anregung von *Mason Hammond* vom Harvard Department of Classics: Die räumliche Anordnung der drei Benzenringe erinnert an das Triptychon des Altertums, ein Altarbild, dessen drei Flügel an einer gemeinsamen Achse aufgehängt sind.

4.1.2 Synthese des Triptycens

Um das Triptycen (1) darzustellen, gibt es zwei grundsätzlich unterschiedliche Möglichkeiten:
a) Umsetzung von Anthracen (2) mit *p*-Benzochinon (3) und anschließende Folgereaktionen;
b) Reaktion von Anthracen (2) mit Dehydrobenzen (Arin, 4).
Bei der oben erwähnten ersten Synthese des Triptycens (1) setzten *Bartlett* et al. [2] Anthracen mit Benzochinon um und erhielten in einer *Diels-Alder*-Reaktion 5. Dieses isomerisierten sie mit Eisessig und Bromwasserstoffsäure zu 6 und oxidierten mit Kaliumbromat in Eisessig zu 7. Aus diesem erhielten sie mit Hydroxylaminhydrochlorid in Ethanol 8, reduzierten mit Zinnchlorid und Salzsäure zu 9 und diazotierten die beiden Aminofunktionen mit salpetriger Säure bei sofort folgender Reduktion durch Natriumhypophosphit in konzentrierter Salzsäure zu 1-Chlortriptycen (10). Die Chlorabspaltung zum reinen Kohlenwasserstoff 1 gelang mit Palladium auf $CaCO_3$. Reines Triptycen (1, Summenformel $C_{20}H_{14}$) hat einen Schmelzpunkt von 254.8-

255.2 °C.

Craig und *Wilcox* vereinfachten den Syntheseweg, indem sie **5** mit Lithium-aluminiumhydrid oder Natriumborhydrid zum Diol **11** reduzierten und mit ethanolischer Salzsäure zum Triptycen (**1**) dehydratisierten [3)].

In Unkenntnis der Arbeiten von *Bartlett* et al. beschritten *Theilacker, Berger-Brose* und *Beyer* ebenfalls den von *Clar* aufgezeigten Weg zum Aufbau des Triptycen-Gerüsts, um zu **1** zu gelangen. Sie reduzierten zwar wie *Craig* und *Wilcox* 5, jedoch mit Aluminiumisopropylat und erhielten **11**, welches durch Wasserabspaltung mit Phosphortrichlorid/Phosphoroxychlorid das gewünschte Triptycen (**1**) lieferte [4]. Ihre Methode ergibt höhere Ausbeuten als die von *Craig* und *Wilcox* und wurde neben der von *Bartlett* et al. benutzt, um eine Reihe von Derivaten herzustellen, die am Brückenkopf substituiert sind [2,4-7].

Der zweite Syntheseweg benutzt die Reaktion von Dehydrobenzen (**4**) mit Anthracen (**2**):

Das Arin **4** wird dabei in situ erzeugt; für seine Darstellung wurden im Laufe der Zeit verschiedene Wege gewählt:

Wittig et al. benutzten erstmals 2-Bromfluorbenzen (**12**) und Magnesium als Arinquelle [8-10].

Weitere Wege zur Synthese des Triptycens via Dehydrobenzen waren:
- Umsetzung von Fluorbenzen mit Butyl- oder Phenyllithium [11,12]
- Thermische Spaltung von 1,4-Methanodihydronaphthalen (**13**) [13]:

$$13 \quad\quad\quad 4$$

- Thermolyse des 1,2,3-Benzothiadiazol-1,1-dioxids (**14**), das aus 2-Amino-benzensulfinsäure durch Diazotierung erhalten wird [14,15]:

14

- Thermische Spaltung von **15** [16].
- Umsetzung von 1,2-Diiodbenzen mit Zink/Kupfer [17]
- Thermische Zersetzung von **16** [18].
- Thermolyse von **17**, das aus Thioanthranilsäure durch Diazotierung erhalten wird [19].
- Die beste Methode der in-situ-Darstellung von Dehydrobenzen ist jedoch die Diazotierung von Anthranilsäure (**18**) in aprotischen Lösungsmitteln [20-22]:

15   **16**   **17**   **18**

R = F, Tos

4.1.3 Spektroskopie

Theilacker et al. [23] verglichen die UV-Spektren von Triptycen, Triphenyl-methan, Anthracen und 9,10-Diphenyl-9,10-dihydroanthracen (**19**).

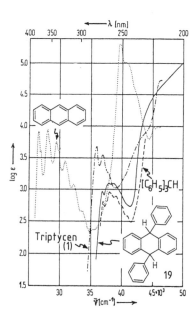

19

Wie aus <u>Abb.</u>1 hervorgeht, hebt sich das <u>Triptycen</u>-Spektrum durch eine höhere Intensität, seine Schwingungsstruktur und seine längerwelligen Absorptionen von dem des Triphenylmethans und des 9,10-Diphenyl-9,10-dihydroanthracens (**19**) ab, während es in seiner Schwingungsstruktur und Intensität, nicht aber seiner spektralen Lage, dem Anthracen ähnelt.

<u>Abb.2.</u> UV-Spektren von 9,10-
Diphenyl-9,10-dihydro-
anthracen (**19**) (-),
Triphenylmethan (- -),
Anthracen (··),
Triptycen (-·-),
(in *n*-Heptan)

Ein Vergleich mit UV-Spektren von Triptycen-Derivaten, die am Brückenkopf substituiert sind, zeigt, daß Substituenten in dieser Position nur einen geringen Einfluß ausüben. Es treten nur Intensitätsunterschiede, jedoch keine nennenswerten Verschiebungen auf. Demnach wirken Substituenten in 9-Position nur durch induktive Effekte auf die Benzenkerne. Eine nennenswerte mesomere Beeinflussung kann ausgeschlossen werden. Wechselwirkungen zwischen den Benzenringen sind somit, wie auch von *Bartlett* und *Greene* angenommen wurde [24], nur induktiver Natur.

Im Infrarot-Spektrum fällt auf, daß die C-H-Valenzschwingung des Brückenkopf-Wasserstoffatoms im Vergleich zum Triphenylmethan um 79 cm^{-1} zu höheren Frequenzen verschoben ist. Da die Ringspannung nur auf ca. 5° Winkelabweichung vom normalen Tetraeder basiert, ist kaum anzunehmen, daß diese der Grund für die Verschiebung ist. Da man diese bei der analog substituierten Verbindung 9,10-Diphenyl-9,10-dihydroanthracen (**19**) nicht feststellt, jedoch bei dem einfacher gebauten Bicyclo[2.2.2]octa-2,5,7-trien (*"Barrelen"*, **20**), schließt man auf eine gegenüber gewöhnlichen tertiären C-H-Bindungen höhere Bindungsfestigkeit.

20

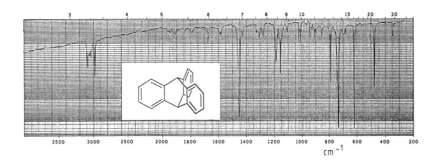

<u>Abb.3</u>. IR-Spektrum des Triptycens (**1**)

Das ^{1}H-NMR-Spektrum des Triptycens (<u>Abb.2</u>) zeigt für das aliphatische Methin-Proton (Brückenkopf-Wasserstoff) eine starke Tieffeldverschiebung (δ = 5.44).

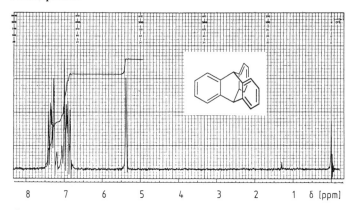

Abb.4. ^{1}H-NMR-Spektrum von Triptycen (in CDCl$_3$)

Sie steht im Einklang mit den erwarteten Anisotropieeffekten der Benzen-ringe [25]. Ein Vergleich mit der Verschiebung des tertiären C-H-Wasser-stoffs im Triphenylmethan (δ = 5.54) zeigt, daß in beiden Verbindungen der Methin-Wasserstoff etwa gleich stark polarisiert ist [23].

Das ^{13}C-NMR-Spektrum zeigt für das Triptycen vier verschiedene Kohlen-stoff-Sorten: Methin-Kohlenstoffkerne mit der chemischen Verschiebung δ = 54.2, quartäre mit 145.4, zum quartären Kohlenstoff ortho-ständige mit 123.7 ppm und meta-ständige mit 125.2 [26].

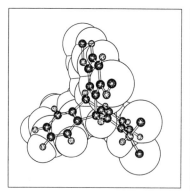
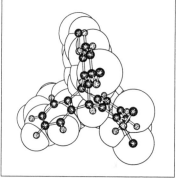

Abb.5. Absolute Konfiguration des (+)-2,5-Dimethoxy-7-dimethylaminotrip-tycen-hydrobromids (Stereobild nach der Röntgen-Kristallstruktur-analyse) [28a]

Die *Röntgen*-Kristallstrukturanalyse des Triptycens ergibt eine 6m2- (D_3h-) Molekülsymmetrie [27]. Die Elementarzelle, in der die Verbindung kristallisiert, hat eine orthorhombische Struktur mit den Dimensionen a = 822, b = 816 und c = 2064 pm; das Volumen ergibt sich somit zu $1384 \cdot 10^6$ pm^3. In <u>Abb.5</u> ist das Stereobild des (+)-2,5-Dimethoxy-7-dimethylaminotriptycen-hydrobromids gezeigt [28a].

Das von *Bruce* aufgenommene <u>Massenspektrum</u> [29] zeigt relativ intensive Ionensignale bei (M-1)$^{\oplus}$ und (M-2)$^{\oplus}$, die mit der Abspaltung der Brücken-kopf-Wasserstoffatome interpretiert werden. Diese Fragmentierungen werden auch bei anderen Bicyclo[2.2.2]octa-2,5,7-trien-Derivaten gefunden [30], was die gewählte Deutung stützt.

4.1.4 Zur Chemie des Triptycens

Triptycen ist in Benzen sehr gut, in Ethanol, Diethylether, Aceton und Chloroform gut, sowie in Methanol wenig löslich. Die Kristallisation erfolgt zweckmäßig aus einem Methanol/Wasser-Gemisch oder aus Cyclohexan. Im Unterschied zum Triphenylmethan, bei dem das zentrale Methinproton durch Resonanzstabilisierung des Triphenylmethyl-Anions aktiviert ist, zeigt das Brückenkopf-Wasserstoffatom keine Reaktion mit Kalium-phenylisopropylat. Auch die Chlorierung mit Sulfurylchlorid gelingt im Gegensatz zum Toluen nicht. Bei der Oxidation mit Chromtrioxid entsteht nur Anthrachinon und Kohlendioxid und nicht das erwartete 9-Hydroxytriptycen (21), während unter gleichen Reaktionsbedingungen aus Triphenylmethan Triphenylmethanol gebildet wird [2].

21

Bartlett zeigte am Beispiel der Solvolyse von 9-Bromtriptycen (22) und 9-Iodtriptycen, daß eine S_N1-Reaktion über ein nicht-planares Carbokation nicht erfolgt [5,31]. Eine S_N2-Reaktion ist nicht möglich, da sie nur über eine *Walden*sche Umkehr verläuft, die am starren Gerüst von 22 scheitert. Das Carbokation 23 tritt nur bei der Desaminierung von 9-Aminotriptycen als äußerst energiereiches Teilchen auf [32].

22   **23**

24   **25**

Wittig und *Schöllkopf* [33] gelang es, das farblose 9-Triptycyllithium (**26**) in einer Halogen/Metall-Austauschreaktion aus **22** und *n*-Butyllithium darzustellen.

26

Mit dem Carbeniat **26** war man in der Lage, das Anion **24** - und das Radikal **25** - zu untersuchen [34]. So verläuft die Carboxylierung von **26** zu Triptycen-9-carbonsäure glatt, und mit Quecksilber(II)-chlorid erhält man Ditriptycyl-9,9'-quecksilber. Im Gegensatz zu tertiären aliphatischen Carbanionen reagiert **26** nur unmerklich mit dem Lösungsmittel Diethylether, was in erster Linie auf die induktiven Effekte der Benzenringe zurückzuführen ist, die eine negative Ladung in der 9-Stellung am Brückenkopf stabilisieren. Aufgrund mangelnder Mesomeriestabilisierung ist **26**, im Gegensatz zum roten Tritylnatrium, farblos.

Das Radikal **25** erhält man durch Umsetzung von **26** mit wasserfreien Metallhalogeniden wie Kobalt(II)-, Nickel(II)-, Silber(I)-, Kupfer(II)- und Kupfer(I)-halogeniden in Diethylether bzw. Diethylether/Benzen [34]. Dabei bildet sich jeweils das betreffende Metall als Zeichen für die gelungene Umsetzung. Das kurzlebige Radikal reagiert mit Wasserstoffatomen des Lösungsmittels zu Triptycen. Die hohe Reaktivität resultiert dabei aus dem Mangel an mesomeren Grenzstrukturen, die 25 stabilisieren könnten.

Molle, Dubois und *Bauer* gelang es später, 26 in wesentlich höheren Ausbeuten herzustellen [35]. Zu diesem Zweck setzten sie eine 2%ige Natrium/Lithium-Mischung mit 9-Chlortriptycen in Diethylether um. Die Lithiumverbindung ist in diesem Lösungsmittel auch beim Erhitzen unter Rückfluß stabil.

Bei der Untersuchung der **Brückenkopf-Acidität** kam man zu dem Ergebnis, daß der Wasserstoff in der 9-Stellung in seiner Acidität mit derjenigen der aromatischen Wasserstoffe des Triptycens vergleichbar und somit wesentlich acider als bei gesättigten Kohlenwasserstoffen ist. Dies kann auf den induktiven Effekt der Benzenringe zurückgeführt werden [36].

Auch sollte das *9,9'-Azotriptycen* (27) als aliphatische Azoverbindung beim Erhitzen einen Zerfall in Stickstoff und *Triptycyl-Radikale* 25 zeigen, weshalb die Darstellung von 27 bei möglichst niedrigen Temperaturen durchzuführen wäre.

27

25

Bedingt durch synthetische Probleme [7] blieb den Autoren nur die Möglichkeit, im Einschlußrohr bei 220°C zu arbeiten. Dabei entstand 27 als bräunliche, beständige Substanz, die bei 335°C unzersetzt schmilzt. 27 hat demnach - von der Stabilität her betrachtet - eher den Charakter einer aromatischen Azoverbindung.

Die Spaltung von Triptycen (1) mit Kalium und anschließende Behandlung mit Methanol führt zum 9-Phenyl-9,10-dihydroanthracen (**28**). Mit Natrium erfolgt selbst unter drastischen Bedingungen keine analoge Spaltung [37].

Erste Versuche zur elektrophilen Substitution am Triptycen zeigten die Bevorzugung der ß-Position. So entsteht bei der *Friedel-Crafts*-Acylierung als Hauptprodukt das 2-Acetyltriptycen [38]. Bei der Nitrierung von **1** [39] entstehen 2-Nitrotriptycen (**29**), 2,6-Dinitrotriptycen (**30**) und 2,7-Dinitrotriptycen (**31**).

Schon während der Mononitrierung findet die Dinitrierung statt, so daß **29** nur in Verbindung mit **30** und **31** erhalten wird. Daneben bildet sich auch wenig 1-Nitrotriptycen. Das Verhältnis von ß:α-Produkt beträgt ca. 40:1. Die ß-Substitution ist also auch bei dieser Reaktion bevorzugt. Weitere Arbeiten zur Nitrierung von **1** führten zu zwei Trinitrotriptycenen [40] und dem Hexanitrotriptycen [41]. Allen Derivaten ist die Substitution der ß-Positionen gemeinsam [42].

Vögtle et al. synthetisierten erstmals ***Triptycenophane***, bei denen eine gesättigte Kohlenwasserstoffkette die beiden Brückenkopf-Kohlenstoffatome verbindet (*"Paddlane"*) [43]. Sie gingen dabei vom entsprechend substituierten Anthracen **32** aus, das mit *m*-Chlorperbenzoesäure zum Bis-sulfon **33** oxidiert und anschließend mit Dehydrobenzen zum Triptycen **34** umgesetzt wurde. Durch Sulfonpyrolyse erhielten sie Paddlan-Kohlenwasserstoffe des Typs **35**.

32 : X = S
33 : X = SO$_2$
     n = 8, 12

34   n = 8, 12   **35**

Brückenkopf-substituierte bifunktionelle Triptycene werden auch benutzt, um neue Polymere mit besonderen Eigenschaften, wie z.B. Polyester, Polyamide und Polyurethane herzustellen [44].

Kawada und *Iwamura* [45] stellten den Ditriptycenether **36** her, um Studien über eine Hinderung der Rotation um die beiden C-O-Bindungen zu betreiben.

36

Sie gingen vom 9-Triptycyllithium **26** aus, setzten dieses erst mit Sauerstoff und dann mit 9-Triptycencarbonsäurechlorid um und erhielten das 9-Triptycyl-9'-triptycenperoxocarboxylat, welches bei der Thermolyse den Ether **36** lieferte.

Weder in den ^{1}H- noch in den ^{13}C-NMR-Spektren fanden sie einen Anhaltspunkt für eine Behinderung der Rotation um die Sauerstoff-Kohlenstoff-Bindungen. Jedoch wurde bei verwandten Ditriptycyl-ethern und -methanen ein interessanter *"Getriebe-Effekt"* beobachtet.

Schwartz et al. bestimmten die Rotationsbarriere für das 2,2'-Dimethyl-9,9'-bitriptycyl (**37**) zu mindestens 226 kJ/mol (Zersetzung bei höherer Temperatur) [46]. Obwohl diese Schwelle diejenige anderer Triptycene übertrifft [47], gelang es (wegen der mangelnden Stabilität) nicht, Konformere zu trennen.

37

Klandermann [48] untersuchte die Bildung des Triptycen-Gerüsts aus 9,10-disubstituierten Anthracenen und Dehydrobenzen und stellte dabei fest, daß das Arin nicht ausschließlich mit dem reaktiveren mittleren Ring reagiert, sondern auch mit den äußeren Benzenringen eine *Diels-Alder*-Reaktion eingeht. Der Anteil der Produkte **38** und **39** hängt dabei von den funktionellen Gruppen in 9- und 10-Stellung ab.

R = CN
R = Ph

38   **39**

Im Falle von R = H werden z.B. gleiche Mengen von **38** und **39** gebildet, während für R = C_6H_5 ein 1:10-Verhältnis von **38**:**39** gefunden wird.

Bei der Photoisomerisierung von Triptycen entsteht im ersten Schritt ein Carben **40**, welches je nach Reaktionsbedingungen weiterreagieren kann. Um die Existenz von **40** nachzuweisen, führte *Iwamura* [49] die Isomerisierung in Methanol durch und erhielt so **41**.

Bei der Reaktion in anderen Lösungsmitteln - wie z.b. Benzen - kommt es zu einer intramolekularen Addition, die über die Zwischenstufe **42** zum isolierbaren Produkt **43** führt. Zum gleichen Molekül führten auch vorher schon Arbeiten von *Turro, Tobin, Friedman* und *Hamilton* [50].

Pohl und *Willeford* stellten erstmals den Triptycentricarbonylchrom-Komplex **44** her, indem sie Hexacarbonylchrom mit Triptycen in *n*-Butylether umsetzten [51]. Der entstandene Komplex ist in den meisten organischen Lösungsmitteln löslich und an der Luft einige Tage stabil. Im Sonnenlicht zersetzt er sich jedoch rasch.

44

In einer späteren Arbeit von *Moser* und *Rausch* wird eine Darstellungsmethode für **44** beschrieben, die allgemein bessere Ausbeuten liefert [52]. Der entscheidende Unterschied bei ihnen ist die Verwendung von Triammintricarbonylchrom anstelle der Hexacarbonyl-Verbindung.

Die von *Gancarz*, *Blount* und *Mislow* durchgeführte *Röntgen*-Kristallstrukturanalyse zeigt, daß das Triptycengerüst im Komplex signifikant, aber nicht stark deformiert ist [53]; aus Abb.6 ist die Lage des Übergangsmetalls leicht, die Verzerrung aber kaum zu erkennen.

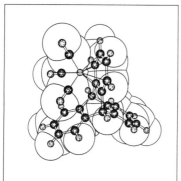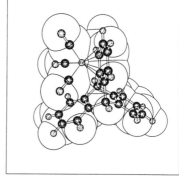

<u>Abb.6.</u> *Röntgen*-Kristallstruktur (Stereobild) des $Cr(CO)_3$-Komplexes **44** des Triptycens

Bei der Reduktion von Triptycen [54] mit Lithium, Ammoniak und *tert*-Butylalkohol erfolgt im Unterschied zur Reaktion mit Kalium [37] keine Spaltung des Grundgerüsts, sondern eine Reduktion zu **45** und **46**, wobei **46** überwiegt.

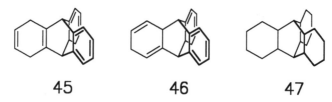

45   **46**   **47**

Vollständige Reduktion zum gesättigten Kohlenwasserstoff **47** erreicht man durch Hydrierung von Triptycen mit Hilfe von Palladium/Kohlenstoff- und Ruthenium/Kohlenstoff-Katalysatoren [55]. Durch Variation der Reaktionsbedingungen können auch die teilweise ungesättigten Verbindungen erhalten werden.

Interessante Oligohydroxy-Triptycene beschrieben *Iwamura* et al., darunter das 1,4,5,8-Tetrahydroxytriptycen **48**, das in Aceton mit äquimolaren Mengen von **49** das *"intramolekulare Chinhydron"* **50** bildet. Im Unterschied dazu wurde aus dem Monochinon **7** und dem entsprechenden Hydrochinon kein intermolekulares Chinhydron erhalten [56].

Das Tris-Chinon **52** wurde ausgehend von 1,4,5,8,13,16-Hexahydroxytriptycen (**51**) erzeugt. Die Oligochinone **49** und **52** konnten in Tri- bzw. Tetra- oder Penta-Radikalanionen übergeführt werden [57].

4.1.5 Iptycene

Aufbauend auf dem Triptycen-Skelett sind eine Reihe von dreidimensional benzo-kondensierten Kohlenwasserstoffen möglich, die man unter dem Begriff der *"Iptycene"* zusammenfaßt. Schon *Wittig* et al. [13] stellten das Tribenzotriptycen **53** aus dem Adkukt **54** von Dehydrobenzen und Furan, sowie Pentacen, unter anschließender Dehydratisierung dar.

53   **54**

Weitere bekannte *Iptycene* sind die Pentiptycene **55** [58] und **56** [59].

55   **56**

Das Heptiptycen **58** wird durch die Behandlung von **57** mit *tert*-Butyllithium und anschließendem Erhitzen in Tetrahydrofuran synthetisiert [60].

57   **58**

Das Tritriptycen **59** stellt man aus **56** über sechs Stufen dar [61].

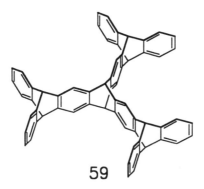

59

Das Iptycen **59** (D_{3h}-Symmetrie) bildet Kristall-Einschlußverbindungen (Clathrate). In <u>Abb.7</u> ist die Raumstruktur eines Wirtmoleküls (**59**) und zusätzlich die Kristallpackung mit Aceton als Gast illustriert [62,63].

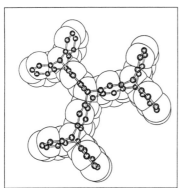
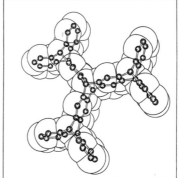

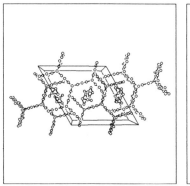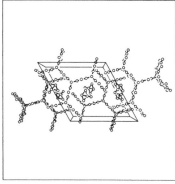

<u>Abb.7.</u> *Röntgen*-Struktur des Iptycens **59** (oben) und Anordnung von
Wirt **(59)** und Gast (Aceton; fehlgeordnet) im Clathrat [62,63]
(unten)

4.1.6 Heterotriptycene

Außer dem Triptycen-Kohlenwasserstoff wurden eine Reihe von Heterotriptycenen hergestellt, die anstelle der Brückenkopf-Kohlenstoffatome ein oder zwei Stickstoff-, Phosphor-, Arsen-, Antimon-, Bismut- oder Silicium-Atome enthalten. Von den Elementen der fünften Hauptgruppe ist Stickstoff das einzige, das bisher kein heterocyclisches Triptycen mit zwei N-Brückenköpfen lieferte. Folgende Heterotriptycene sind bisher bekannt:

a) ein Heteroatom:

60: X = N [62)]
61: X = P [63)]
62: X = As [64)]
63: X = Sb [65)]

b) zwei gleiche Heteroatome:

64: X, Y = P [66)]
65: X, Y = As [67)]
66: X, Y = Sb [68)]
67: X, Y = Bi [69)]
(nur als Dodeca-
fluorverbindung)
68: X, Y = Si [69)]
(nur als Dodeca-
fluordimethyl-
verbindung)

c) zwei unterschiedliche Heteroatome:

69: X = N, Y = P [70]
70: X = N, Y = As [71]
71: X = P, Y = Sb [69]
(nur als Dodeca-
fluorverbindung)
72: X = As, Y = Sb [69]
(nur als Dodeca-
fluorverbindung)

4.2   1,8-Methanonaphthalen - und heterocyclische Analoge

4.2.1   Einleitung

Naphthalene, die in *peri-*, d.h. 1,8-Stellung, nur mit einem Atom verbrückt sind, bilden eine Gruppe von extrem gespannten Verbindungen. Schon beim Betrachten der Konstitutionsformel fällt der von dem Vierring ausgehende sterische und elektronische Zwang auf das Naphthalen-System ins Auge:

Aus diesem Grund sind Verbindungen dieses Typs von Interesse. Inwieweit sich Veränderungen im Molekülgerüst einstellen und wie sich diese auf das physikalische und chemische Verhalten auswirken, soll im folgenden beleuchtet werden.

4.2.2 Nomenklatur

Für die Nomenklatur dieser Verbindungsklasse gibt es mehrere Möglichkeiten. So findet man in der Literatur für den Kohlenwasserstoff 1 oft die Bezeichnung *1,8-Methanonaphthalen* [1]. Nach diesem - nicht IUPAC-konformen - System sollte dann 2 als 1,8-Oxanaphthalen, 3 (R = H) als 1,8-Azanaphthalen und 4 als 1,8-Thianaphthalen bezeichnet werden. Nach der Nomenklatur für Phane wäre 1 als [1](1,8)Naphthalenophan, 2 als 1-Oxa[1](1,8)-naphthalenophan, 3 (R = H) als 1-Aza[1](1,8)naphthalenophan und 4 als 1-Thia[1](1,8)naphthalenophan zu benennen.

Die in der Literatur am meisten praktizierte Nomenklatur für diese Verbindungen entspricht den IUPAC-Regeln; sie soll auch hier Anwendung finden. Danach führt 1 die Bezeichnung 1H-Cyclobuta[de]naphthalen, 2 ist dann Naphth[1,8-bc]oxete, 3 ist Naphth[1,8-bc]azete und 4 ist entsprechend Naphtho[1,8-bc]thiete.

1   **2**

4.2.3 Historische Entwicklung

Als erster Hinweis auf Verbindungen dieser Art tauchte im Jahre 1935 [2] ein Verfahren zur Darstellung von Naphth[1,8-bc]oxete (2) auf, das jedoch nicht reproduziert werden konnte [3]. Als erste gesicherte Beschreibung eines 1,8-verklammerten Naphthalens dieses Typs gilt die Synthese von Naphtho-[1,8-bc]thiete-1,1-dioxid (6), die *Hoffmann* und *Sieber* [4] 1965 veröffentlichten.

Durch Photolyse von Naphtho[1,8-de]-1,2,3-thiadiazin-1,1-dioxid (8) erhielten sie durch Stickstoffabspaltung über eine radikalische Zwischenstufe überraschend die Verbindung 6 in 25% Ausbeute! Daneben entstand in geringen

Mengen auch das Dimere **9**.

7   **8**

6   +   **9**

Hierbei zeigte sich, daß die monomere Verbindung **6** photochemisch stabiler ist als ihr Dimeres **9**, aus dem es durch zweistündige Bestrahlung in 25% Ausbeute hergestellt werden kann.

Seit dieser Zeit sind viele erfolglose Versuche unternommen worden, analoge mit Kohlenstoff [5], Sauerstoff [3] oder Stickstoff [6] überbrückte Naphthalene zu synthetisieren. Der Grund für die Mißerfolge ist jeweils in der hohen Spannung des Zielmoleküls zu suchen.

Umso erstaunlicher war es, als es 1974 *Bailey* und *Shechter* [1] gelang, den Kohlenwasserstoff, das 1H-Cyclobuta[de]naphthalen (1,8-Methanonaphthalen; **1**) in guten Ausbeuten zu erhalten:

10   **11**

12   **1**

Durch UV-Bestrahlung des Natriumsalzes des 8-Brom-1-naphthaldehyd-*p*-tosylhydrazons (10) entstand zunächst 1-Brom-1H-cyclobuta[de]naphthalen (12), das durch Reaktion mit Magnesium in Diethylether das 1H-Cyclobuta[de]-naphthalen (1) als wasserklare Flüssigkeit lieferte.

Neuere Arbeiten gehen bei der Synthese von Methoxy(1-naphthyl)methyltrimethylsilan (13) aus [7], das durch Pyrolyse in 39% Ausbeute 1 liefert:

Diese Methode ist vorteilhaft, da die Ausgangssilane leicht präparativ zugänglich sind, und somit eine Vielzahl von Derivaten herstellbar ist, wie z.B. auch höhere polycyclische *peri*-Methanoarene, darunter das verbrückte Phenanthren 15.

In geringerer Ausbeute (3-4%) konnte 1 auf direktem Weg aus 1,8-Dilithionaphthalen und Dichlormethan in Diethylether hergestellt werden [8].

Etwa zur gleichen Zeit wie das 1H-Cyclobuta[de]naphthalen (1) wurde auch die Existenz von Naphtho[1,8-bc]thiete (4) und von Naphtho[1,8-bc]thiete-1-oxid (5) durch Synthesen bestätigt [9]. Durch Oxidation von Naphtho[1,8-bc]-thiete (4) mit *m*-Chlorperbenzoesäure entsteht sowohl die schon bekannte Sulfonverbindung 6, als auch das Sulfoxid 5 [10]. Die Anzahl von Derivaten, die u.a. durch Einführen von Substituenten am Kern oder durch nucleophile Substitution des Broms in der Verbindung 12 hergestellt wurden, ist seither ständig gewachsen. Wir können hier nur auf einige wenige Vertreter dieses Gerüsts eingehen. Trotz der Erfolge bei den Kohlenstoff- und Schwefelüberbrückten *peri*-Naphthalenen konnten die entsprechenden Sauerstoff- und Stickstoff-überbrückten Moleküle 2 und 3 bisher noch nicht hergestellt werden [3].

4.2.4 Syntheseprinzipien

Ein allgemeines Syntheseprinzip für die in 1,8-Stellung verklammerten Naphthalene geht von zweigliedrig 1,8-überbrückten Naphthalenen aus [10]:

Hier sind die *peri*-Positionen des Naphthalens über eine potentielle Abgangsgruppe X und eine potentielle Verknüpfungsgruppe Z verbunden. X sollte dabei ein stabiles Bruchstück sein, wie N_2, Schwefeldioxid, Kohlendioxid oder Kohlenmonoxid. Die anschließende Photolyse oder Pyrolyse sollte dann unter Verlust von X über eine diradikaloide Zwischenstufe den Vierring erzeugen.

Am Beispiel von Naphtho[1,8-bc]thiete (4) wird diese Strategie deutlich. Mit der Abgangsgruppe X = SO_2 stellt **18** eine ideale Schlüsselverbindung für **4** dar. Es wird über mehrere Stufen aus 8-Amino-1-naphthalensulfonsäure (**17**) hergestellt. Nach 9.5 h Bestrahlung in Benzen entsteht **4** in 97% Ausbeute als gelbe Substanz mit dem Schmelzpunkt 40-42°.

Im Falle von Kohlenstoff als Brückenatom entsteht offenbar über die diradikalische Zwischenstufe eine unüberwindliche Energiebarriere für die 1,4-Cyclisierung [11]. Statt dessen beobachtet man entweder eine 1,6-Wasserstoffübertragung oder Nebenreaktionen, z.B. mit dem Lösungsmittel.

Die erwähnten Synthesen von 1H-Cyclobuta[de]naphthalen (**1**), 1-Brom-1H-cyclobuta[de]naphthalen (**12**) oder anderer Derivate verlaufen über Singlettcarben-Zwischenstufen wie **19**. Wie <u>Schema</u> 1 zeigt, koordinieren diese Car-

bene offenbar mit den Halogen- oder Thioalkyl-Gruppen, und im nächsten
Schritt wird durch Einschubreaktion der Vierring gebildet.

Schema 1

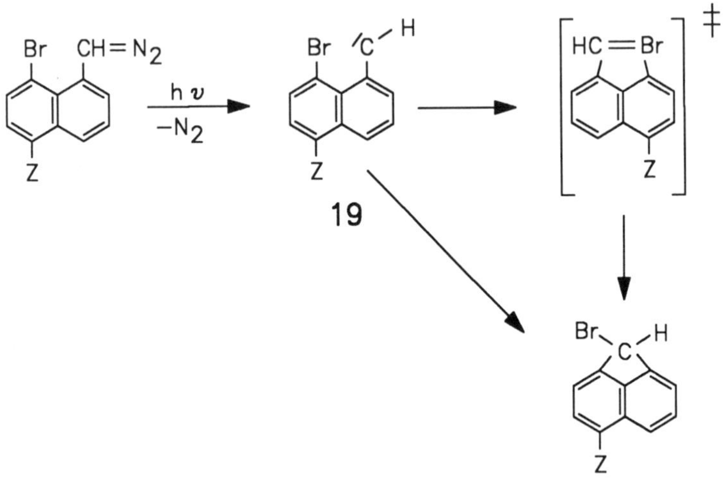

19

4.2.5 Spektroskopische Eigenschaften und *Röntgen*-Kristallstruktur

Im 90 MHz-^{1}H-NMR-Spektrum von 1H-Cyclobuta[de]naphthalen (1) erkennt
man keinen nennenswerten Einfluß der starken Ringspannung auf die chemische Verschiebung der aromatischen Protonen. Mit den Signalen zwischen
7.1-7.65 liegen sie im gleichen Bereich wie beim unsubstituierten Naphthalen. Interessant ist auch, daß die beiden apicalen Protonen bei 4.8 kein AB-
Kopplungsmuster aufweisen. Weiterhin erscheint das apicale C-Atom im ge-
koppelten ^{13}C-NMR-Spektrum als Triplett und nicht als ein Dublett von
Dubletts, was darauf hindeutet, daß die beiden Methylenprotonen magnetisch
identisch sind. Der Kohlenwasserstoff 1 liegt damit entweder völlig planar
vor, oder die CH_2-Gruppe ist konformativ rasch beweglich.

Das UV-Spektrum [1]) von 1 und 12 weist im Vergleich zum Naphthalen eine
geringe Verschiebung zu längeren Wellenlängen und eine signifikante Ab-
nahme des Extinktionskoeffizienten der E_1-Banden auf, die auf ein gestörtes
π-Elektronensystem hindeutet.

<u>Tab.1</u>. UV-Absorptionen von **1**, **12** und Naphthalen (in EtOH)

Verbindung	λ_{max} [nm]			(ϵ in Klammern)	
Naphthalen	312 (255)	298 (324)	286 (3800)	276 (5550)	
		221 (115000)			
1	312 (341)	302 (512)	282 (4400)	276 (4330)	
	272 (4640)	224 (69500)			
12	320 (570)	307 (730)	284 (4650)		
		225 (67000)			

Aufschluß über die exakte Struktur der 1,8-überspannten Naphthalene ergaben *Röntgen*-Strukturanalysen. Am Beispiel des 1-Brom-1H-cyclobuta[de]-naphthalens (**12**) [12] und des Naphtho[1,8-bc]thiete-1,1-dioxids **6** [10] - diese seien stellvertretend für alle anderen Verbindungen dieser Art ausgewählt - wird die Auswirkung der Ringspannung auf das Molekülgerüst deutlich.

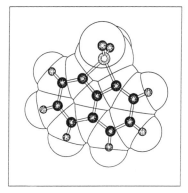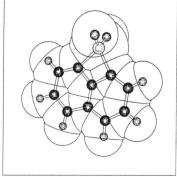

<u>Abb.1</u>. *Röntgen*-Kristallstruktur von **6** (Stereobild)

Wie <u>Tab.2</u> zeigt, sind die Bindungslängen von **12** im Vergleich mit den korrespondierenden Bindungen im Naphthalen nicht extrem verändert [13]. Eine Ausnahme bildet der Bindungsabstand der Brückenatome C(8)-C(9) der beiden Sechsringe (138 pm) im Vergleich zum Naphthalen (141pm). Der haupt-

sächliche Strukturunterschied zwischen dem gespannten und dem ungespannten Molekül liegt eindeutig in den unterschiedlichen Bindungswinkeln. So ist
der Winkel C(1)-C(1a)-C(8) am extremsten verbogen, verglichen mit 1-Me-
thylnaphthalen von ideal 120° auf 89°. Auch der Bindungswinkel an der *peri*-Brücke [C(1a)-C(8)-C(7a)] ist auf 99° verengt, während der [C(4)-C(9)-
C(5)]-Winkel auf 138° erweitert ist, wodurch der Abstand der *peri*-Kohlen-
stoffatome auf 222 pm verringert wird.
Bemerkenswert ist auch, daß im aromatischen Ringsystem die sp^2-Winkel bis
auf max. 110° gestaucht bzw. auf 130.7° gedehnt werden. Dadurch ist auch
die Störung im π-System geklärt, wie sie im UV-Spektrum zum Ausdruck
kommt. Jedoch sind die Auswirkungen verhältnismäßig gering.

Tab.2.   Vergleich der Bindungsabstände [pm] und Winkel [°] von 1-Brom-
1H-cyclobuta[de]naphthalen (12) und Naphthalen

	12	Naphthalen
C(1a)-C(2)	135.6	136.1
C(2)-C(3)	143.2	142.1
C(3)-C(4)	138.1	136.1
C(4)-C(9)	142.0	142.5
C(9)-C(8)	138.2	141.0
C(1a)-C(8)	136.8	143.5
C(8)-C(1a)-C(2)	118.4	120.2
C(1a)-C(2)-C(3)	114.6	120.5
C(2)-C(3)-C(4)	124.4	120.5
C(3)-C(4)-C(9)	120.2	120.2
C(4)-C(9)-C(8)	111.1	119.2
C(9)-C(8)-C(1a)	130.7	119.2
C(4)-C(9)-C(5)	137.7	121.5
C(1a)-C(8)-C(7a)	98.7	121.5

In Abb.1 ist die *Röntgen*-Kristallstruktur von Naphtho[1,8-bc]thiete-1,1-dioxid
(6) als Stereobild gezeigt. Die Winkel und Abstände sind denen des 1-
Brom-1H-cyclobuta[de]naphthalens (12) sehr ähnlich. Besonders auffällig ist
der Winkel am Schwefelatom C(1a)-S-C(7a)], der mit 75.4° deutlich kleiner
ist als in vergleichbaren Verbindungen, z.B. in Thietanen mit 81°.

Zusammenfassend kann man sagen, daß bei den in *peri*-Stellung einatomig überbrückten Naphthalenen, wie auch schon im Acenaphthen [14] in geringem Ausmaß beobachtet, das Molekülsystem der auferlegten Spannung besonders durch Winkelveränderung und weniger durch Bindungslängenänderung oder Verbiegen der aromatischen Ringe ausweicht. In der stabilisierenden Wirkung des ebenen π-Systems liegt damit eine Voraussetzung für die Bildung und Existenz solcher extrem gespannter Moleküle.

4.2.6 Chemische Eigenschaften

Eine Vielzahl von Reaktionen läßt sich mit diesem gespannten Molekülgerüst durchführen. Einen erwartungsgemäß großen Einfluß auf das chemische Verhalten sollte das von dem Vierring ausgehende Spannungspotential haben. So ist es zunächst überraschend, daß bei vielen Reaktionen auch unter energischen Bedingungen der Vierring keine Ringöffnung erfährt.

Nucleophile Reaktionen: So kann der Brückenkohlenstoff im 1-Brom-1H-cyclobuta[de]naphthalen (12) durch nucleophile Substitution [15] mit Kaliumiodid oder Kaliumchlorid in Acetonitril bei Gegenwart von [18]Krone-6 das 1-Chlor- bzw. 1-Iod-Derivat bilden. Auch andere Nucleophile wie Cyanide, Tosylate, Azide und Alkoholate ergeben 1-substituierte 1H-Cyclobuta[de]naphthalene.

$$\text{Nu: } Cl^{\ominus}, \ I^{\ominus}, \ CN^{\ominus}, H^{\ominus}, \ CH_3COO^{\ominus}$$

Ebenso leicht verläuft auch die Reaktion mit Lithiumaluminiumhydrid zum 1H-Cyclobuta[de]naphthalen (1).

Die Reaktion von 12 mit Silberacetat in aprotischen Lösungsmitteln wie HMPT ergibt in guter Ausbeute die 1-Acetoxyverbindung. Führt man die Reaktion jedoch in Eisessig durch, so beobachtet man eine durch Silberionen katalysierte Ringöffnung, da offenbar die Silberionen in diesem Medium nur gering solvatisiert sind.

20

Ringöffnungen treten auch nach nucleophiler Substitution mit Aminen wie Anilin, Piperidin und mit Methylat auf. Dies ist auf den stark elektronen-schiebenden Effekt dieser Substituenten zurückzuführen.

Auch bei den Schwefel-überbrückten Naphthalenen werden durch Angriff bestimmter Nucleophile Ringöffnungen erhalten. So entsteht durch Reaktion von Naphtho[1,8]thiete (4) in THF mit einem Überschuß an Lithiumalumini-umhydrid und anschließende Umsetzung mit Methyliodid das Methyl-1-naph-thylsulfid (21).

4   **21**

<u>Acidität der Brückenkopfprotonen</u>: Der basen-katalysierte Deuteriumaus-tausch an den apicalen Protonen des 1H-Cyclobuta[de]naphthalens (1) tritt nur in Gegenwart von sehr starken Basen auf [15]. So kann weder mit Kali-um-*tert*-butylat in *tert*-Butanol-d$_1$ noch mit Natriumdimethylsulfoxylat in [D$_6$]-Dimethylsulfoxid bei Raumtemperatur eine meßbare Deprotonierung er-reicht werden. Erst mit *tert*-Butyllithium in THF erreicht man eine fast voll-ständige Carbanionenbildung (94%). Anschließende Hydrolyse mit Deuteri-umoxid führt zu 1-Deuterio-1H-cyclo[de]naphthalen, ohne daß ein Austausch der Ringprotonen auftritt. Damit stellt sich 1 als eine nur sehr schwache Säure heraus. Ein Vergleich mit den strukturverwandten Verbindungen Ace-naphthen (22) und Diphenylmethan (23) zeigt den Einfluß der Spannung auf

den Deprotonierungsgrad. Dazu wird der Deuteriumaustausch der drei Kohlenwasserstoffe in Natriumdimethylsulfoxylat/[D_6]-Dimethylsulfoxid bei 75°C mit Hilfe der NMR-Methode gemessen.

22   **23**

Dabei zeigte sich, daß der Austausch bei **23** um den Faktor 7200 und bei **22** um den Faktor 40 schneller ist als bei **1**. Damit scheint gesichert zu sein, daß der Hauptgrund für die niedrige Acidität von **1** in der geringen Fähigkeit des Naphthalensystems liegt, die entstehende negative Ladung zu delokalisieren, weil bei einem sp^2-hybridisierten Übergangszustand die Molekülspannung noch größer ist:

<u>Elektrophile Reaktionen</u>: Wie bereits geschildert, können viele Reaktionen mit 1,8-verklammerten Naphthalenen unter Beibehaltung des Vierrings durchgeführt werden. Bemerkenswert ist jedoch, daß 1H-Cyclobuta[de]naphthalen (**1**) in Essigsäure bei Anwesenheit von Silberionen eine Ringöffnung erfährt.

1

24

Zwar spielt der katalytische Einfluß der Silberionen hier eine Rolle, jedoch deutet dies auf die Gefahr des Aufbrechens des Vierrings unter den stark aciden Bedingungen einer aromatischen Substitution hin. Bei vorsichtiger Durchführung der Synthesen [16] unter geeigneten Bedingungen kann dieses Problem trotzdem umgangen werden. So führt die Nitrierung von 1 mit Salpetersäure/Schwefelsäure bei ca. 25°C oder mit Acetylnitrat bei 0°C in 85% Ausbeute zu 4-Nitro-1H-cyclo[de]naphthalen (25). Steigert man die Temperatur um etwa 10°C, so erhält man auch die Dinitroverbindung 26. Auch das 1-Brom-1H-cyclobuta[de]naphthalen (12) kann auf diese Weise nitriert werden. In keinem dieser Fälle tritt ein Abbau der Cyclobutan-Einheit auf, und eine Substitution erfolgt nur an den Positionen C(4) und C(5).

Die elektrophile Bromierung von 1 mit elementarem Brom und Eisen(III)-chlorid als Katalysator ergibt erwartungsgemäß das 4-Brom-1H-cyclo[de]naphthalen (28) in 94% Ausbeute. Erneute Bromierung führt dann zum 4,5-Dibrom-1H-cyclo[de]naphthalen (29).

Auch die *Friedel-Crafts*-Acylierung von 1 liefert unter Standardbedingungen mit Acylchlorid und AlCl$_3$ bei 25°C das 4-Acyl-1H-cyclobuta[de]naphthalen (27). Die - sterisch überhäufte - Diacetylverbindung 30 ist auf diese Weise jedoch nicht zugänglich.

27 ⟶

30

Diese Beispiele zeigen, daß unter *Friedel-Crafts*-Bedingungen ein Abbau des Cyclobutanrings nicht eintritt. Die elektrophile Substitution erfolgt hoch regioselektiv in 4-Position. Dies steht in scharfem Gegensatz zu anderen Naphthalenderivaten. Bei 1,8-Dimethylnaphthalen und 4-Brom-1,8-dimethylnaphthalen findet die elektrophile Substitution immer in 2-Position statt. Der Grund für die **Regioselektivität** liegt in der besonderen Molekülstruktur des 1H-Cyclo[de]naphthalens (**1**):

1 $E^\oplus$ $-H^\oplus$ E

Wie bei der *Röntgen*-Strukturanalyse besprochen, werden die Winkel zwischen den beiden aromatischen Ringen auf 98° gestaucht bzw. auf 137° gedehnt. Dadurch sind die aromatischen Bindungen am C(2) kürzer und fester als am C(4), wo sie länger und schwächer und somit anfälliger für eine elektrophile Substitution sind. Diese Tatsache veranschaulicht die Auswirkung der Bindungslängen- und Winkelveränderung auf das chemische Verhalten dieser Verbindungsklasse.

Ein Vergleich der relativen Geschwindigkeitsfaktoren für die elektrophile Substitution der strukturverwandten Verbindungen Naphthalen (**31**), Acenaphthen (**22**) und 2,3-Dihydro-1H-phenalen (**32**) mit 1H-Cyclobuta[de]naphthalen (**1**) ist in Tab.3 angestellt.

31   **22**   **32**

Tab.3.   Vergleich der relativen Geschwindigkeit der elektrophilen Substitution verschiedener aromatischer Kohlenwasserstoffe (Die Werte sind hinsichtlich der Anzahl der ortho-Positionen korrigiert)

Kohlenwasserstoff	Bromierung	Acylierung	Nitrierung
1	1	1	1
31	0.0091	0.122	0.286
22	12.8	4.2	-
32	6.1	2.6	-

Als Ergebnis erhält man die Reihenfolge der Reaktivitäten zu **22** > **32** > **1** > **31**. Die größere Reaktivität von **1** gegenüber Naphthalen (**31**) stammt sicherlich von der Elektronendonorfunktion der *peri*-Methanobrücke. Die Beobachtung, daß **22** und **32** schneller substituiert werden als **1**, kann mit dem größeren +I-Effekt der längeren Verbindungsbrücke von **22** und **32** erklärt werden. Mit der speziellen Reihenfolge **22** > **32** > **1** stellt sich die Frage, wie sich die Ringgröße auf den kationischen Übergangszustand auswirkt.

Fünfgliedrige Ringe begünstigen danach die Bildung eines Carbenium-Zentrums [17] mehr als ein sechsgliedriger Ring und erheblich mehr als ein Vierring.

Radikalische Bromierung: Radikalische Bromierung von 1H-Cyclobuta[de]-naphthalen (**1**) mit N-Bromsuccinimid in Tetrachlorkohlenstoff und Dibenzoylperoxid als Radikalstarter führt zur Bromierung der Methanobrücke und damit zu **12**.

Mit elementarem Brom und Bestrahlung mit einer 100-Watt-Lampe entsteht als einziges Additionsprodukt das 1aα,2β,3β,4α-Tetrabrom-1a,2,3,4-tetrahydro-1H-cyclobuta[de]naphthalen (**33**).

1   33

Die unter identischen Bedingungen durchgeführte Reaktion mit Naphthalen führt zu einem Isomerengemisch [18].

Die der Verbindung 33 zugeordnete Konfiguration entspricht einer *trans-cis-trans*-Anordnung der Bromatome. Dies ist ein Ergebnis der *anti*-Addition von Brom an C(1a)-C(2) und C(3)-C(4). Im ^{1}H-NMR-Spektrum von 33 kann aus den Kopplungskonstanten auf die geringe sterische Beweglichkeit im Cyclohexanring geschlossen werden. Als Folge der starken Verdrillung durch den Spannungseinfluß des Vierrings wird die konformative Beweglichkeit der Halogenatome behindert. Die Tetrabromverbindung 33 ist auch für weitere Synthesen von großem Wert. So entsteht bei der Elimination mit der sterisch gehinderten Base 1,5-Diazabicyclo[5.4.0]undecen (DBU) das 2,4-Dibrom-1H-cyclobuta[de]naphthalen (34). Der genaue Mechanismus dieser basenkatalysierten Elimination ist noch ungeklärt. 33 gehört zu einer neuartigen polycyclischen Verbindungsklasse mit dem Kohlenwasserstoff 35 als Stammverbindung. Versuche, diese Substanz durch Reduktion von 34 zu erhalten, schlugen allerdings auch mit selektiv wirkenden Reduktionsmitteln fehl.

34   35

<u>Wittig</u>-Reaktionen: Die Möglichkeit, das Brückenkohlenstoffatom in einen sp^2-hybridisierten Zustand zu überführen, ist eine weitere Herausforderung an das bereits gespannte Molekülgerüst. Als Standardmethode zur Einführung einer Doppelbindung bietet sich eine *Wittig*-Reaktion an. Eine ideale Ausgangsverbindung hierfür ist das 1-Brom-1H-cyclo[de]naphthalen (12) [15]. Mit Triphenylphosphan in siedendem Xylen bildet es als weißes, kristallines

Salz das Bromid des 1-(Triphenylphosphonium)-1H-cyclobuta[de]naphthalens (**36**). Nach Deprotonierung mit *tert*-Butyllithium entsteht das hochreaktive Ylid (1H-Cyclobuta[de]naphthalen-1-yliden)triphenylphosphoran (**37**), das ein ausgezeichnetes *Wittig*-Reagens ist: Die Umsetzung mit Paraformaldehyd, Acetaldehyd, Aceton und Benzaldehyd verläuft glatt in Ausbeuten von 70-85% zu den entsprechenden 1-Alkyliden-1H-cyclobuta[de]naphthalenen **38a-d**.

a: Y = Z = H
b: Y = H, Z = CH$_3$
c: Y = CH$_3$, Z = CH$_3$
d: Y = H, Z = Ph

Wie weit die sp^2-Winkel am Brückenkohlenstoffatom der Verbindungen **38a-d** vom Idealwinkel 120° abweichen, ist nicht bekannt, da *Röntgen*-Strukturanalysen noch nicht vorliegen. Aber aus den UV-Spektren ist zu erkennen, daß eine deutliche elektronische Wechselwirkung der Kohlenstoff-Kohlenstoff-Doppelbindung mit dem Naphthalensystem eintritt.

Tab.4. Vergleich der Absorptionen von **1** mit **38a-d** (in Ethanol)

Verbindung		λ_{max} [nm]	(ε in Klammern)	
38a	323(1381)	311(1214)	257(12456)	221(62500)
38b	321(932)	309(1619)	258(16621)	218(74324)
38c		309(1856)	262(17900)	222(81700)
38d	322(13410)	397(22988)	287(25862)	222(79510)
			277(22030)	
1		312(341)	272(4640)	224(69500)

Diese Gruppe von 1-Alkyliden-1H-cyclobuta[de]naphthalenen sind nun ihrerseits Ausgangspunkt für weitere interessante Synthesewege.

Eine Reduktion der Doppelbindung muß gezielt und selektiv erfolgen, da die hohe Spannung im Molekül leicht eine Ringöffnung bewirkt. So entsteht aus **38c** durch Hydrierung mit Wasserstoff über Palladium/Tierkohle unter reduktiver Spaltung des Cyclobutanrings 1-Isobutylnaphthalen (**39**). Verwendet man jedoch als selektives Reduktionsmittel Diimin, so entsteht (aus **38a**) der Tricyclus **40** in guter Ausbeute.

Die elektrophile Addition von Bromwasserstoff an die Doppelbindung von **38a-d** ist offenbar kinetisch kontrolliert, da bei Variation der Reaktionstemperatur sich die Zusammensetzung der Additionsprodukte nicht ändert.

Aus der Richtung der Addition kann man schließen, daß das Carbokation A leichter gebildet wird und stabiler ist als das Carbokation B. So wurden erwartungsgemäß auch nur bei der Umsetzung mit dem Olefin **38c** meßbare

Mengen des Nebenproduktes **42c** beobachtet. Dieses Ergebnis dürfte auf die größere Stabilität des tertiären Carbokations B, verglichen mit den Edukten, zurückzuführen sein.

Dies ist bemerkenswert, weil offenbar der Energiegewinn durch die Wiederherstellung des sp^3-hybridisierten Zustandes am Brückenkohlenstoffatom durch Anlagerung des Protons nur gering ist. Die Mesomeriestabilisierung des Carbokations A durch das aromatische Ringsystem scheint demgegenüber deutlich überlegen zu sein.

4.3 [2.2.2]Phane -
Dreifach überbrückte Benzenringe

4.3.1 Einleitung

Zwei aus Symmetrie- und anderen Gründen herausragende Vertreter der
mehr als zweifach verbrückten Benzenringe - und Vorläufer des "Superphans" (s.u.) - sind das *[2.2.2]Cyclophan* (1) [1] und das *[2.2.2]Cyclophantri-
en* (2) [2].

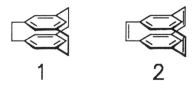

1   **2**

Beide Cyclophane, die hier näher erörtert werden sollen, besitzen eine C_3-
Achse, drei C_2-Achsen, drei Spiegelebenen σ_v und eine Spiegelebene senkrecht zur Hauptachse (σ_h). Damit gehören sie zur Punktgruppe D_{3h} [3] (Stereobilder siehe <u>Abb.1</u>).

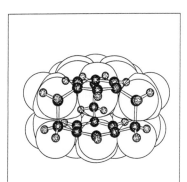
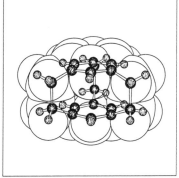

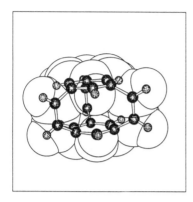 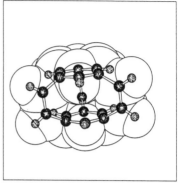

Abb.1. Die dreifach verklammerten Phane 1 und 2 (Stereobilder nach den *Röntgen*-Kristallstrukturanalysen)

4.3.2 Historisches

Nachdem das [2.2]Paracyclophan in den Jahren 1949 [4] und 1951 [5] auf zwei verschiedenen Wegen erhalten worden war, ist das Interesse an mehrfach verbrückten aromatischen Gerüsten stetig größer geworden. Schon 1958 gelang die (mehrstufige) Synthese des ersten dreifach verbrückten [4.4.2]-Phans **3** [6]. Das erste symmetrische *(1,3,5)Cyclophan* **4** mit gleichlangen Brücken zwischen *n* = 5-7 scheinen *Hubert* und *Dale* 1965 durch Cyclotrimerisierung entsprechender Alkine dargestellt zu haben [7]. Der Nachweis wurde mittels UV-, IR- und ^{1}H-NMR-Spektroskopie geführt; Massenspektren wurden damals nicht mitgeteilt.

$$[H_2C]_4 \quad\quad [CH_2]_4$$
$$[CH_2]_2$$

3

$$[H_2C]_n \quad\quad [CH_2]_n$$
$$[CH_2]_n$$

4

4.3.3 Synthesen

Für die Synthese der dreifach verbrückten Cyclophane **1** und **2** mußten neue Wege gegangen werden, da *Wurtz*-Reaktionen nicht zum Erfolg führten [8]. Die erste Einstufen-Synthese eines symmetrisch dreifach verbrückten Cyclophans **6a** aus zwei offenkettigen Benzenderivaten gelang 1970 [9]: Das [3.3.3]Trithiaphan **6a** (farblose Kristalle mit Schmp. 254-255°C) bildete sich aus **5a** und **5b** in einer Verdünnungsprinzip-Reaktion in immerhin 5% Ausbeute [9]. Bei der Pyrolyse des Sulfons **6b** wurde das Entstehen des Kohlenwasserstoffs **1** massenspektrometrisch nachgewiesen [9,10].

1970 stellten *Boekelheide* und *Hollins* das gleiche [3.3.3]Trithiaphan **6a** aus 1,3,5-Tris(brommethyl)benzen (**5a**) durch Umsetzung mit $Na_2S \cdot 9$ H_2O in Ethanol in verbesserter (12%) Ausbeute her [11].

Behandelt man diese Kristalle mit Dimethoxycarbenium-fluoroborat [12], so erhält man das Salz **7** in quantitativer Ausbeute in Form feiner farbloser Nadeln, aber als (Diastereo-)Isomerengemisch. Für die *Stevens*-Umlagerung wurde **7** in THF mit NaH umgesetzt und ergab das Trisulfid **8** (38% Ausb.), welches bereits das gesuchte Cyclophan-Skelett aufweist. Durch erneute Methylierung wurde das Tris-sulfonium-Salz **9** und durch anschließende Elimination in Ether bei -78°C das [2.2.2]Cyclophantrien **2** erhalten.

Bis 1973 wurde diese Synthese etwas verbessert [13]. So gelang die Umsetzung zum [3.3.3]Trithiaphan **6a** in 24% Ausbeute, die Umsetzung zum Salz **7** in 42% und die Elimination in siedendem THF zum Trien **2** in 71% Ausbeute.

Aus dem Trisulfon **6b** konnte 1973 durch verbesserte Pyrolyse bei 580°C/0.1 Torr das [2.2.2]Phan **1** in 20% Ausbeute erhalten werden. [13]. Das schwerlösliche Trisulfon **6b** fällt durch seine ungewöhnlich starke elektrostatische Aufladung beim Reiben auf, weshalb es nicht mit einem Metallspatel aus dem Kolben gekratzt werden kann [9].

4.3.4 Eigenschaften der [2.2.2]Phane 1 und 2

Das [2.2.2]Cyclophantrien **2** kristallisiert in farblosen Plättchen mit Schmp. 203-204°C [11,13]. Das [2.2.2]Phan **1** schmilzt bei nahezu gleicher Temperatur, bei 204-206°C [11].

Das UV-Spektrum von **2** zeigt Absorptionen bei λ = 252 nm (ϵ = 1960) und 325 nm (ϵ = 90), während eine Lösung von **1** in Hexan Absorptionsmaxima bei λ = 257 nm (ϵ = 1340) und 312 nm (ϵ = 14) aufweist [11].

Das Photoelektronen-Spektrum von **2** enthält drei Banden bei 8.06 eV, 9.24 eV und 9.4 eV; sie entsprechen den ersten fünf Ionisierungsenergien. Die Ionisierungsenergien von **1** liegen bei 7.70 eV und 8.75 eV [14].

Im ^{1}H-NMR-Spektrum von **1** findet man je ein Singlett für die sechs aromatischen (δ = 5.73) und zwölf Methylen-Protonen (δ = 2.75) [8,11]. Das ^{1}H-NMR-Spektrum des Triens **2** besteht lediglich aus zwei Singletts gleicher Intensität bei δ = 7.37 und 6.24 (Abb.2).

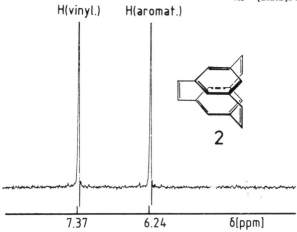

7.37   6.24   δ[ppm]

Abb.2. ^{1}H-NMR-Spektrum von **2** (in CDCl$_3$) [11]

Die Frage, welches Signal welcher Protonensorte zugeordnet werden muß, konnte durch Darstellung der deuterierten Verbindung **10** einwandfrei geklärt werden:

Die Protonenresonanz von **10** besteht aus einem einzigen Singlett für die sechs Protonen bei δ = 6.24. Demzufolge absorbieren die aromatischen Protonen in **10** bei höherer Feldstärke als die vinylischen. Die **Hochfeldverschiebung** der Aromatenprotonen rührt daher, daß in dem Molekül zwei Benzenringe in geringem Abstand "**face-to-face**" zusammengehalten werden. Noch ungewöhnlicher ist die Lage der Vinylprotonen-Signale, die durch die hohe Ringspannung in dem starren dreifach verbrückten *syn*-Cyclophan erklärt wird [8,11].

4.3.5 *Röntgen*-Kristallstrukturanalysen von 2 und 3

Ein Vergleich der Abstände der Benzenringe in der Reihe der zwei- bis sechsfach verbrückten Cyclophane (Abb.3-7) zeigt, daß die Benzenringe um so näher zusammenrücken, je mehr Brücken das Molekül aufweist: Vom [2.2]Paracyclophan-1,9-dien (**11**) zum (1,3,5)Cyclophan-1,9,17-trien (**2**) zum (1,2,4,5)Cyclophan **12** bis zum Superphan **13** nimmt der Abstand der Benzenringe von 280 pm über 274, 268 bis zu 264 pm (Superphan) ab [15-18].

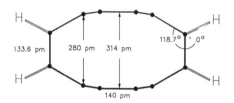

Abb.3. Geometrie des [2.2]Para-
cyclophan-1,9-diens (**11**)
nach der *Röntgen*-Kri-
stallstrukturanalyse [15]

Abb.4. Geometrie des [2.2.2]-
Cyclophantriens **2** [16]

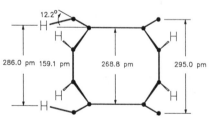

Abb.5. Geometrie des [2.2.2.2]-
(1,2,4,5)Cyclophans (**12**) [17]

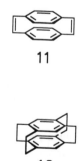

11

12

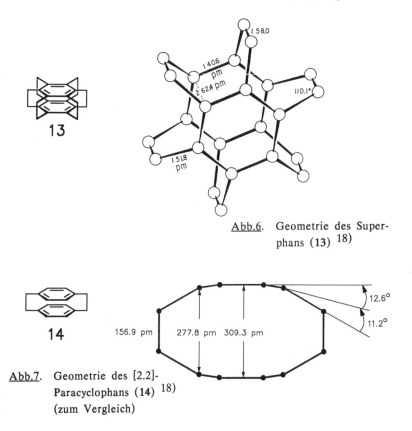

Abb.6. Geometrie des Superphans (13) [18]

Abb.7. Geometrie des [2.2]-
Paracyclophans (14) [18]
(zum Vergleich)

Die Benzenringe sind je nach Anzahl der Brücken boot-, sesselförmig oder -
wie im Superphan **13** - nicht verzerrt. Im [2.2]Paracyclophan-1,9-dien (**11**)
sind die Verknüpfungsstellen an den Spitzen der Wannenform, im (1,2,4,5)-
Cyclophan **12** an den vier Basis-C-Atomen der Wanne zu finden. Die Ein-
fachbindungslänge nimmt von 160 pm im [2.2]Paracyclophan (**14**) [18] zu 158
pm im Superphan (**13**) ab. Bemerkenswerterweise ist das Cyclophan-trien **2**
trotz der kürzeren vinylischen Brücken weniger gespannt als das Cyclophan
1 mit den längeren Ethanobrücken: Wie die *Röntgen*-Kristallstrukturanalysen
nahelegen, hebt die Winkelverengung beim Übergang von sp^2-C-Atomen
(120°) auf sp^3-C-Atome (109°) den Einfluß der Bindungsverlängerung
($HC=CH \rightarrow H_2C-CH_2$) wieder auf.

4.3.6 Chemische Reaktionen

An den Benzenkernen sind verschiedene Reaktionen durchführbar, wie man sie von unverbrückten Aromaten her kennt, z.b. die elektrophile aromatische Substitution (Kernbromierung, *Friedel-Crafts*-Alkylierung, Nitrierung). Daß aber gerade die höher verbrückten Cyclophane auch chemische Reaktionen am Aromatenring erlauben, die sonst nur schwer möglich sind, zeigt die leichte Durchführbarkeit von Hydrierungen, ionischen Additionen und *Diels-Alder*-Reaktionen mit vielen Dienophilen [19], z.B. mit 4-Phenyl-1,2,4-triazolin-3,5-dion (15).

15

Einige Reaktionen seien ausgewählt: Behandelt man das [2.2.2]Trien 2 mit Osmiumtetroxid und Natriumperiodat, so erhält man unter Ringspaltung und Aromatisierung Pyren-2,7-dialdehyd (16) in 84% Ausbeute [13]:

Die *Friedel-Crafts*-Acylierung von 1 verläuft rasch mit Acetylchlorid und Aluminium(III)-chlorid zum Monoacetyl-Derivat 17 [13]:

1   **17**

Behandelt man **1** mit trockenem HCl-Gas und Aluminiumchlorid in Dichlormethan bei 0°C, so erhält man eine Mischung, bei der H_xCl_{6-x}-Einheiten addiert worden sind. Setzt man dieses Gemisch weiter mit Lithium und *tert*-Butylalkohol in siedendem THF um, so isoliert man als einziges kristallines Produkt den käfigförmigen Kohlenwasserstoff **18** in 49% Ausbeute [13]:

Die *Birch*-Reduktion von **1** führt zu einem "Cyclophan" **19**, bei dem die Doppelbindungen in den beiden Cyclohexadien-Ringen diagonal übereinander liegen:

EtOH–THF
Na/NH$_3$

1   **19**

Etwas geänderte Reaktionsbedingungen führen unter Ringöffnung zu einem nur zweifach verbrückten Phan, dem *trans*-5,13-Dimethyl[2.2]metacyclophan (**20**) [13].

20

4.3.7 Weitere Entwicklungen

Inzwischen wurden auch andere dreifach verbrückte [2.2.2](1,2,4)- (**21**) [19], [2.2.2](1,2,4)(1,3,5)- (**22**) und [2.2.2](1,2,4)(1,2,5)Cyclophane (**23**) [3] hergestellt.

[2.2.2](1,2,4)   [2.2.2](1,2,4)(1,3,5)   [2.2.2](1,2,4)(1,2,5)

21   **22**   **23**

Bei diesen dreifach verbrückten Cyclophanen machte die Chemie nicht halt. Nach vier- [20] und fünffach verbrückten Cyclophanen gelang es *Boekelheide* 1979 [22,23], das von *Vögtle* und *Neumann* 1972 vorgeschlagene [24] [2$_6$]Cyclophan (**13**, *"Superphan"*) herzustellen (s. Abschnitt 4.4).
1986 glückte es *Hisatome*, das Ferrocen mit fünf Brücken aus vier C-Atomen Superphan-ähnlich zu verbrücken [25] (vgl. **24**). Weitere Dimensionen

wurden 1977 eröffnet, als verschiedene dreifach verbrückte Cyclophane bekannt wurden, deren Grundgerüst nicht das Benzen, sondern das Triphenylbenzen (Triphenylamin) bzw. Triphenylethan war (vgl. **25-28**) [26]. Ein vorläufiger Schlußpunkt wurde gesetzt, als 1985 die Synthese des sechsfach verbrückten Hexaphenylbenzens **29** gelang [27].

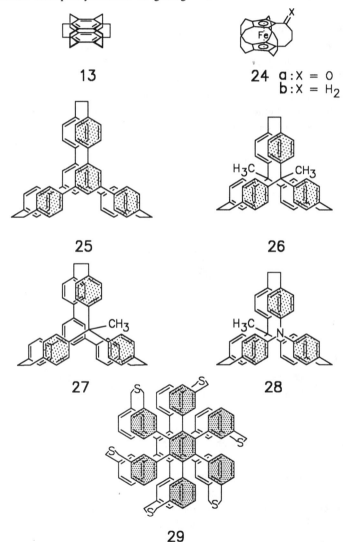

13

24 **a** : X = O
       b : X = H$_2$

25

26

27

28

29

4.4 Superphan

4.4.1 Einführung

"Sollte in absehbarer Zeit auch die Synthese des vollständig überbrückten [2.2.2.2.2.2](1,2,3,4,5,6)Cyclophans (1) und seines Hexaens gelingen, so würde dies die Bemühungen auf dem Gebiet der Cyclophan-Chemie krönen." So endete eine Veröffentlichung über Cyclophane aus dem Jahre 1972. [1)]

Schon 1973 wollte *Stevens* ein sechsfach - mit viergliedriger Kette - verbrücktes Superphan hergestellt haben [2)]. Die Ergebnisse dieser Arbeit wurden 1977 negiert und das Produkt nicht als Cyclophan bestätigt [3)].

Bereits zwei Jahre später war der Wunschtraum - zur Hälfte - erfüllt: Mit der Synthese dieses Cyclophans (1) [4)] verzeichnete die Cyclophan-Chemie einen ihrer größten Erfolge. Diese Verbindung erhielt aus verständlichen Gründen den Trivialnamen *Superphan* [5)].

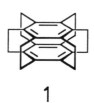

1

Es hebt sich aus der Reihe der anderen [n...]Phane, abgesehen von der totalen Überbrückung aller Aren-Positionen, durch seine besonders hohe Molekülsymmetrie hervor: Punktgruppe D_{6h} (vgl. Abb.1) [6)].

4.4.2 Molekülbau, Eigenschaften, Spektroskopie

Die hohe *Symmetrie* der Molekülstruktur des Superphans spiegelt sich in vielen physikalisch-chemischen Nachweismethoden wider. Die einfachen, fast trivialen PMR- und CMR-Spektren lassen schon den symmetrischen Molekülbau erkennen [4)], der eindeutig durch *Röntgen*-Kristallstrukturanalyse [6)] bewiesen wurde.

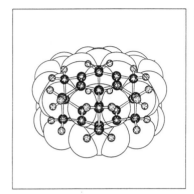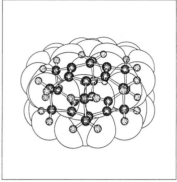

Abb.1. Superphan (1; Stereobild, nach der *Röntgen*-Kristallstrukturanalyse;
Computerzeichnung, Schakal-Programm) [6]

Die auffallendsten Merkmale der zuvor dargestellten [2...]Phane sind die
"face-to-face"- und die *"bent-and-battered"*-Natur der Benzenringe [4,6]. Im
Gegensatz dazu sind die beiden Benzenringe des Kohlenwasserstoffs 1 planar und nicht verbogen. Ihr ungewöhnlich geringer intramolekularer Abstand
beträgt 262.4 pm (Abb.2), verglichen mit denen des [2.2]Paracyclophans von
308.7 pm und 275.1 pm [7c]. Die anderen aus der *Röntgen*-Kristallstruktur-
analyse resultierenden Größen, z.B. Bindungslängen und -winkel, liegen im
Normalbereich der Phane.

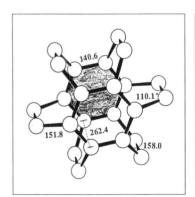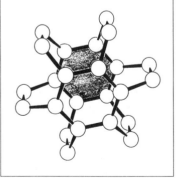

Abb.2. Intramolekulare Abstände [pm] im Superphan (1; nach der *Röntgen*-Kristallstrukturanalyse [6]; Stereobild)

Auch die PES- und EPR-Spektren des Superphans wurden inzwischen erhalten und mit denen anderer Phane verglichen [8]. Das Photoelektronen-Spektrum des Superphans (1) zeigt drei Banden bei 7.55 eV, 8.17 eV und ca. 9.6 eV. Sie entsprechen den ersten fünf Ionisierungsenergien (Tab.1 und Abb.3).

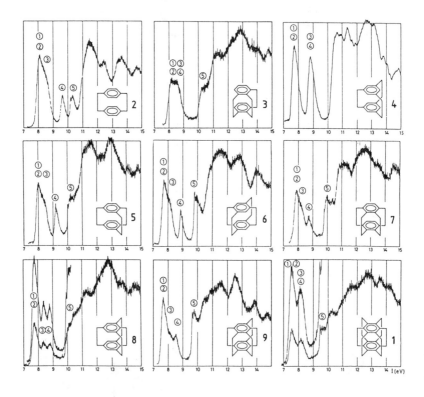

Abb.3.   Vergleich der Photoelektronen-Spektren einiger $[2_n]$Phane (2-9) mit dem des Superphans (1) [8]

Wie die Werte zeigen, sinken die ersten fünf Ionisierungsenergien um 0.5 eV, 0.2 eV, 1.2 eV bzw. 0.7 eV bei der Änderung der Brückenzahl von zwei auf sechs [8].

<u>Tab.1.</u>   Vergleich der Ionisierungsenergien I_j [eV] von $[2_n]$Cyclophanen

[2.2]Paracyclophan (2)	8.1	(8.1)	8.4	9.6	10.3
[2.2.2](1,3,5)Cyclophan (4) [a)	7.7	7.7	8.75	8.75	-
Superphan (1)	7.55	7.55	8.17	8.17	9.6

a) vgl. <u>Abschnitt</u> 4.3

Das Superphan bildet harte, farblose Kristalle, die erst bei 325-327°C ohne Zersetzung schmelzen und relativ schwer löslich sind [4]. Die sechs Ethanobrücken sind thermisch stabil, im Gegensatz zu denen der übrigen [2...]Phane [6]. Im Reaktionsverhalten unterscheidet sich das **Superphan** (1) kaum von anderen Phanen. So unterliegt es z.B. der *Birch*-Reduktion, wird von Elektrophilen (Alkylkationen) angegriffen und von NBS in Gegenwart von Radikalstartern substituiert. Der Tag liegt daher nahe, an dem auch das noch ausstehende Superphan-Hexaen (10) synthetisiert wird, das einen (vorläufigen) Schlußstrich unter die Chemie der [2...]Carbaphane setzen wird.

10

4.4.3 Synthesen

Zur Darstellung solcher Phane ("überbrückte aromatische Verbindungen") wurden zahlreiche Synthesemethoden [7] und -techniken entwickelt [9]: Direkte C-C-Bindungsbildung unter Anwendung des Verdünnungsprinzips [9a], Ausnutzung des Prinzips der starren Gruppen [8b,c] und neuerdings des Cäsium-Effekts [9d-f] sowie die pyrolytische Schwefelextrusion ausgehend von benzylischen Sulfonen [10] sind nur einige Neuentwicklungen der synthetischen Phan-Chemie. Mit Hilfe dieser Methoden wurden viele *"mehrfach ver-brückte"* ("multibridged"), *"vielstufige"* ("multistepped") und *"vielschichtige"* ("multilayered") Cyclophane [7c] zugänglich. Jedoch gelang es mit keinem dieser Verfahren, das Superphan selbst darzustellen. Der kürzlich gefundene

Weg zum Molekül 1 [7f)] basiert auf der an sich bekannten thermischen Dimerisierung von o-Xylenen (Abb.4). Er umfaßt insgesamt zehn Stufen (Abb.5). Folgende Beobachtungen aus anderen Arbeitskreisen verhalfen zum Erfolg in der Superphan-Synthese: *Cava* und *Deana* [11)] erhielten bei der Pyrolyse des Sulfons 11 in Diethylphthalat ausschließlich [2.2]Orthocyclophan (13), und *Jensen, Coleman* und *Berlin* [12)] stellten fest, daß Benzocyclobuten (12) beim Erhitzen in Lösung zu 13 dimerisiert.

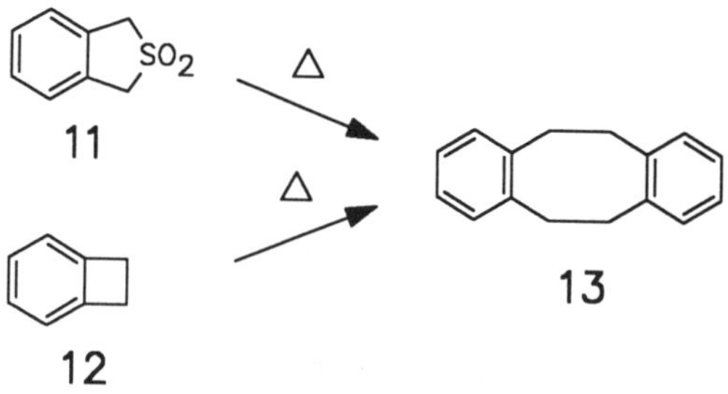

Abb.4. Bildung von [2.2]Orthocyclophan (13) aus 11 oder 12

Damit war in gewisser Weise das Edukt und die Anfangsreaktion der Synthese des Superphans vorgegeben. Durch Pyrolyse des 2,4,5-Trimethylbenzylchlorids (14) bei $710°C/10^{-2}$ Torr zum 4,5-Dimethylbenzocyclobuten (15) und anschließendes Erhitzen in Diethylphthalat erhält man das entsprechend substituierte Orthocyclophan 16 (Abb.5). Dessen Formylierung nach dem *Rieche*-Prozeß [13)] liefert zwei isomere Aldehyde 17a und 17b, von denen sich nur der erste zur weiteren Synthese des Superphans eignet. Nach Isomerentrennung wird 17a zum Alkohol reduziert und mit Thionylchlorid ins entsprechende Benzylchlorid 18 übergeführt. Von dieser Stufe an wiederholen sich die Reaktionsschritte. Intramolekulare Pyrolysereaktion zum vierfach überbrückten Dimethyl-substituierten [2.2.2.2](1,2,3,4)Cyclophan (19), Formylierung, Reduktion und Chlorierung von 19 liefern das Produkt 20. Der letzte Schritt der Synthese besteht in der pyrolytischen Dimerisierung von 20 bei $650°C/10^{-2}$ Torr: Das Superphan (1) wird in beachtlichen 40% Ausbeute gebildet (<u>Abb.5</u>) [4]:

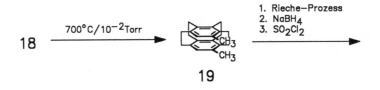

14 → 15

16

17a : R = CHO
18 : R = CH₂Cl

17b : R = CHO

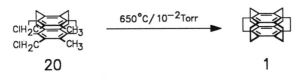

18 → 19 → 20 → 1

<u>Abb.5</u>. Synthese des Superphans (1) nach *Boekelheide* [4]

te gebildet (<u>Abb.5</u>) [4]:

14 $\xrightarrow{710°C/10^{-2}Torr}$ **15** $\xrightarrow[\text{Diethylphthalat}]{300°C}$

16 $\xrightarrow{\substack{1.\ \text{Rieche–Prozess}\\2.\ \text{NaBH}_4\\3.\ \text{SO}_2\text{Cl}_2}}$

17a : R = CHO
18 : R = CH₂Cl

+

17b : R = CHO

18 $\xrightarrow{700°C/10^{-2}Torr}$ **19** $\xrightarrow{\substack{1.\ \text{Rieche–Prozess}\\2.\ \text{NaBH}_4\\3.\ \text{SO}_2\text{Cl}_2}}$

20 $\xrightarrow{650°C/10^{-2}Torr}$ **1**

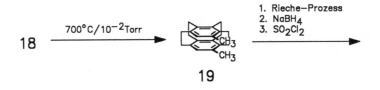

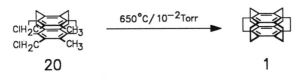

<u>Abb.5</u>. Synthese des Superphans (1) nach *Boekelheide* [4]

Hopf et al. entwickelten eine alternative Synthese [14]. Ein ähnlicher Weg war von *Cram* und *Truesdale* [15] bei der Synthese des [2.2.2](1,2,4)Cyclophans (**5**) begangen worden. Durch *Friedel-Crafts*-Acylierung wird [2.2]Paracyclophan (**2**) zu **21** derivatisiert. Durch Chlormethylierung und Ausnutzen eines Nachbargruppeneffekts, der den Zweitsubstituenten in die "pseudogeminale" Position drängt, bildet sich die Chlormethyl-Verbindung **22**. Durch eine Folge von Oxidations-, Substitutions- und Reduktionsreaktionen läßt sich **22** in das [2₃]Phan **5** überführen.

Nachteilig bei dieser Brückenbildung ist der hohe Aufwand zur Darstellung des korrekt funktionalisierten pseudogeminalen Cyclophans. Die Zahl der Schritte konnte nun durch *Hopf* verringert werden, als es gelang, die benötigten Vorstufen direkt durch Addition von Propionsäureestern (**24**) an 1,2,-4,5-Hexatetraen (**23**) herzustellen [14,16].

Bei dieser Cycloaddition enstehen neben **25** auch die isomeren Diester **26-28**, die sich alle in mehrfach verklammerte Phane **6-8** überführen lassen, wobei jeweils der pseudogeminal dirigierende Effekt der Estergruppen ausgenutzt wird.

Die vollständige Verbrückung zum Superphan (**1**) scheiterte daran, daß durch Nebenreaktion (Wanderung der Methylsubstituenten [17]) und der Brücken unter dem Einfluß der *Lewis*-Säure, Addition von Chlorwasserstoff an die Benzenringe) die Ausbeute so rasch abnahm, daß dieser Weg zu **1** auf der Stufe eines vierfach verklammerten Phancarbaldehyds wegen Substanzmangels aufgegeben werden mußte [14].

23 + 24

R = COOCH$_3$

Δ

25 + 26 + 27 + 28

25	26	27	28
1. LAH	1. ClCH$_2$OCH$_3$/ AlCl$_3$	1. ClCH$_2$OCH$_3$/ AlCl$_3$	wie 26 → 6
2. PBr$_3$	2. DIBAH	2. LAH	
3. Zn/DMSO	3. MnO$_2$	3. PBr$_3$	
	4. TsNHNH$_2$	4. Zn/DMSO	
	5. RO$^\ominus$, hν		

5   6   7   8

Genauere Untersuchungen zeigten, daß der *Rieche*-Prozeß bei drastischen Reaktionsbedingungen auch diformylierte Moleküle liefert. Da außerdem das monoformylierte Produkt leicht chromatographisch abtrennbar und erneut einsetzbar ist, wurde die Superphan-Synthese auf diesem Weg erneut in Angriff genommen [16]. Die Dialdehyde 31 und 32 werden direkt aus 29 oder über den Monoaldehyd 30 hergestellt. Die Trennung der Dialdehyde war nicht nötig, da beide Reaktionsfolgen einander ähneln und zum gleichen Produkt 38 führen. Die Knüpfung der Ethanobrücke geschieht durch Umsetzung des Gemisches 31 und 32 mit *p*-Toluolsulfonylchlorid und Thermolyse der entsprechenden Natriumsalze. Die dabei entstehenden Kohlenwasserstoffe 33 und 34 wurden erneut formyliert und durch Carbeneinschiebung zu dem [2$_5$]Cyclophan 38 verbrückt. Durch letztmalige *Rieche*-Reaktion wird nun der Aldehyd 35 erzeugt, aus dem das Superphan (1) hergestellt wird:

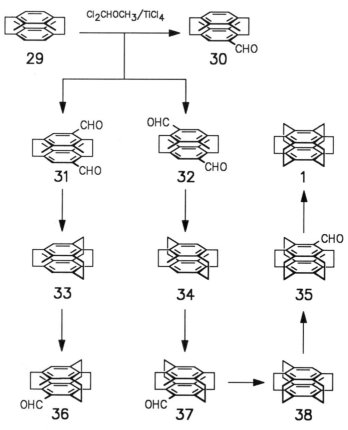

Abb.6. Superphan-Synthese nach *Hopf* [14,16)]

4.4.4 Reaktivität und Reaktionen

Sieht man sich die Struktur des Superphans an, so erkennt man, daß sich die Chemie entweder auf eine "Chemie der Brücken" beschränken muß oder das aromatische System aufgebrochen wird. Zu den letzteren Reaktionen gehört die *Birch*-Reduktion, die beim [2.2]Paracyclophan (2) [16)] und [2₄](1,2,-4,5)Cyclophan (6) [17)] einfach und in hohen Ausbeuten verläuft. Angewandt auf 1 führt die *Birch*-Reduktion zum Dihydro-Superphan, aber nur in geringen Ausbeuten. Unter drastischen Bedingungen mit Lithium in einer Mischung aus Ethylamin und *n*-Propylamin erhält man 57% Octamethyldibenzo-cyclooctan (**40**).

Versuche, eine katalytische Hydrierung mit *Adams*-Katalysatoren durchzuführen, schlugen fehl. Reduktion von **1** mit Zinkstaub in konz. Schwefelsäure führte mit 32% Ausbeute unter Schwefel-Insertion zum Monothia-Superphan **41**!

Über den Mechanismus dieser Insertion läßt sich nur spekulieren, um so mehr, als diese Reaktion sich bei anderen [2$_n$]Cyclophanen nicht durchführen läßt.

Behandelt man Superphan (**1**) mit Ethyldiazotat bei Anwesenheit von Kupfersulfat, so erhält man durch Carben-Insertion eine Ringerweiterung zu **42**, das leicht zum Tropylium-Ion **43** umgesetzt werden kann:

43

Durch Stehenlassen an der Luft oder Behandeln mit Wasser erhält man aus **43** das Superphan in 52% Ausbeute zurück.

Reaktionen in der Seitenkette könnten zu dem theoretisch interessanten Hexaen **10** des Superphans führen. NBS-Bromierung und anschließende HBr-Elimination ergaben trotz eines Überschusses an NBS nur das Monoalken **44**.

Die gesamte Chemie des Superphans (**1**) ist gekennzeichnet durch die geringe Neigung des Moleküls, aus dem hochsymmetrischen Zustand in einen anderen überzugehen. Wenn Reaktionen stattfinden, gelingen sie meist nur einfach und führen oft wieder zum Superphan zurück.

Diese Ergebnisse werden durch theoretische Berechnungen bestätigt [20]. Die Spannungsenergie der Benzenringe im Superphan beträgt 86.2 kJ/mol, die Gesamt-Spannungsenergie 330.7 kJ/mol. Daß Superphan inert ist gegenüber elektrophilen Reagenzien, ist der Schwierigkeit der Rehybridisierung der Ring-C-Atome bei der Bildung von σ-Komplexen zuzuschreiben.

4.4.5 Neue Entwicklungen

Nachdem das Superphan (1) synthetisiert worden war, machte die Chemie der vielfach verbrückten Aromaten auf diesem Gebiet erst in neuerer Zeit Fortschritte. Erst Mitte der 80er Jahre berichteten *Vögtle* et al. [21] über ein in einstufiger Cyclisierungsreaktion erhältliches Hexaphenylbenzeno-Phan **45**, dem 1987 die Tripeldecker **46** und **47a, b** folgten. Letztere sind chiral und konnten chromatographisch als Enantiomere getrennt werden. [22]

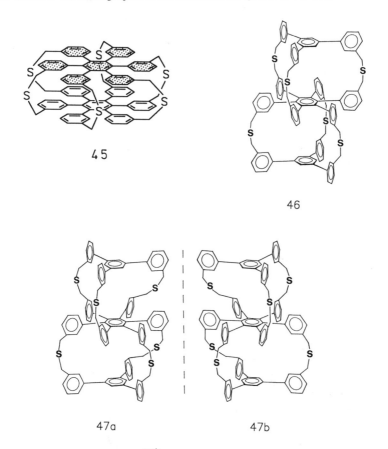

45

46

47a   47b

Ein *Superferrocenophan* **48** [23] (Abb.7) und ein (Übergangsmetall-komplexiertes) *Supercyclobutadienophan* **49** [24] wurden 1986 und 1987 hergestellt.

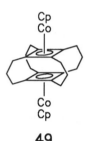

48a: X = O
  b: X = H$_2$

49

Kennzeichnend für beide Organometall-Verbindungen ist, daß ihre Darstellung metallunterstützte Syntheseschritte beinhaltet.

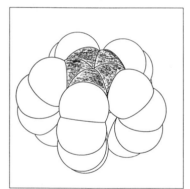

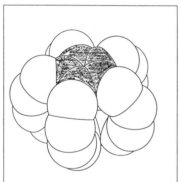

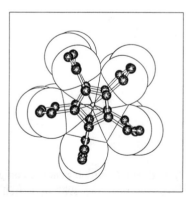

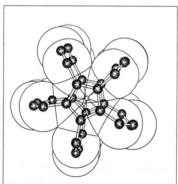

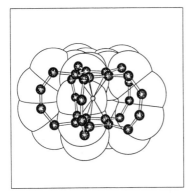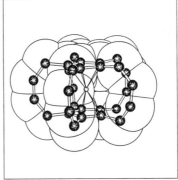

Abb.7. Das Superferrocenophan **48b** (Stereobilder; drei unterschiedliche Ansichten)

Nachdem inzwischen das Superphan, das Superferrocenophan und das Super-cyclobutadienophan hergestellt wurden, bleibt es abzuwarten, wann Drei-, Sieben- und Achtringe entsprechend ihrer Eckenzahl zu Superphan-Analogen überbrückt werden.

5 Heterocyclen und Wirkstoffe

5.1 Die *Tröger*sche Base

5.1.1 Einleitung: Historisches, Konstitution und Konfiguration

Die nach ihrem Entdecker *Julius Tröger* benannte **Trögersche Base** 1 (IU-PAC-Name: 2,8-Dimethyl-6H,12H-5,11-methanodibenzo[b,f][1,5]diazocin) hat eine interessante, hundertjährige Vergangenheit. Allgemein bekannt geworden ist sie als erstes chirales Amin, das in seine Enantiomere gespalten werden konnte.

1

1887 hat *Tröger* sie im Rahmen seiner Arbeit "Ueber einige mittelst nascirendem Formaldehydes entstehende Basen" aus Formaldehyd und *p*-Toluidin hergestellt und isoliert [1]. Der Originaltext ist im folgenden als <u>Faksimile</u> wiedergegeben:

Formaldehyd und Paratoluidin.

Zur Darstellung des Paratoluidinderivats wurden 10 Grm. Paratoluidin mit etwa 150 Grm. concentrirter Salzsäure versetzt, wobei theilweise Lösung eintrat; zu dem mit kaltem Wasser gekühlten Produkte wurde unter Umrühren in kleinen Portionen 11 Grm. Methylal gegossen, hierauf zur vollständigen Zersetzung des Methylals trocknes Salzsäuregas eingeleitet und am Rückflusskühler etwa 2 Stunden mit kleiner Flamme erhitzt. Nach dem Abkühlen wird die nunmehr dunkelroth gefärbte salzsaure Lösung mit Wasser verdünnt und unter Kühlung mit möglichst reiner Kalilauge versetzt. Es fällt hierbei das Produkt in grauen bis gelbrothen Flocken mit noch unverändertem Paratoluidin vermischt aus. Der Niederschlag wird abfiltrirt, mit Wasser gewaschen und behufs Entfernung des noch beigementen Paratoluidins mit viel Wasser in einer offenen Schale über freiem Feuer erhitzt. Nach dem Erkalten setzt sich, je nach dem Verlaufe der Reaction eine feste graue, rothbraune oder harzige Masse ab. Da die Base durch Lösungsmittel allein nicht rein zu erhalten war, so wurde das in Alkohol gelöste und dann filtrirte Rohprodukt nach dem Erkalten der alkoholischen Lösung mit der etwa 20 fachen Menge destillirten Wassers versetzt, wobei die Base in einem Filz von gelblichweissen Nadeln ausgeschieden wurde. Bei zu schnellem Zusatz von Wasser, oder von Wasser zu der heissen alkoholischen Lösung, bildet sich leicht an der Oberfläche Harz, das vorkommenden Falls mechanisch entfernt wurde. Nach etwa zweistündigem Stehen wird der stark voluminöse, mit vielem Wasser durchtränkte Niederschlag auf mehreren grossen Faltenfiltern von der Flüssigkeit getrennt und durch Ausbreiten auf Thontellern von etwa noch anhaftenden harzigen Bestandtheilen befreit.[1]

Die in oben angegebener Weise getrocknete Base bildet einen Filz von gelbgrauen, mitunter wohl auch blendend weissen Nadeln. Aus ein und derselben alkoholischen Lösung wurde ganz verschieden reines Produkt erhalten. Der Grund hierfür konnte nicht ermittelt werden, liegt aber vermuthlich in der Menge des zugesetzten Wassers, sowie in der Temperatur der alkoholischen Lösung. Zur weiteren Reinigung der Base wurde das salzsaure Salz mit alkoholischem Ammoniak auf dem Wasserbade bis zur Lösung digerirt, heiss filtrirt, und die erkaltete alkoholische Lösung mit einer grossen Menge destillirten Wassers versetzt. Die Base scheidet sich hierbei entweder in einem Filz rein weisser Nadeln oder in haarfeinen, langen, sternförmig gruppirten Krystallen vom Schmelzpunkt 134° ab. Sie ist in heissem Alkohol, kaltem Aether, Chloroform, Benzol, Aceton etc. leicht löslich, in heissem Wasser dagegen unlöslich. Mit verdünnten Säuren bildet sie in Wasser unlösliche Salze. Dieselben lösen sich leicht in Alkohol und scheiden beim Zusatz von Wasser zu der alkoholischen Lösung die Base krystallinisch aus.

Zur Analyse wurde die Base pulverisirt und über Schwefelsäure im Exsiccator getrocknet. In pulverisirtem Zustande ist sie stark elektrisch, schmilzt ohne Zersetzung und erstarrt nach dem Schmelzen zu einer gelben, krystallinischen Masse.

Von ihm stammte auch der erste Strukturvorschlag, der die *Trögersche* Base als "Propan"-Derivat beschrieb (Abb.1a) [1]. Obwohl um die Jahrhundertwende nur begrenzte analytische Möglichkeiten wie chemische Nachweisverfahren und Elementaranalyse zur Verfügung standen, wurde wiederholt versucht, die richtige Konstitution der Base zu ermitteln. Konkrete, aber unrichtige Vorschläge stammen beispielsweise von *Löb* [2], *Goecke* [3], *Lepetit* [4] und *Wagner* [5]. Abb.1b zeigt den Interpretationsversuch von *Goecke* [3].

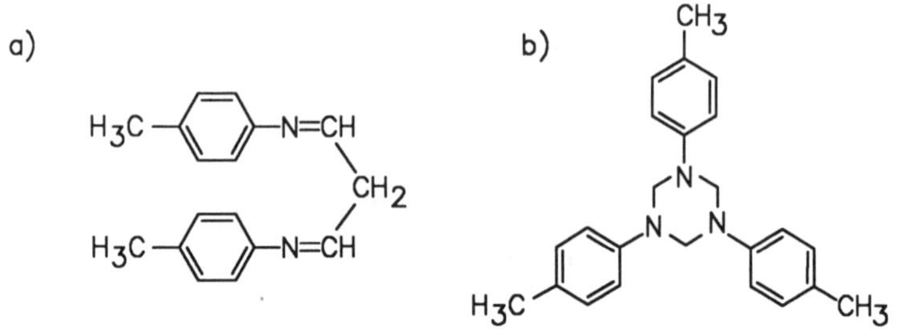

Abb.1. Historische Vorschläge zur Konstitution der *Trögerschen* Base:
a) Erster Strukturvorschlag von *Tröger*; b) Vorschlag von *Goecke*

Erst 1935 gelang es *Spielman*, auf analytischem und synthetischem Wege die
Konstitution der *Trögerschen* Base richtig zu bestimmen [6]. Abschließende
Fragen zum Bildungsmechanismus und zur Reaktivität der Base konnten we-
nig später von *Wagner* [7], *Cooper* [8] und *Farrar* [9] beantwortet werden.
Die Konstitutionsaufklärung der *Trögerschen* Base durch *Spielman* [6] inter-
pretierten *Prelog* und *Wieland* [10] im Hinblick auf die Konfiguration des
Moleküls dahingehend, daß unter der Voraussetzung einer tetraedrischen
Anordnung der vom Stickstoff ausgehenden Bindungen zwei spannungsfreie,
räumliche Modelle des Amins denkbar sind, die sich wie Bild und Spiegel-
bild zueinander verhalten (Abb.2). Die von ihnen erstmals durchgeführte er-
folgreiche Trennung der *Tröger*-Base in die Enantiomere (s.u.) bestätigte
diese Annahme.

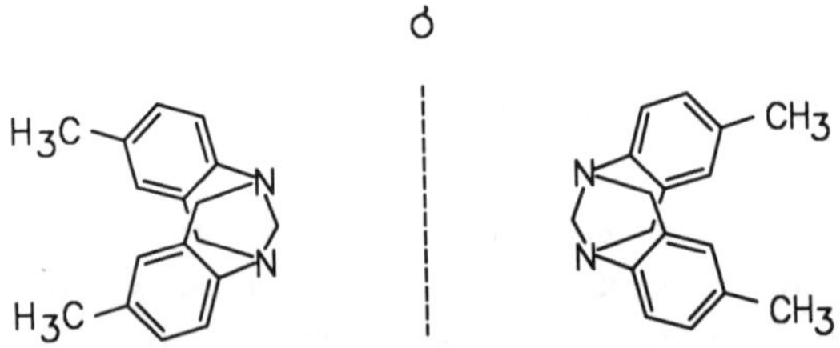

Abb.2. Die Enantiomere der *Tröger*-Base (1, σ = Spiegelebene)

Eine Präzisierung der konformativen Verhältnisse der *Tröger*-Base gelang

Wepster [11]) 1953, indem er unter Einbezug üblicher Bindungswinkel und
-abstände und durch einen Vergleich zwischen Absorptionsspektren der *Tröger*schen Base und sterisch gehinderter Anilin-Derivate zwei spannungsfreie
Modelle der Base aufstellte, die als "Konfiguration T" (Abb.3a) und "Konfiguration C" (Abb.3b) bezeichnet wurden. Die heute als Konformere zu
charakterisierenden Spezies unterscheiden sich durch den Winkel, den die
Ebenen der aromatischen Ringe miteinander bilden. Bei der T-Form stehen
sie nahezu senkrecht aufeinander, die C-Form beider möglichen Konfigurationen entspricht mehr einer gestreckten Anordnung. Die CH_2-N-CH_2-N-
Einheiten sind nicht planar.

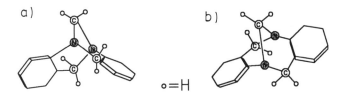

Abb.3. a) Konformation T; b) Konformation C der *Trög*erschen Base (die
CH_3-Gruppen sind der Übersichtlichkeit halber weggelassen)

Die Konformere T und C sind flexibel und können ineinander übergehen.
Wie *Wepster* vermutete und *Aroney* [12]) 1961 mit Hilfe von Dipol- und
Kerr-Effekt-Messungen der in Benzen gelösten Base bestätigte, liegt überwiegend (90%) die T-Konformation vor, da sie um ca. 33 kJ/mol stabiler
als die C-Form ist.

5.1.2 *Röntgen*-Kristallstrukturbestimmung

Trotz der Entwicklung der *Röntgen*-Kristallstrukturanalyse und ihrer wach-
senden Bedeutung in der Festkörperchemie wurde lange Zeit auf eine kristallographische Untersuchung der *Trög*erschen Base verzichtet. Dies ist im
Grunde unverständlich, da sich alle Ergebnisse hinsichtlich Molekülbau, Bindungswinkel und -längen auf den gelösten Zustand bezogen und keine Aussagen über die kristalline Base existierten. Offenbar hatte es sich als
schwierig erwiesen, mit Hilfe der üblichen Kristallzüchtungsmethoden geeig-

nete Kristalle der feinpulvrigen Base zu erhalten. Es wurden daher neuerdings strukturell geringfügig modifizierte *Trögersche* Basen kristallin zu erhalten versucht. In der Tat gelang es, von dem Methoxy-substituierten Analogon 2 der *Trögerschen* Base, das eine ausnehmend gute Kristallbildung zeigt, eine erste *Röntgen*-Kristallstruktur zu erhalten [13].

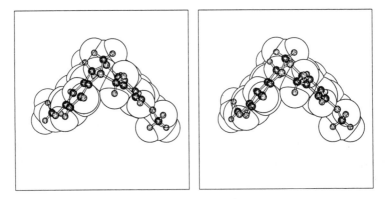

2

Abb.4a zeigt als Ergebnis dieser Strukturbestimmung ein Stereobild der Dimethoxy-*Tröger*-Base 2, Abb.4b die zugehörige Elementarzelle.

Abb.4a.   Ein Molekül der Dimethoxy-*Tröger*-Base 2 (Stereobild, auf der Grundlage der *Röntgen*-Kristallstrukturanalyse)

Wie die *Röntgen*-Kristallstrukturanalyse ergab, nimmt das Gerüst dieser *Tröger*-Base eine Konformation ein, die eine C_2-Achse aufweist, und in der die Ebenen der aromatischen Ringe fast senkrecht zueinander stehen. Der Winkel beträgt hier 91.1°. Infolgedessen liegt das Molekül in einer dachartigen Form vor, die eine gewisse Sperrigkeit beim Aufbau des Kristallgitters bewirkt.

Die Bindungswinkel und -längen entsprechen den zu erwartenden Werten (mittlere Bindungsabstände: C_{sp3}-N 150.6, C_{sp2}-N 144.7, C_{sp3}-O 142.3, C_{sp2}-O 137.3, C_{sp2}-C_{sp2} 138.1 pm). Der Winkel, den die Methylenbrücke zwischen den beiden Stickstoffatomen bildet, beträgt 112° (Weitere Informationen können der Originalarbeit [13] entnommen werden).

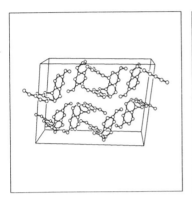 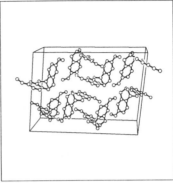

<u>Abb.4b.</u> Elementarzelle des Kristallgitters der Dimethoxy-*Tröger*-Base 2 (Stereobild)

Kürzlich gelang es *Wilcox* und *Larson* [14], durch Sublimation geeignete Kristalle für eine *Röntgen*-Einkristallstrukturuntersuchung auch von der ursprünglichen *Tröger*schen Base 1 zu erhalten.

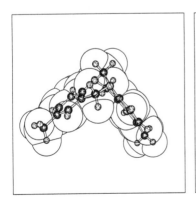 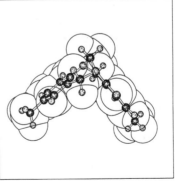

<u>Abb.5.</u>   *Röntgen*-Kristallstruktur der *Tröger*schen Base 1 (Stereobild)

Das Ergebnis entspricht im wesentlichen dem der Dimethoxy-Base 2: Die Abweichung des Winkels an der Methylenbrücke beträgt nur 0.9°, die Abweichung des Winkels zwischen den Aromatenebenen lediglich 1.7 bzw. 6.2° *).

5.1.3 Chiralität der *Tröger*-Basen

Jahrzehntelang war die *Tröger*sche Base 1 Gegenstand zahlreicher analytischer und synthetischer Untersuchungen. Zum "Lehrbuch-Begriff" in der heutigen Chemie aber wurde sie erst durch die Entdeckung ihrer **Chiralität**. Die Bedeutung optisch aktiver Verbindungen in der Chemie hat in den letzten Jahren allgemein stark zugenommen.

Im Gegensatz zu den Verhältnissen beim asymmetrisch substituierten Kohlenstoffatom erwies sich die Einführung der Chiralität am Stickstoffatom als problematisch. *Meisenheimer* [15] hatte frühzeitig postuliert, daß Verbindungen mit dreifach asymmetrisch substituierten Stickstoffatomen nicht in ihre Antipoden gespalten werden können, da die N-Atome durch die Ebene ihrer Substituenten hindurchschwingen und so die Enantiomere ineinander übergehen können. Eine analoge "**Inversion einsamer Elektronenpaare**" kennt man außer beim Ammoniakmolekül selbst auch bei Carbanionen.

Eine Trennung der Antipoden tertiärer Amine ist demnach erst dann vorstellbar, wenn die Stickstoffatome sterisch fixiert sind, was beispielsweise durch Einbau in ein starres Ringgerüst erreicht werden kann.

Prelog und *Wieland* erkannten 1944 als erste, daß die *Tröger*sche Base günstige sterische Voraussetzungen mit sich bringt [10]:

a) asymmetrisch substituierte, tetraedrisch gebundene Stickstoffatome, deren Durchschwingen durch die Substituentenebene nicht wahrscheinlich ist, da sie durch eine Methylenbrücke in ihrer Lage fixiert sind, und

b) ein sich aus der Konfiguration ergebender nicht-ebener Bau.

Diese Überlegungen fanden ihre Bestätigung in der von *Prelog* und *Wieland* erfolgreich durchgeführten chromatographischen Enantiomerentrennung der *Tröger*schen Base 1 an *(+)-α-Lactosehydrat* [10]. Es konnten optisch reine

---

*) In der Elementarzelle der *Tröger*-Base 1 liegen zwei etwas unterschiedliche Moleküle vor [14]

"Spiegelbildisomere" gewonnen werden. {Drehwerte (+)-Enantiomer: $[\alpha]_D^{17}$ = +287(±7); (-)-Enantiomer: $[\alpha]_D^{17}$ = -278(±7) (in Hexan)}. Damit war zum ersten Mal eine Verbindung mit asymmetrisch substituierten dreibindigen Stickstoffatomen in stabile Enantiomere gespalten worden, und darüber hinaus war erstmals die Spaltung eines Racemats mit Hilfe der chromatographischen Methode (optisch aktives Säulenmaterial) geglückt.

Mit der chromatographischen Spaltung der racemischen *Tröger*-Base 1 haben sich in den letzten Jahren wieder verschiedene Arbeitskreise befaßt, zumal nach der *Prelog*schen Methode nur 5.5% der eingesetzten racemischen Verbindung in optisch aktiver Form erhalten wurden.

Erfolgreichere Methoden wurden durch die Wahl anderer Säulenmaterialien sowie durch die Anwendung des HPLC-Verfahrens entwickelt. So führten *Hesse* und *Hagel* die Racematspaltung an Cellulosetriacetat durch [16]; weitere Verbesserungen erzielten *Lindner* und *Mannschreck* unter HPLC-Bedingungen [17]. Schließlich fand *Okamoto* in (+)-Poly(triphenylmethylmethacrylat) [(+)-*PTrMA*] ebenfalls ein für die *Tröger*-Basen-Trennung geeignetes chirales Adsorbens [18]. Mit beiden Säulenmaterialien werden vollständige **Racematspaltungen** erreicht.

Nach der erfolgreichen Racematspaltung der *Tröger*schen Base stand die Frage nach der absoluten Konfiguration der Enantiomere im Mittelpunkt des Interesses. Die äußerliche Ähnlichkeit des aus Argemone-Pflanzen gewonnenen Alkaloids Argemonin und der *Tröger*-Base 1 veranlaßte *Cervinka* zu einem empirischen Vergleich der optischen Rotationsdispersions-(ORD-)Kurven [19]. Da die absolute Konfiguration des Argemonins (3) bekannt war, zog er den - wie sich herausstellte, falschen - Schluß, daß (-)-Argemonin und das (+)-Enantiomer der *Tröger*schen Base die gleiche absolute Konfiguration (*S,S*) besitzen. Wie aber *Mason* [20] wenig später durch Messen des Circulardichroismus und Aufnahme der Absorptionsspektren der Enantiomere beweisen konnte, entspricht dem (*S,S*)-Argemonin die (*R,R*)-(+)-*Tröger*sche Base. Das (-)-Enantiomer besitzt folglich die absolute Konfiguration (*S,S*).

$(-)$-3 $(+)$-3

Die Enantiomere der *Tröger*schen Base sind in neutralem Medium stabil

und lassen sich sogar ohne merkliche Inaktivierung im Hochvakuum sublimieren. Eine Racemisierung tritt dagegen in saurer Lösung schon bei Raumtemperatur spontan ein. *Prelog* und *Wieland* führten dies auf die Instabilität
der N-CH$_2$-N-Gruppierung in saurem Medium zurück [10]. Die Existenz
eines dadurch als Intermediat entstehenden Iminium-Ions konnte allerdings
bisher nicht nachgewiesen werden.

5.1.4 Darstellung der *Tröger*-Base und analoger Verbindungen

Die *Tröger*sche Base 1 wird im allgemeinen in einer einstufigen, vom *p*-To-
luidin ausgehenden Synthese erhalten, die der ursprünglich von *Tröger* [1]
durchgeführten entspricht und von *Wagner* [7a] verbessert worden ist. Außer
dieser ist auch ein vielstufiges Verfahren möglich, das vom 5-Methylanthra-
nilsäuremethylester ausgeht und von *Cooper* und *Partridge* [8] entwickelt
wurde . In der heutigen Praxis wird sinnvollerweise der einstufigen Herstel-
lungsmethode der Vorzug gegeben. Wie *Härig* in Versuchsreihen zur Optimierung der *Tröger*-Reaktion feststellen konnte, sind die Erfolge dabei stark
vom eingesetzten Lösungsmittel abhängig [21]. Ausbeuten um 68% werden
erhalten, wenn in Eisessig gelöstes *p*-Toluidin in saurem Medium mit Paraformaldehyd umgesetzt wird:

1

Nachdem Struktur und Bildungsmechanismus der *Tröger*schen Base 1 weitgehend aufgeklärt waren [5,7-9], wurde von verschiedenen Seiten versucht, analoge **Diazocine** herzustellen. Dabei war das Interesse auf das synthetische
Verfahren beschränkt. Als Ausgangsubstanzen wurden andere *para*-substitu-
ierte aromatische Amine als das von *Tröger* eingesetzte *p*-Toluidin gewählt
und analog mit Paraformaldehyd zur Reaktion gebracht. Auf diese Weise
gelang es *Wagner* und *Miller*, durch Einsatz von *p*-Anisidin und *p*-Phenetidin
das Methoxy- (2) und Ethoxy-Derivat (4) der *Tröger*schen Base 1 herzustellen [22]. Die entsprechenden Reaktionen mit *p*-Chloranilin und *p*-Brom-
anilin als aromatische Amine führten hingegen nicht zum Erfolg, sondern

blieben infolge einer Konkurrenzreaktion auf einer Zwischenstufe der Reaktion stehen [22]. *Smith* und *Schubert* konnten bei der Umsetzung von polymethylierten Anilinen mit Formaldehyd das *Tröger*-Basen-Analoge 5 isolieren [23].

4   5

Eingehender befaßte sich *Härig* mit der *Tröger*-Basen-Reaktion und mit verschieden substituierten *Tröger*-Basen [21]. Er setzte Aniline mit unterschiedlichem Substitutionsmuster ein, wobei sich je nach Art und Stellung der Substituenten die entsprechenden Derivate in unterschiedlichen Ausbeuten bilden. Entscheidende Voraussetzung für die Bildung der Diazocine ist nach diesen Versuchen die Besetzung der *para*-Stellung des Anilins durch einen Substituenten, der in Bezug auf die Reaktionsbedingungen keine Reaktivität zeigen darf. 2,5-Dimethylanilin oder 4-Chloranilin bilden beispielsweise keine *Tröger*-Base. Diese Feststellung steht in Übereinstimmung mit dem Mechanismus der *Tröger*-Reaktion [5-9], welcher eine intermediäre Benzidin-Umlagerung einschließt, die nur bei besetzter *para*-Stellung in die *ortho*-Position gelenkt wird, was wiederum die Vorbedingung für die weiteren Reaktionsschritte ist, die schließlich zu den *Trögerschen* Basen führen.

Auf den Erkenntnissen *Härigs* aufbauend versuchte *Farrar* kurze Zeit später, das Naphthalen-Analoge 6 der *Tröger*-Base 1 herzustellen [9]. Wie sich herausstellte, bilden sich in diesem Falle drei isomere *Tröger*-Basen 6a-c, die sich nicht voneinander trennen ließen.

6a   6b

6c

5.1.5 Neuere Entwicklungen

In jüngster Zeit wurden weitere Verbindungen mit *Tröger*-Basen-Gerüst dargestellt: Auf der Suche nach neuen chiralen Wirtverbindungen machte *Wilcox* [14a] die analogen Diazocine **7a-e** und **8** zugänglich:

7a: X = $CH_2 OH$
b: X = $CH_2 Br$
c: X = $CH_2 NH_2$
d: X = Phth
e: X = NH_2
(Phth = Phtalimid)

X = O—⟨ ⟩—CN

Makrocyclische Analoga der *Tröger*-Base **1** wurden neuerdings auch von *Fukae* und *Inazu* [24] beschrieben.

9

10: n=1
11: n=2
12: n=3

Sie setzten 1,2-Bis(4-aminophenyl)alkane (9) mit Paraformaldehyd um und erhielten die makrocyclischen Ringverbindungen **10-12**. Der in hohen Ausbeuten entstehende Cyclus **11** mit n = 2 liegt in Form dreier Isomere (eine *meso*- und zwei optisch aktive Verbindungen) vor, die durch Chromatographie getrennt werden können.

Organische Ammoniumsalze des Typs $R_4N^{\oplus}X^{\ominus}$ bilden, wie vor einigen Jahren an einer Vielzahl von Beispielen gezeigt wurde, ganz allgemein Einschlußverbindungen, d.h. sie nehmen bei der Kristallisation Lösungsmittelmoleküle in stöchiometrischen Verhältnissen im Kristallgitter auf. Auch alkylierte *Tröger*-Basen machen hier keine Ausnahme. Es zeigte sich, daß Oniumsalze des Typs **13** größere Lösungsmittelmoleküle wie Dioxan, Benzen und andere aromatische Lösungsmittel, aber auch kleinere Moleküle wie Ethanol und *sec*-Butanol, in "Clathraten" binden [13,25]:

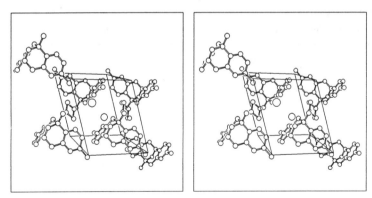

13

<u>Abb.6</u> zeigt die durch *Röntgen*-Kristallstrukturanalyse ermittelte Elementarzelle des Dioxan-Einschlusses im Wirtgitter des Methoiodids **13** [13].

<u>Abb.6</u>. Elementarzelle der Dioxan-Einschlußverbindung des Clathrat-Wirts **13** (Stereobild). Die isolierten Kugeln sind die Iodid-Ionen

Im Vergleich mit den *Röntgen*-Kristallstrukturen der freien Basen **1** [13] und

2 [14] (s.o.) wird der Winkel an der Methylenbrücke zwischen den beiden Stickstoffatomen durch die Methylierung des einen Stickstoffatoms nur geringfügig verändert, ebenso die restlichen Bindungswinkel und die Bindungslängen. Der Winkel, den die Ebenen der beiden aromatischen Ringe im Molekül des *Tröger*-Basen-Salzes bilden, beträgt im Dioxan-Clathrat 86.2°, was bedeutet, daß diese auch hier nahezu senkrecht zueinander stehen.

Wie weiterhin aus <u>Abb.6</u> zu ersehen ist, sind die Abstände zwischen Wirt, zugehörigem Anion und Gast so groß, daß Wechselwirkungen, wie etwa spezifische Ion-Dipol-Bindungen, ausgeschlossen werden können. Der mittlere Abstand zwischen den Iodid-Ionen und den Sauerstoffatomen des Dioxans beträgt ca. 425 pm. Die Packung im Kristallgitter ist in <u>Abb.7</u> gezeigt [13]. Daraus ist eindeutig zu erkennen, daß es sich tatsächlich um einen Einschluß von der Art eines Clathrats handelt: Das Gastmolekül Dioxan wird außer durch Dispersionskräfte durch keine koordinativen Wechselwirkungen festgehalten. Die Fixierung in dem stabilen ionischen Wirtgitter hat rein sterische Ursachen. Das durch Elementaranalyse und ^{1}H-NMR-Spektroskopie ermittelte Wirt-Gast-Verhältnis von 2:1 wird bestätigt. In der asymmetrischen Einheit befinden sich ein Molekül der quaternären *Tröger*-Base, ein Iodid-Ion und ein "halbes" Dioxan-Molekül, so daß das Dioxan sowohl über ein chemisches als auch über ein kristallographisches Inversionszentrum verfügt, infolgedessen das Gitter aus alternierenden Schichten von *Tröger*-Basen-Molekülen und Iodid-Anionen besteht. Eine Schicht von Wirtmolekülen wird aus paarweise angeordneten, quaternären *Tröger*-Basen in der Art aufgebaut, daß nahezu kanalförmige Hohlräume entstehen.

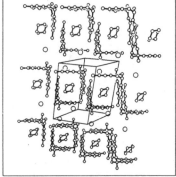

<u>Abb.7</u>   Packung im Kristallgitter des Clathrats von **13** mit Dioxan (Stereobild) [13]

Betrachtet man die Packung in vertikaler Richtung, so findet man eine charakteristische enge Stapelung von Wirtmolekülen. In horizontaler Richtung läßt sich außer dem unpolaren Bereich des *Tröger*-Basen-Gerüsts eine polare Region erkennen, in der die positiv geladenen Stickstoffatome und die Iodid-Anionen anzutreffen sind. Folglich besteht der ganze Kristall aus alternierenden Bereichen entgegengesetzter Polarität. Die Dioxan-Moleküle befinden sich in den jeweils von Paaren der *Tröger*-Basen-Moleküle aufgebauten Hohlräumen, also in der apolaren Region des Gitters. Die Ebenen, in denen das Dioxan und jeweils die beiden aromatischen Ringe der *Tröger*-Base liegen, bilden miteinander Winkel von 47° und 62°. Weitere Einzelheiten zur *Röntgen*-Kristallstruktur können der Literatur [13] entnommen werden.

Einschlußverbindungen anderer Art, bei denen *Tröger*-Basen-Moleküle einen Teil des Wirtmoleküls bilden, wurden kürzlich von *Wilcox* dargestellt [26]. Der wasserlösliche, durch den Einbau des *Tröger*-Basen-Gerüsts relativ starre Makrocyclus **14** komplexiert in wässriger Lösung aromatische Verbindungen wie 2,4,6-Trimethylphenol. Der Einschluß der Gastmoleküle in den Hohlraum des Wirt-Cyclophans (siehe Studienbuch "Supramolekulare Chemie", Teubner 1989) wurde jeweils durch die Änderung in den chemischen Verschiebungen der aromatischen Protonen des Gasts und der benzylischen Protonen des Wirts nachgewiesen [26].

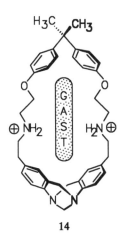

14

(Ein aromatisches Gastmolekül ist schematisch
senkrecht zur Papierebene im Wirt-Hohlraum
eingezeichnet)

Am Beispiel der *Tröger*-Base wurde vor kurzem auch gezeigt, daß eine weitere <u>Anreicherung</u> des Anteils eines Enantiomers ausgehend von der geringfügig Enantiomer-angereicherten Racemform durch "normale" Chromatographie an <u>a</u>chiralem Säulenmaterial möglich ist (*Lahav, Dreiding*). Dieser *"chromatographische ee-Effekt"* ist theoretisch zu erwarten, da die Umgebung eines Enantiomers durch einen Über- oder Unterschuß des anderen Enantiomers gekennzeichnet ist (chirale Umgebung).

Auch durch Sublimation und Zonenschmelzen lassen sich Anreicherungen erzielen. Voraussetzung dürfte in jedem Fall eine merkliche gegenseitige molekulare Erkennung zwischen den Enantiomeren sein. Der Überschuß eines Enantiomeren wirkt offenbar wie ein "chirales Additiv" (siehe Studienbuch "Supramolekulare Chemie", Teubner 1989).

Wie die Entwicklung der letzten Jahre im Bereich der Chemie um die *Tröger*-Base zeigt, ist die nun seit hundert Jahren bekannte und erforschte Verbindung immer noch interessant und aktuell und läßt auch in Zukunft neue Einsichten und Erkenntnisse erwarten.

5.2 Acetylsalicylsäure (ASS)

5.2.1 Einleitung

Seit 1899 ist die *Acetylsalicylsäure* (1) unter dem Namen **Aspirin**® als schmerzstillendes (analgetisches), fiebersenkendes (antipyretisches) und entzündungshemmendes (antiphlogistisches) Medikament auf dem Markt. Mit einer Weltjahresproduktion von ca. 40 000 t gehört dieser Wirkstoff zweifellos auch heute noch zu den bedeutendsten Pharmaka; in den meisten Industrieländern rechnet man mit einem durchschnittlichen pro-Kopf-Verbrauch von 30 g (ca. 100 Tabletten) jährlich [1].

1

Zwar wird die Acetylsalicylsäure nun schon seit fast 90 Jahren allein oder in Kombinationspräparaten angewendet, doch gerade in den letzten zwei Jahrzehnten konnten wichtige Entdeckungen zu ihrem Wirkungsmechanismus gemacht werden, die diesen Wirkstoff für immer neue Einsatzgebiete - z.B. in mikroverkapselter Form zur Thrombocytenaggregrations-Hemmung - interessant erscheinen lassen. So wurde erst 1982 in den USA die Aspirin-Foundation of America gegründet, eine Vereinigung von Pharmaka-Herstellern, die die weitere Erforschung dieses Arzneimittels zum Ziele hat [1].

5.2.2 Historisches

Die Geschichte der Acetylsalicylsäure beginnt eigentlich schon lange vor ihrer erstmaligen Synthese durch den französischen Chemiker *Gerhardt* im Jahre 1853.

Die Wirkung von Salicylaten gegen Schmerz und Fieber wurde nämlich bereits im Altertum ausgenutzt; schon *Hippokrates* (460-377 v.Chr.) kannte aus der Rinde der Weide (Salix) gewonnene Auszüge oder Aufgüsse als Mittel gegen Schmerzen und Fieber [2].

Während man im Mittelalter sowohl die Weidenrinde als auch die Blüten der Spierstaude (Spiraea ulmaria) in der Volksmedizin verwendete [2,3], wurde die Wissenschaft erst 1763 wieder auf die Inhaltsstoffe der Weidenrinde aufmerksam, als der englische Geistliche *Edward Stone* der Royal Society über seine Untersuchungen mit derartigen Extrakten an 50 fiebernden Patienten berichtete [1,2]. Wegen der Kontinentalsperre konnte zu Beginn des 19. Jahrhunderts das antipyretisch wirksame Chinin nicht mehr nach Mitteleuropa eingeführt werden, so daß das Interesse an den fiebersenkenden Bestandteilen der Weidenrinde stieg.

Nachdem das Glykosid Salicin (2) aus der Weidenrinde isoliert worden war, stellte der Italiener *Piria* daraus im Jahre 1838 die Salicylsäure (4) her, die, wie im Jahr darauf festgestellt wurde, mit der von *Löwig* aus der Spierstaude gewonnenen "Spiersäure" identisch ist.

$$
\underset{\textbf{2}}{\overset{\displaystyle \text{CH}_2\text{OH}}{\underset{\displaystyle \text{O(C}_6\text{H}_{11}\text{O}_5)}{\bigcirc\!\!\!\bigcirc}}}
\longrightarrow
\underset{\textbf{3} \;\; \text{Salgenin} \atop = \text{Salicylalkohol}}{\overset{\displaystyle \text{CH}_2\text{OH}}{\underset{\displaystyle \text{OH}}{\bigcirc\!\!\!\bigcirc}}}
\;\; + \;\; \text{D–Glucose}
$$

$$\downarrow \text{Ox.}$$

$$
\underset{\textbf{4}}{\overset{\displaystyle \text{COOH}}{\underset{\displaystyle \text{OH}}{\bigcirc\!\!\!\bigcirc}}}
$$

Heute weiß man, daß das Salicin (2) im Organismus gespalten und das entstehende Salgenin (3) zur Salicylsäure (4) aufoxidiert wird [4,5]; bei der Anwendung der Weidenrinde liegt also quasi eine Salicylsäure-Therapie vor [4].

Zur Gewinnung der Salicylsäure (4) diente zunächst das Gaultheriaöl, ein ätherisches Öl der Gaultheria (Teebeere, Wintergrün). *H. Kolbe* fand jedoch 1859 ein Verfahren, um 4 ausgehend von Phenol zu synthetisieren [6]. Nach der Übertragung des *Kolbe*-Verfahrens auf technische Maßstäbe war der Weg für eine kostengünstige Produktion der Salicylsäure (4) frei. In der folgenden Zeit wurde die Salicylsäure zur Therapie von Fieber und Schmerz angewendet; aufgrund ihrer entzündungshemmenden Eigenschaften eignet sie sich als Mittel zur Behandlung des Rheumatismus. Die dabei verabreichten relativ hohen Dosen führten allerdings zu Reizungen der Magenschleimhaut. Daher versuchte man, den Arzneistoff durch chemische Veränderungen in seinen physiologischen Eigenschaften zu verbessern.

Das Natriumsalicylat (5) konnte zwar die freie Säure in der Behandlung des akuten Gelenkrheumatismus ersetzen, ist aber ebenfalls noch schlecht verträglich.

5

Wie erwähnt, war die Acetylsalicylsäure (1) im Jahre 1853 von dem französischen Chemiker *Gerhardt* erstmalig aus Acetylchlorid und Salicylsäure synthetisiert worden. Allerdings hatte *Gerhardt* das Produkt nur in unreiner und wenig haltbarer Form [2] auf einem komplizierten Weg [1] erhalten, so daß man dem neuen Salicylsäure-Derivat trotz seiner Wirksamkeit und besseren Verträglichkeit zunächst keine weitere Beachtung geschenkt hatte. 44 Jahre später jedoch konnte der junge Chemiker *F. Hoffmann* (auf der Suche nach einem verträglichen Arzneistoff für seinen rheumakranken Vater) die Acetylsalicylsäure aus Salicylsäure und Essigsäureanhydrid chemisch rein und in haltbarer Form synthetisieren. Der neue Wirkstoff wurde im pharmakologischen Laboratorium der Farbenfabriken *Friedrich Bayer und Co.* in Elberfeld geprüft und nach tierexperimentellen und klinischen Untersuchungen und seiner Eintragung beim Kaiserlichen Patentamt in Berlin 1899 auf den Markt gebracht. Im Namen *"Aspirin"* erinnert der erste Buchstabe an die Vorsilbe "Acetyl" und die Silbe "spir" an die aus der Spiraea ulmaria (Spierstaude) gewonnene Spier- oder Salicylsäure.

Heute ist Aspirin in 70 Ländern als Warenzeichen der Bayer AG, Leverkusen, geschützt; die Rechte an diesem Handelsnamen gingen jedoch mit dem Versailler Vertrag 1919 in den Ländern der Siegermächte des Ersten Weltkriegs verloren, so daß dort "Aspirin" ein Freiname ist.

Insgesamt wird Acetylsalicylsäure (**ASS**) heute unter mehr als 100 Handelsnamen vertrieben [7]; der Wirkstoff wird sowohl tablettiert, als auch pulverisiert (auch in Form von Salzen der Acetylsalicylsäure) und inzwischen auch mikroverkapselt (Colfarit®) angeboten.

Ungeachtet des Welterfolges der ASS scheint die Geschichte der Salicylate -

gerade was ihre biologische Wirkung angeht - noch nicht zu Ende geschrieben zu sein. Erst kürzlich identifizierten amerikanische Wissenschaftler die Salicylsäure als wirksamen Bestandteil des "Calorigens", welches für die Wärmeproduktion in Blüten bestimmter thermogener Pflanzen verantwortlich gemacht wird [8].

5.2.3 ASS aus chemischer Sicht - Herstellung und Struktur

Bei der Herstellung der Acetylsalicylsäure wird zunächst die Salicylsäure nach dem *Kolbe-Schmitt*-Verfahren synthetisiert. Dabei erhält man durch Einwirkung von Kohlendioxid auf trockenes Natriumphenolat (6) Natriumsalicylat (5).

Die Reaktion wird bei einem Druck von 5 bar bei 150-160°C durchgeführt und verläuft mit Ausbeuten um 90%. Beim ursprünglichen technischen Verfahren von *Kolbe* (1874) erhielt man ohne Anwendung von Druck wesentlich geringere Ausbeuten, da sich in diesem Falle Dinatriumsalicylat (7) und Phenol (8) in nennenswertem Umfang bilden [9].

Beim *Kolbe-Schmitt*-Verfahren werden dem Natrium-Ion komplexierende Eigenschaften zugeschrieben, die eine *ortho*-Substitution am Aromaten (S_E)

gegenüber der *para*-Substitution begünstigen.

Tatsächlich wird der Substitutionsort (*ortho* oder *para*) stark von der Wahl der Temperatur und des Alkalimetall-Ions beeinflußt. So entsteht bei 220°C aus Kaliumphenolat fast nur *p*-Hydroxybenzoat [9]. Die Acetylsalicylsäure kann man durch Erhitzen von Salicylsäure mit Essigsäureanhydrid unterhalb 90°C erhalten. Dabei kann in Lösungsmitteln wie Essigsäure, aromatischen, aliphatischen oder chlorierten Kohlenwasserstoffen gearbeitet werden. Auch katalytische Mengen von Säure oder *tert*-Aminen können eingesetzt werden.

4   **6**

Von der farblosen Acetylsalicylsäure sind sechs kristalline Modifikationen bekannt [10a]. Die Substanz ist wenig in kaltem Wasser, besser in Ether löslich [7]. Abgesehen von der Löslichkeit ist für das Resorptionsverhalten der Acetylsalicylsäure im Organismus auch der pK_S-Wert von 3.7 (bei 26°C) von Bedeutung [10b]. Nach der *Röntgen*-Kristallstrukturanalyse von *Wheatley* liegt die in Abb.1 gezeigte Anordnung der Moleküle vor [11]. Benzenring, phenolischer Sauerstoff und Carboxylgruppe des Moleküls liegen in einer Ebene, die mit einer zweiten, die Acetylgruppe enthaltenden Ebene einen Winkel von 84° einschließt. Jeweils zwei Moleküle bilden über Wasserstoffbrücken Dimere. Insgesamt ergibt sich für den Kristall eine Schichtstruktur.

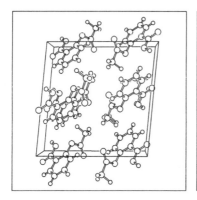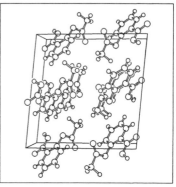

<u>Abb.1.</u>   *Röntgen*-Kristallstrukturanalyse   der   Acetylsalicylsäure [11]   (Stereobild)

5.2.4 Zur Pharmakokinetik [13-17]

Oral verabreichte Acetylsalicylsäure gelangt zunächst in das saure Milieu des Magensaftes. Dort liegt die Säure zum größten Teil in undissoziierter Form vor, ist daher gut lipidlöslich und kann schnell in die Schleimhautzellen abdiffundieren. Der in den Schleimhautzellen vorliegende höhere pH-Wert bewirkt eine Dissoziation der Säure, so daß ein hoher Konzentrationsgradient für die Diffusion besteht. Dies kann zu einer Anreicherung in den Magenschleimhautzellen führen. Schon im Magen-Darm-Trakt, oder aber bei der Passage der Darmwand, beginnt die hydrolytische Spaltung der Estergruppe von 1 mit einer Halbwertszeit von ca. 15-30 Minuten. Ein kleiner Teil der ASS hydrolysiert jedoch nicht und kommt unverändert zur Wirkung. Die durch Esterspaltung aus der Acetylsalicylsäure hervorgegangene Salicylsäure kann aus dem Organismus über die Niere ausgeschieden werden; andere Metaboliten, die sich im Harn finden, sind das Salicylat-Ether- und -Esterglucuronid (9, 10), Salicylursäure (11) und Gentisinsäure (12). Die Umwandlung der Salicylsäure in diese Verbindungen erfolgt auf enzymatischem Wege hauptsächlich in der Leber; auf diese Weise wird die Salicylsäure desaktiviert.

9   **10**

11   **12**

5.2.5 Acetylsalicylsäure als Medikament

5.2.5.1 ANWENDUNGSGEBIETE UND WIRKUNG DER ASS

Bekannt ist die Acetylsalicylsäure für ihre analgetischen (schmerzstillenden) und antipyretischen (fiebersenkenden) Eigenschaften. Ihre entzündungshemmende (antiphlogistische) Wirkung ist zwar schwächer als die der Salicylsäure, dennoch kommt die ASS wegen ihrer besseren Verträglichkeit auch bei rheumatischen Erkrankungen zur Anwendung. Darüber hinaus wird die Substanz seit einigen Jahren auch zur Vorbeugung von Thrombosen verabreicht; Acetylsalicylsäure dient der Prophylaxe von Herz- und Hirninfarkten.

Der therapeutische Effekt des Medikamentes hängt stark von seiner Dosierung ab. Während zur Erzielung von analgetischen und antipyretischen Wirkungen eine geringe Dosis ausreicht (eine Aspirin-Tablette enthält üblicherweise 0.5 g Acetylsalicylsäure), müssen in der Rheumatherapie Salicylatkonzentrationen im Plasma von bis zu 250 mg/l aufgebaut werden. Die orale Dosis für eine antiphlogistische Wirkung beträgt damit 3-6 g/d, womit die toxische Untergrenze erreicht wird [14,17,18].

Lange Zeit war über den Wirkungsmechanismus dieses meistverwendeten

Medikaments wenig bekannt, und immer noch ist er aufgrund seiner Komplexität nicht völlig geklärt. Dennoch hat man heute - spätestens seit der Entdeckung des Einflusses von Acetylsalicylsäure auf die Prostaglandin-Biosynthese - gute Ansatzpunkte, um die Wirkungsweise der Acetylsalicylsäure im Organismus zu verstehen. Zunächst wurden die physiologischen Wirkungen der Acetylsalicylsäure allein dem Salicylatrest, der bei der Hydrolyse des Moleküls im Körper in großen Mengen anfällt, zugeschrieben. Diese Hypothese konnte jedoch inzwischen widerlegt werden. In den 50er Jahren schlug man einen Mechanismus vor, nach dem die Acetylsalicylsäure ihre Wirkung durch eine Steigerung der Sekretion von antiphlogistisch wirksamen Hormonen (z.B. von Corticoidin) entfaltete - doch auch diese Vorstellung erwies sich als nicht haltbar [2].

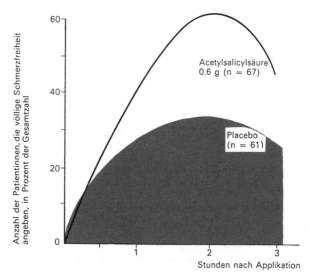

Abb.2. Wirkung von Acetylsalicylsäure und von Placebo beim postpartalen Schmerz (nach [18]): Unter Anwendung von Placebo gaben 30% der behandelten Patientinnen Schmerzfreiheit an: Placeboeffekt. Acetylsalicylsäure führt bei etwa 60% der Patientinnen zu Schmerzfreiheit. Die Wirkung der Acetylsalicylsäure-haltigen Tabletten ist also zum Teil psychisch bedingt, zum Teil beruht sie auf dem in ihnen vorhandenen Wirkstoff. Eine ähnliche Wirkung, wie sie hier mit 600 mg Acetylsalicylsäure erreicht wurde, kann auch mit 30 mg Codein erzielt werden

Der später mit dem Nobelpreis ausgezeichnete britische Pharmakologe *Vane* entdeckte 1971 [19], daß ASS, aber auch andere nichtsteroidale Antirheumatika wie Natriumsalicylat und Indometacin, die **Biosynthese der Prostaglandine** (PG) hemmen. Da es sich bei den Prostaglandinen um hormonähnlich wirkende Substanzen handelt, die in fast allen Zellen gebildet werden können und im Organismus vielfältige Funktionen (z.B. Förderung entzündlicher Prozesse) haben, liefert *Vanes* Entdeckung eine mögliche Erklärung nicht nur für die analgetische, antipyretische und antirheumatische Wirkung der Acetylsalicylsäure, sondern auch für einige der Nebenwirkungen des Medikaments und für seinen Einfluß auf die Aggregation der Blutplättchen (Thrombocyten), die ihrerseits eine große Rolle bei Gefäßerkrankungen spielen.

Indometacin

Allerdings scheinen neben der Hemmung der Prostaglandin-Biosynthese noch weitere physiologische Wirkungen der Acetylsalicylsäure (ASS) vorzuliegen. Um den Unterschied zwischen der antiphlogistischen Wirkung der Acetylsalicylsäure und anderen Hemmern der Prostaglandin-Biosynthese erklären zu können, wurde beispielsweise vermutet, daß Acetylsalicylsäure in der Lage ist, eine Überreaktion der Leukocyten in entzündlichen Prozessen zu bremsen [20].

Auch die Schutzwirkung der Acetylsalicylsäure vor **Infarkten** hat möglicherweise noch andere Ursachen: Nach einer Theorie von *Sullivan* [21] wird der Herzinfakt nicht allein durch Blutgerinnsel, sondern auch durch zu hohe Eisenkonzentrationen im Blut verursacht. Die Wirkung der ASS liegt nun auch darin, daß sie die Thrombocytenaggregation irreversibel hemmt, was zu einer erhöhten Blutungsneigung und damit Eisenausscheidung führt [20].

Schließlich soll noch ein anderer Wirkungsmechanismus angesprochen werden, den man für die **antirheumatische Wirkung** der Salicylsäure verantwortlich macht: Im Knorpelgewebe sind die sogenannten Proteoglycane - aus Protein und Polysaccharid bestehende Substanzen - für die zähelastischen

Eigenschaften im Gelenk bestimmend. Ein wesentlicher Bestandteil dieser Proteoglycane ist die Hyaluronsäure, die ihrerseits durch das Enzym Hyaluronidase (Hyaluronat-Lyase) gespalten werden kann. Da Salicylsäure in der Lage ist, dieses Enzym zu hemmen, läßt sich ihr antirheumatischer Effekt auch auf diesen Mechanismus zurückführen [22,23]. Offensichtlich gibt es - was bei den vielfältigen Wirkungen der Acetylsalicylsäure nicht verwundert - keine vollständige und abschließende Deutung der Wirkungsweisen dieser Substanz. Dennoch soll im folgenden Abschnitt näher auf einen der wohl wichtigsten Mechanismen, die Hemmung der Prostaglandin-Biosynthese, etwas näher eingegangen werden.

5.2.5.2 PROSTAGLANDINE UND ACETYLSALICYLSÄURE [24-26]

Prostaglandine sind formal Abkömmlinge der Prostansäure (13), die aus 20 C-Atomen besteht und als wesentliches Strukturmerkmal einen aliphatischen Fünfring enthält.

13

Die Prostaglandine verfügen zusätzlich über funktionelle Gruppen (Keto-, Hydroxyl-) und mehrere Doppelbindungen. Mit den strukturellen Variationen sind jeweils unterschiedliche biologische Wirkungen verknüpft. Die für den Menschen wichtigsten Prostaglandine leiten sich biosynthetisch von der Arachidonsäure (14) ab.

Arachidonsäure
14

Cyclooxigenase

Zunächst wird durch das Enzym **PG-Cyclooxigenase** (PG-Synthetase) ein Endoperoxid (PGG_2) gebildet. Die drei neu eingeführten Sauerstoffatome stammen alle aus molekularem Sauerstoff.

Im folgenden können über das Prostaglandin PGH_2 je nach Gewebe unterschiedliche, biologisch aktive Prostaglandine, wie z.b. PGI_2, das Prostacyclin, oder PGE_2, sowie das Thromboxan TXA_2 gebildet werden.

Die biologische Wirkung der Prostaglandine ist unterschiedlichster Art: Durch PGE_2 beispielsweise kann bei Vorliegen einer Entzündung im Zentralnervensystem eine Fieberreaktion hervorgerufen werden. Die Thrombocytenaggregation wird sowohl von dem in Blutplättchen gebildeten Thromboxan A_2, als auch durch das in den Gefäßendothelzellen synthetisierte Prostacyclin PGI_2 geregelt. Dabei wirkt TXA_2 aggregierend, PGI_2 dagegen verhält sich antiaggregatorisch.

Weitere typische Wirkungen der Prostaglandine sind die Kontraktion der Uterusmuskulatur oder die Beeinflussung der Schmerzentstehung.

Wie aber wirkt nun ASS?

Schon 1968 wurde durch Versuche in vitro nachgewiesen, daß Acetylsalicyl-säure Serumalbumin, eine Eiweißkomponente des Blutplasmas, unter physio-logischen Bedingungen zu acetylieren vermag [27]. Nach Untersuchungen von *Vane* und *Roth* inaktiviert Acetylsalicylsäure das Enzym PG-Cyclooxigenase (Prostaglandin-Synthetase, PG-Endoperoxid-Synthetase) irreversibel und hemmt dadurch die Prostaglandin-Biosynthese. Dies scheint auf eine Acety-lierung eines Serin-Rests des Enzyms durch ASS zurückzuführen zu sein [24].

Es ist verständlich, daß die ASS über die **Hemmung der Cyclooxigenase** die unterschiedlichsten Wirkungen im Organismus hervorrufen kann. Nicht nur die im vorigen Abschnitt geschilderten therapeutischen Effekte, sondern auch einige der von Acetylsalicylsäure hervorgerufenen Nebeneffekte, wie Wirkung auf den Darm-Magen-Trakt oder den Respirationstrakt ("Aspirin-Asthma" in seltenen Fällen) werden damit plausibel.

5.2.5.3 MODERNE ENTWICKLUNGEN [2,20,28]

Seit der Entdeckung des Einflusses von Acetylsalicylsäure auf die Thrombo-cytenaggregation sind mehrere Studien über den Einsatz der Substanz zur Prophylaxe von Herz- und Hirninfarkten durchgeführt worden. Erst kürzlich wurden die ersten Ergebnisse einer amerikanischen Großuntersuchung mit über 22000 freiwilligen Versuchspersonen veröffentlicht [29]. Tatsächlich scheint eine regelmäßige Einnahme von Acetylsalicylsäure zumindest bei Männern das Risiko von Herz- und Hirninfarkten, soweit diese auf Durch-blutungsstörungen zurückzuführen sind, zu vermindern.

Eine ganz andere Wirkung beobachtete *Cothier* in einer Retrospektivstudie: Patienten, meist Rheumatiker, die längere Zeit mit Acetylsalicylsäure behan-delt worden waren, entwickelten seltener einen Grauen Star (Alterskatarakt) als eine Vergleichsgruppe.

Weltweite Untersuchungen zum Einfluß von ASS auf das Immunsystem des Menschen deuten darauf hin, daß sich ASS - jedenfalls bei gleichzeitiger

Gabe von Thymosin - positiv auf die körpereigene Immunabwehr auswirken könnte. Angeblich wird die Ausschüttung der körpereigenen Substanzen Interleukin-2 und Gamma-Interferon, welche die Aktivität der Immunabwehr steigern, erhöht [30]. Diese Ergebnisse sind zwar im Hinblick auf die Therapie von Krebs interessant, jedoch muß auch hier vor übereilten Schlüssen und allzu großen Hoffnungen gewarnt werden.

Bezüglich der galenischen Darreichungsformen hat es nicht an Versuchen gefehlt, die Magenverträglichkeit von Acetylsalicylsäure zu verbessern. Das Medikament ist heute in Form von Brausetabletten, zusammen mit basischen Puffern, und in mikroverkapselter Form auf dem Markt. Besonders in der Langzeittherapie scheint sich das mit Ethylcellulose mikroverkapselte Colfarit® durchgesetzt zu haben [28].

Eine der wohl neuesten Acetylsalicylsäure-Zubereitungen ist ein haltbares wasserlösliches und damit injizierbares Präparat, das Lysin-Acetylsalicylat.

5.3 Vitamin B_6 (Pyridoxin)

5.3.1 Einleitung

Die Vitaminforschung nahm im 19. Jahrhundert ihren Ausgang von der ärztlichen Erkenntnis, daß das Fehlen bestimmter chemischer Stoffe (*"Vitamine"*) in der mengenmäßig eigentlich ausreichenden Nahrung schwere Schäden im Organismus hervorruft.

So war schon 1885 dem japanischen Arzt *Takaki* aufgefallen, daß die damals in den reiskonsumierenden Ländern Asiens häufige Beriberi-Krankheit ("Avitaminose B_1") nur bei einseitiger Ernährung durch polierten Reis auftrat. Fügte er der Nahrung die vorher entfernte Reiskleie wieder zu, verschwanden die Krankheitssymptome [1]. In den Jahren 1910 bis etwa 1930 setzte ein lebhaftes Suchen nach "vorbeugenden Stoffen" für diese und andere Mangelerscheinungen ein. Man fand eine ganze Reihe von bisher unbekannten und wegen ihrer hohen Verdünnung damals schwer zu fassenden Stoffe, die in kleinsten Mengen (wie etwa Katalysatoren) enorme biologische Wirkungen hervorrufen.

Zu den schwierigsten Aufgaben gehörte wohl die Entdeckung, Isolierung und Identifikation der einzelnen Komponenten des wasserlöslichen Vitamin B-Komplexes.

5.3.2 Historisches

Für das ursprüngliche Vitamin B_2 schlug *György* 1934 eine Unterscheidung in das eigentliche Vitamin B_2 (Flavin) und in den Faktor B_6 vor (wirksam gegen die pellagraähnliche Ratten-Dermatitis) [2].

Weiterhin fand er heraus, daß Vitamin B_6-Mangel durch einige ungesättigte Fettsäuren (früher als "Vitamin F" bezeichnet) behoben werden kann, was zu neuen Erkenntnissen bezüglich des Stoffwechsels, der biologischen Umwandlung und der Verwertung dieser essentiellen Faktoren im Organismus führte [3]. *Kuhn* und *Wendt* gelang es dann erstmals, dieses antidermatische Vitamin (aus Hefe) zu isolieren. Sie gaben ihm wegen seiner Wirkung den Namen "Adermin" [4].

Fast gleichzeitig wurde *Vitamin B6* von *Kereszetesy* und *Stevens* aus Reiskleie in kristallisierter Form isoliert [5]; beide Substanzen erwiesen sich als identisch.

Die Konstitution des Adermins wurde - unabhängig voneinander - im gleichen Jahr von *Harris* und *Folkers* [6] sowie von *R. Kuhn* und Mitarbeitern aufgeklärt; es wurde als ein Pyridin-Abkömmling (5-Hydroxy-6-methyl-3,4-pyridindimethanol) erkannt:

$$(C_8H_{11}NO_3)$$

Der Umstand, daß B_6 ein Hydroxy-Derivat des Pyridins ist, gab Anlaß zur neuen Bezeichnung *"Pyridoxin"* (PN, auch Pyridoxol).

Zur Vitamin B_6-Gruppe gehören noch die Derivate *Pyridoxal* (PL, 1), *Pyridoxamin* (PM, 2), *Pyridoxal-5'-phosphat* (PLP, 3) und *Pyridoxamin-5'-phosphat* (PMP, 4):

1 X= H
3 X= PO_3H_2

2 X= H
4 X= PO_3H_2

Alle diese Moleküle sind chemisch ineinander überführbar. In der Biochemie von Bedeutung ist Vitamin B_6 in Form von Pyridoxal-5'-phosphat oder Pyridoxaminphosphat. Wir beschränken uns hier weitgehend auf die Chemie des eigentlichen Vitamins B_6.

5.3.3 Eigenschaften

Pyridoxin bildet farblose Kristalle mit Schmelzpunkt 159-160°C (nach Sublimation bei 140-145°C/10^{-4} Torr) [8] und ist in den meisten organischen Lösungsmitteln leicht löslich. Die basische Dissoziationskonstante beträgt K_b = $6.2 \cdot 10^{-10}$. Aufgrund von mikrobiologischen Tests, der Bestimmung der Extinktionskoeffizienten u.a. wurde festgestellt, daß neutrale und schwach alkalische Lösungen des Vitamins B_6 bei Belichtung verhältnismäßig rasch Zersetzung erleiden, während Lösungen in 0.1 N Salzsäure praktisch beständig sind [9]. Diese Photolyse ist unabhängig von der Anwesenheit von Sauerstoff. Pyridoxin bildet mit Fe^{3+} in wäßriger Lösung Komplexe mit pK_c = 4.3 (in stark saurem Milieu) [10].

5.3.4 Synthesen

Die ersten Synthesen von Pyridoxin wurden im Jahr 1939 praktisch gleichzeitig bekannt: In den USA von *Harris, Folkers* und Mitarbeitern [11], in Deutschland von *R. Kuhn* et al. [12]. Von Ersteren wurden als Ausgangsstoffe Methoxy- bzw. Ethoxyacetylaceton und Cyanacetamid benutzt und zum 2-Methyl-4-alkoxymethyl-5-cyano-6-hydroxypyridin (5) kondensiert, das die Schlüsselverbindung der ganzen Synthese ist.

Es wurde zum 3-Nitro-Derivat nitriert und in einer längeren Reaktionsfolge in Pyridoxin übergeführt.

Von dieser Synthese wurden in der Folgezeit zahlreiche Varianten ausgearbeitet (siehe Schemata 1-3) [13]:

Schema 1

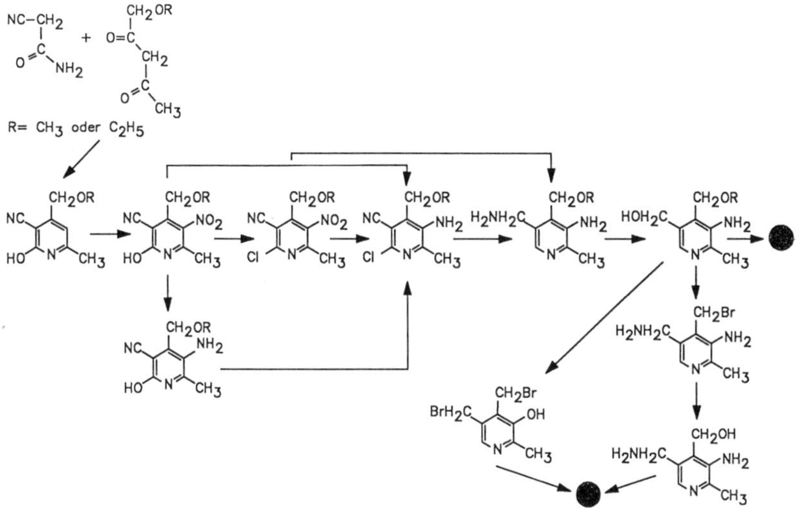

Schema 2

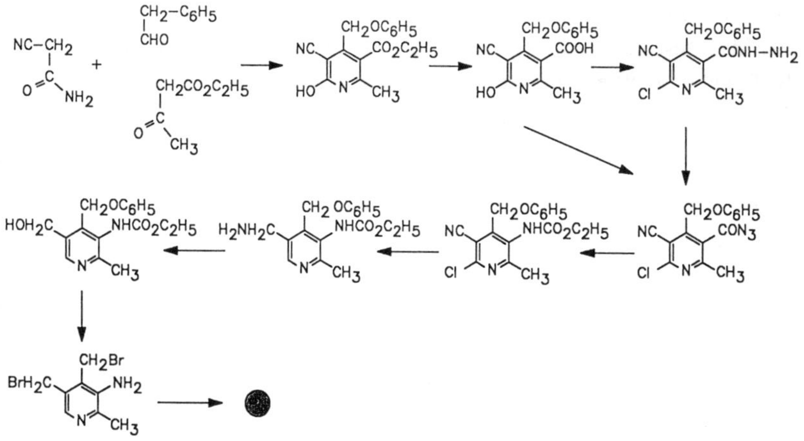

Schema 3

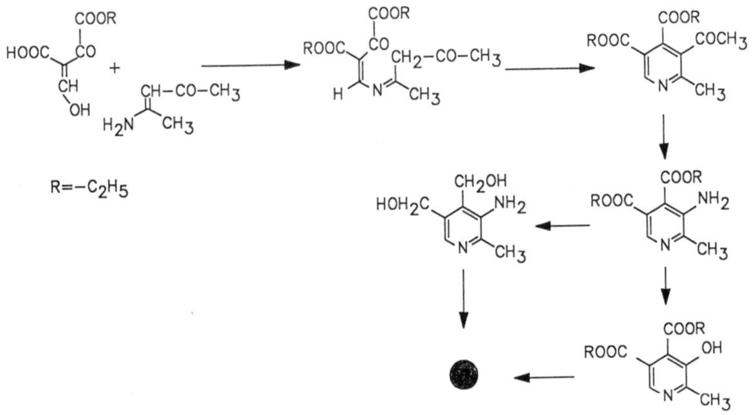

R. *Kuhn* ging von einem 3-Methyl-4-methoxyisochinolin aus, das am Benzenring Amino-substituiert war; dieses Isochinolin lieferte bei der Oxidation die 2-Methyl-3-methoxy-4,5-pyridindicarbonsäure (6), die in einem langwierigen Reaktionsweg in den Pyridoxol-methylether (7) übergeführt wurde, aus dem über das Bis(brommethyl)-Derivat (8) Pyridoxin gewonnen wurde (LiAlH$_4$ als Reduktionsmittel zur Verkürzung der Synthese wurde erst später genutzt):

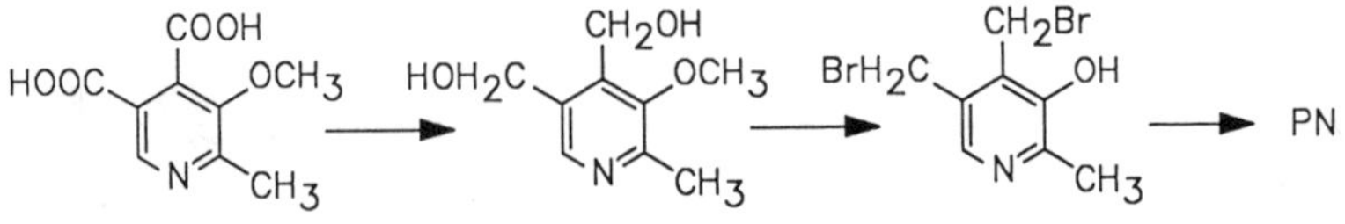

Wegen der schwierigen Zugänglichkeit des Isochinolins fand dieser Syntheseweg keine weitere Anwendung.

Erst ab 1950 wurden grundsätzlich neue Darstellungsverfahren für das Vitamin B$_6$ bekannt, die sich von den "klassischen" Wegen dadurch markant unterschieden, daß der Pyridinring weder durch Kondensation von aliphatischen

Ausgangsstoffen, noch durch Abbau kondensierter Heterocyclen (Chinolin, Isochinolin), sondern durch die Umwandlung eines passend substituierten Furan- oder Oxazol-Derivats gewonnen wurde. Als Beispiel sei die Synthese von *Elming* et al. genannt [14]:

Die letzten neuen **Vitamin B$_6$-Synthesen** wurden in den 60er Jahren von *Harris* und Mitarbeitern veröffentlicht [15].

Sie basieren auf der Erkenntnis, daß Alkyl-substituierte Oxazole mit Maleinsäure oder deren Derivaten im Sinne einer Dien-Synthese unter Bildung eines bicyclischen Reaktionsprodukts reagieren, das beim Sprengen der Sauerstoffbrücken ein Pyridin-Derivat liefert.

5.3.5 Spektroskopie

Das Verhalten von Pyridoxin in Lösung wurde von *Harris* und Mitarbeitern eingehend untersucht [16]. Aufgrund der Daten der potentiometrischen Titration, der UV-Absorptionsspektren u.a. wurde festgestellt, daß **Pyridoxin** nur in stark saurer Lösung (pH 2.0) als "Phenol" vorliegt (**9a**). Bei pH 6.8 erscheinen im Spektrum zwei Maxima, die für die Anwesenheit eines Zwitterions charakteristisch sind; in dieser Form (**10a**) liegt Vitamin B_6 in neutraler Lösung praktisch hundertprozentig vor. In alkalischer Lösung bildet sich das Phenolat-Anion **11a** mit tertiärem Stickstoffatom aus.

9a   10a   11a

(pH < 7)   (pH 7)   (pH > 7)

Das Vorliegen von Zwitterionen in neutraler Lösung wurde durch Dielektrizitätsmessungen bestätigt. Das UV-Spektrum des Pyridoxin-3-methylesters ist nicht pH-abhängig, was die Bedeutung der freien Hydroxylgruppe bei den angeführten tautomeren Umwandlungen bekräftigt.

Untermauert wurde dieser Befund durch ^{1}H- und ^{13}C-NMR-Studien in D_2O bei verschiedenen pD-Werten:

Das ^{1}H-NMR-Spektrum von Vitamin B_6 zeigt bei pD = 3.0 vier scharfe Signale [17]. (Das phenolische und die zwei alkoholischen Protonen werden rasch durch Deuterium ausgetauscht). Das Protonen-Signal bei δ = 2.60 (rel. Intensität 3) und das bei 7.80 (Intensität 1) sind den Methyl- und dem C(6)-Proton zuzuordnen. Vergleichsmessungen mit Pyridoxin-Analogen ergaben, daß die Absorption bei 4.75 der 5-Hydroxymethyl-Funktion entspricht, diejenige bei 5.00 der 4-Hydroxymethyl-Gruppe.

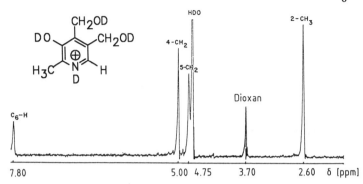

Abb.1. ^{1}H-NMR-Spektrum von Vitamin B$_6$ (in D$_2$O)

Eindeutige Spektren wurden auch bei Messungen in alkalischer und neutraler Lösung erhalten:

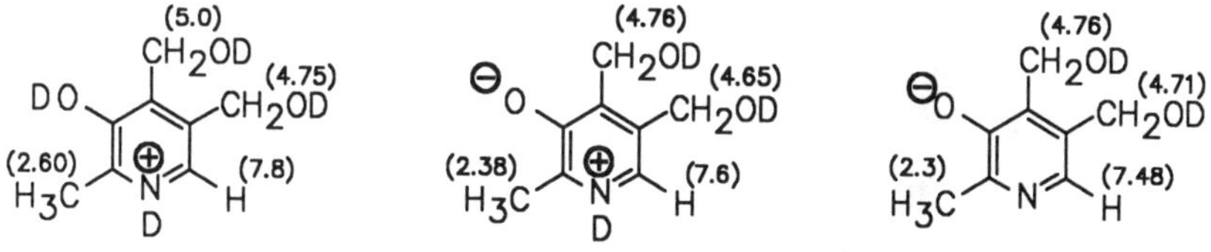

9b
(pH < 7)

10b
(pH 7)

11b
(pH > 7)

Abb.2. Vergleich der NMR-Daten [ppm] der drei ionischen Formen von Pyridoxin in D$_2$O [17]

Dissoziation des Phenol-Protons erhöht den elektronenschiebenden Effekt und bewirkt eine erhöhte Abschirmung der Protonen. Dies steht in Übereinstimmung mit den gemessenen Daten.

Weitere Aussagen über die Struktur des Pyridoxins in Lösung konnten aus ^{13}C-NMR-Studien abgeleitet werden [18,19]. Es wurde festgestellt, daß die Resonanzen für C(3), C(5) und C(6) mit den aus Pyridin-Derivaten berechneten übereinstimmen, daß der Wert für C(2) jedoch etwas abweicht, derjenige für C(4) noch stärker. Dies deutet auf eine bevorzugte Orientierung der 4-Hydroxymethyl-Gruppe hin, die durch intermolekulare Wasserstoffbrückenbindungen zwischen den Substituenten an C(3) und C(4) bedingt sein muß. Auch ^{13}C-NMR-Messungen beweisen das Vorliegen von Zwitterionen im neutralen Milieu:

pH	C(2)	C(3)	C(4)	C(5)	C(6) [ppm]
2.53	142.8	152.6	140.6	136.6	129.9
7.52	144.6	159.4	137.9	134.9	126.4
11.79	150.0	160.3	132.7	132.4	132.4

Im festen Zustand liegt Pyridoxin jedoch als nicht-dipolares Molekül vor (im Gegensatz zu allen anderen Verbindungen der Vitamin B$_6$-Gruppe!). Dies geht aus der *Röntgen*-Kristallstrukturanalyse (1982) hervor [20]:

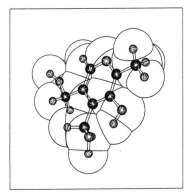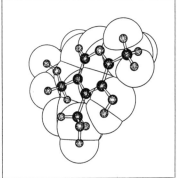

Abb.3. *Röntgen*-Kristallstrukturanalyse von Pyridoxin (Stereobild)

Interessant ist, daß Pyridoxin in Koordination mit Metallen als Zwitterion auftritt [21]. Der Übergang zum Zwitterion erleichtert die Koordination durch die Phenolfunktion.

Die phenolische OH-Gruppe bildet eine starke intramolekulare H-Brücken-bindung zu der benachbarten Hydroxymethyl-Gruppe aus, die dadurch wiederum ein H-Brücken-Donor zum Pyridin-Stickstoffatom ist. Die Pyridoxin-Moleküle bilden so im Kristallverband Ketten parallel zu den [011]- und den [0$\bar{1}$1]-Richtungen. Die Ketten werden zusammengehalten durch H-Brücken von der zweiten CH$_2$OH-Gruppe aus zur entsprechenden eines benachbarten Moleküls.

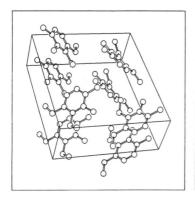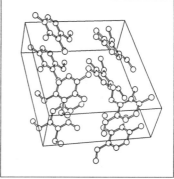

<u>Abb.4.</u> Molekulare Packung des Pyridoxins im Kristall [20] (Stereobild)

Die Bedeutung von Pyridoxin liegt darin, daß Vitamin B$_6$ ein essentieller
Cofaktor für eine ganze Reihe von Enzymen ist, die beim intermediären
Metabolismus der Aminosäuren eine Rolle spielen [22]. Es ermöglicht eine
Vielfalt von Reaktionen, die meist nach einem gemeinsamen mechanistischen
Prinzip ablaufen: Pyridoxin wird zunächst in Pyridoxalphosphat umgewandelt
und dadurch aktiviert. Start der Reaktionen ist die reversible Bildung einer
*Schiff***schen Base** zwischen Pyridoxalphosphat und einer Aminosäure. Abhän-
gig von bestimmten Enzymen ist eine der vier Bindungen am α-C-Atom der
Aminosäure an den Bindungsknüpfungs- und Bindungslösungs-Prozessen beteiligt, die an den aktiven Seiten der Vitamin B$_6$-abhängigen Enzyme ablaufen.

<u>Abb.5.</u> *Schiff*sche Base aus Pyridoxalphosphat und einer Aminosäure [22]

Diese Reaktionen sind begünstigt, da das konjugierte Pyridin-System elektronenziehend wirkt - besonders, wenn der Ring-Stickstoff protoniert ist. In *Transaminierungs-Reaktionen* geschieht die Reaktion an den Bindungen a und d; bei Decarboxylierungen wird Bindung c gebrochen, und bei Aldolkondensation bzw. Retrokondensation wird die Bindung b gespalten [23].

Der Mechanismus der Transaminierung sei kurz erläutert: Nach Bruch der Bindung a führt der Angriff von Elektrophilen auf das resultierende stabilisierte "carbanionoide" Intermediat zu einem neuen Imin, welches nach Hydrolyse das transformierte Aminosäure-Derivat freigibt.

Wenn das Elektrophil ein Proton ist, kann es ebenso an das C(4)-Atom des Cofaktors addiert werden, wobei ein isomeres Imin erzeugt wird, das nach Hydrolyse Pyridoxaminphosphat und eine Carbonylkomponente ergibt [24].

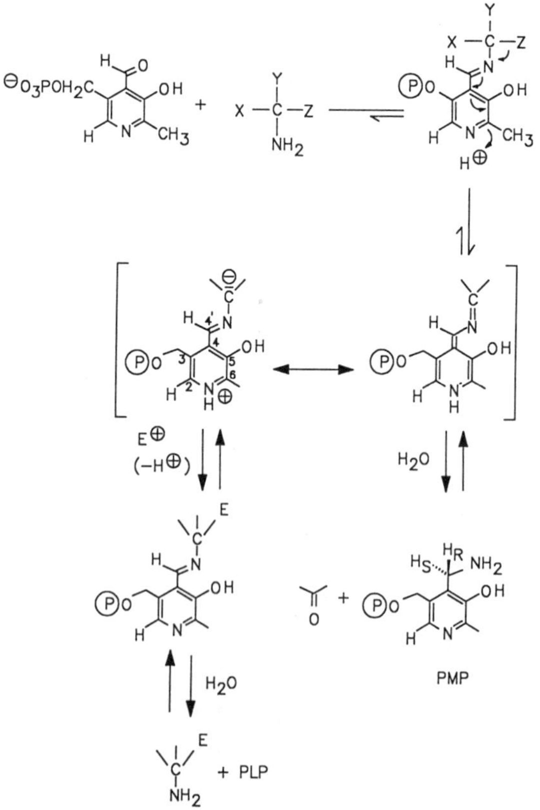

Abb.6. Reaktionsspezifität von PLP [24]

Da die Reaktionen reversibel sind, erlaubt dieses System einen Stickstoff-Transfer (*Transaminierung*) von einer Kohlenstoffkette zu einer anderen [wobei Stickstoff zeitweilig in Form von Pyridoxamin-5-phosphat (PMP) gespeichert wird].

Vitamin B$_6$ kann auch in Enzymen vorhanden sein, die keine Reaktionen katalysieren, bei denen Aminosäuren gebildet werden, und es kommt auch in Proteinen vor, die keine katalytische Aktivität zeigen. Das Vitamin B$_6$ von "typischen" Pyridoxal-Enzymen übt wahrscheinlich einen Einfluß auf die Enzymstruktur aus.

Die meisten Reaktionen, die von Vitamin B$_6$-Enzymen katalysiert werden, können durch Vitamin B$_6$-Modelle [24a)] erklärt werden, die Metallionen, Aminosäure und Pyridoxal beinhalten.

Das Aufstellen solcher Enzymmodelle mit verschiedenen Metallionen wie Fe^{3+}, Zn^{2+}, Cu^{2+}, Co^{2+}, Ni^{2+} ist das Ziel neuerer Forschungen, um den genauen Mechanismus der Vitamin B$_6$-Katalyse zu erklären [25)]. In *Schiff-sche Base-Komplexen* beobachtet man Chelatbildung des Metallions zu phenolischem Sauerstoff, Imin-Stickstoff und Carboxylat-Sauerstoff. Aber es werden auch Bindungen zu anderen Positionen geknüpft, wie dem Pyridin-Stickstoff oder der Seitenkette an der 5-Position [26)].

5.4 Phthalocyanine

5.4.1 Einleitung

Im Phthalocyanin (**1**; als H_2Pc, manchmal auch als Pc abgekürzt) sind vier Isoindol-Bausteine in 1,3-Position über Imin-Stickstoffatome cyclisch verbrückt: Es kann als heterocyclisches Tetrabenzoporphin (**2a**) aufgefaßt werden [1,2]. Wie die Porphine (vgl. **2b**; H_2P) bilden die Phthalocyanine stabile Komplexe (**3**; Abkürzung MPc) mit einer Vielzahl von Metallen, aber auch Halbmetallen und Nichtmetallen. Durch Zweielektronen-Reduktion entsteht dabei ein stabiles dianionisches Pc-Gerüst mit 16 inneren Ringatomen. Anstelle von *"Metalloporphyrine"* sind daher die Bezeichnungen *"Metalloide Porphyrine"* und *"Metalloide Phthalocyanine"* vorgeschlagen worden [3], um auch die Komplexe mit Elementen der Gruppen IVa, Va und VIa einzuschließen.

1
Phthalocyanin
[H₂Pc]

2a
Tetrabenzoporphin
[H₂P]

2b
Porphin
[H₂P]

Die Phthalocyanine sind nicht nur wegen ihrer farbigen Metallkomplexe interessant; sie haben besonders in den letzen Jahren wegen ihrer Eignung für "Organische Leiter" Aufsehen erregt [2] (vgl. Studienbuch "Supramolekulare Chemie", Teubner, Stuttgart 1989, Abschnitt "Organische Leiter"). Wegen der hohen thermischen und chemischen Stabilität der zum Teil einfach und preiswert zugänglichen Metallkomplexe (z.B. mit Cu, Ni, Co) sowie ihrer Stabilität gegenüber Korpuskular- und elektromagnetischer Strahlung bieten sie Vorteile gegenüber vielen anderen organischen Verbindungen. Die Weltproduktion beträgt über 10 000 Tonnen pro Jahr.

Neuere Anwendungsgebiete der Phthalocyanine und ihrer Metallkomplexe ergeben sich bei der Bearbeitung von Fragen des Energietransports, der Energiespeicherung und der Energieumwandlung. Aufgrund der Verwandschaft der Phthalocyanine zu den Porphinen (Chlorophyll, Hämoglobin, Cytochrome und Vitamin B_{12}) ist es nicht verwunderlich, daß auch Fragen der Bioanorganischen Chemie (Katalyse, Photosynthese, Gastransport, Elektronentransport) unter Einsatz von Phthalocyaninen bearbeitet werden. Dabei sind nicht nur molekulare Phthalocyanine von Interesse, sondern auch die Festkörpereigenschaften von Phthalocyanin-Komplexen.

Kupferphthalocyanin (3; M = $Cu^{2\oplus}$) ist ein wichtiger Pigmentfarbstoff und wird beispielsweise als Druckfarbe und zum Färben von Kunststoffen eingesetzt. Auch in der Textilfärberei und bei der Herstellung von Kugelschreiber- und Tintenpasten werden Phthalocyaninkomplexe angewandt.

3

(M = Metall—Ion)

Die Phthalocyanine wurden 1907 von *Braun* und *Tscherniak* [4] erstmals beschrieben. *de Diesbach* berichtete 1927 über stabile blaue Kupferverbindungen, die er aus Dibromxylen bzw. *ortho*-Dibrombenzen mit Kupfercyanid erhalten hatte [5]. 1928 wurde das Phthalocyaningerüst von *Scottisch Dyes LTD.* aus Phthalsäure und Ammoniak (Phthalimid) durch Schmelze in einem emaillierten Eisenkessel gezielt hergestellt. Dabei fiel ein blauer Eisenkomplex an. Bald darauf wurden Kupfer- und Nickel-Phthalocyanine gefunden und als Farbstoffe genutzt.

Erst *Linstead* et al. klärten die Konstitution der Phthalocyanine und ihrer Komplexe zwischen 1929 und 1940 auf. 1933 wurde der Name ***Phthalocyanin*** erstmals von *Linsteadt* vorgeschlagen [6] (Naphtha ≙ Erdöl, Cyanin ≙ dunkelblau). 1935 begann die industrielle Herstellung der Phthalocyanine aus Phthalsäure, Harnstoff und Metallsalzen.

5.4.2 Synthese von Phthalocyaninen

Oft wird von 1,2-Dicyanbenzen oder dem 1-Imino-3-amino-isoindolenin ausgegangen, die unter Cyclotetrakondensation in stark exothermer Reaktion
das Phthalocyanin-Gerüst bilden.

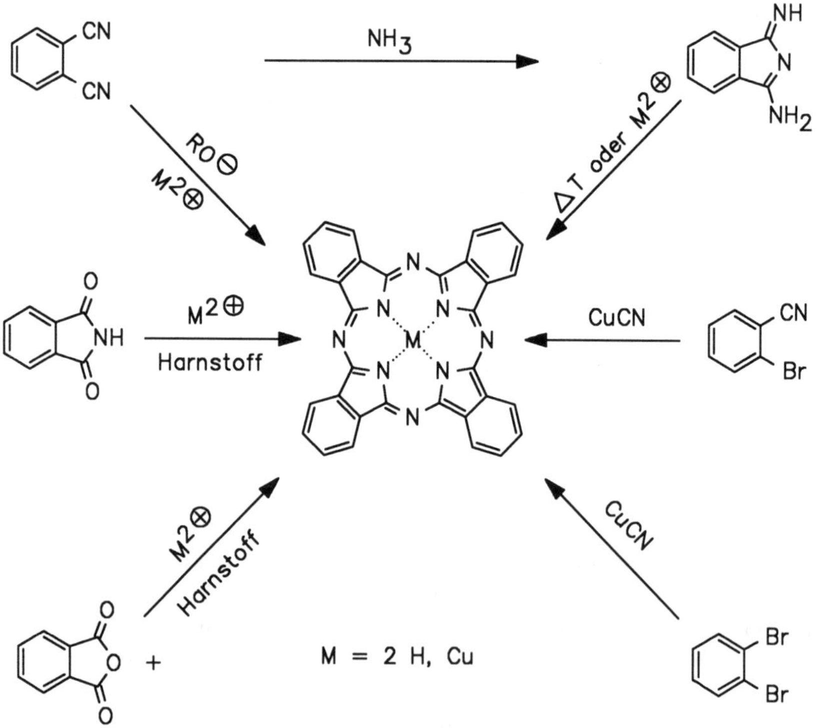

<u>Abb.1.</u> Übersicht über Phthalocyanin-Synthesen [1]

Üblicherweise wird der *Templat-Effekt* ausgenutzt: Man führt die Cyclisierungsreaktion bei Gegenwart eines geeigneten Metalls oder Metallions
durch, wobei das Phthalocyanin in Form seines sehr stabilen Metallkomple-
xes anfällt. Im Verlauf der Synthesereaktion ordnen sich die Cyclisierungs-

komponenten um das Metall-Zentralion an, was den Ringschluß erleichtert. Abb.1 gibt eine Übersicht über Phthalocyanin-Synthesen [1]. Bei Einsatz der elementaren Metalle findet Oxidation von M^0 zu $M^{2\oplus}$ statt. Andere Möglichkeiten sind durch Ummetallierung von Li_2Pc gegeben. Schließlich können H_2Pc und dessen Komplexe auch elektrochemisch erzeugt werden. Industriell hergestellte Phthalocyanine müssen oft noch gereinigt werden. Kommerzielle Phthalocyanin-Komplexe enthalten manchmal metallfreies Phthalocyanin, was durch UV/VIS-Spektroskopie in Lösung nachgewiesen werden kann. Bei termisch stabilen Komplexen kann der metallfreie Ligand oft durch Sublimation im Zonenofen bei ca. 500°C abgetrennt werden. Der Mechanismus der Bildung der Phthalocyanin-Komplexe ist noch nicht völlig geklärt. Die Untersuchungen sind durch die hohen Reaktionstemperaturen (150-300°C) in hochsiedenden Lösungsmitteln oder in Substanz schwierig. Obwohl die Bildung der Phthalocyanin-Komplexe exergonisch und exotherm abläuft, bedarf die Reaktion thermischer oder photochemischer Aktivierung. Die oft eintretenden spontanen Reaktionen erschweren die Isolierung von Zwischenprodukten zusätzlich. Aus dem Phthalodinitril wird höchstwahrscheinlich mit Ammoniak zunächst das 1-Imino-3-amino-isoindolenin gebildet:

Nach der Komplexierung von Kupferionen dürfte der darauffolgende Ringschluß als Templat-Reaktion (s.o.) ablaufen:

Dadurch wird verständlich, daß die Ringgröße des entstehenden Phthalocya-nin-Makrocyclus durch die Wahl bestimmter Zentralionen verschiedener Größe gesteuert werden kann (*Templat-Effekt, Schablonen-Effekt*). Beispiels-weise wird aus 1,2-Dicyanbenzen und Uranylchlorid das dunkelblaue *"Super-phthalocyanin"* U(IV) $O_2(C_8H_4N_2)_5$ (**4**) erhalten, das aus fünf Phthalsäure-Einheiten besteht.

Mit Halogenboranen ergibt 1,2-Dicyanbenzen in 1-Chlornaphthalen als Lö-sungsmittel bronzefarbene "Komplexe" vom Typ $B(III)X(C_8H_4N_2)_3$ (X = F, Cl), in denen lediglich drei Phthalsäuredinitril-Einheiten cyclisch verbunden sind (vgl. **5**).

4   5

Um die Löslichkeit der Phthalocyanin-Komplexe für bestimmte Anwendungs-zwecke wie die Textilfärberei zu erhöhen, wird häufig das Phthalocyanin-Ge-rüst durch gezielte Substitution verändert.

6   7

Als Substiuenten dienen vorzugsweise Sulfonsäure-Gruppierungen. Solche

Substitutionen sind einerseits durch nachträgliche Sulfonierung, Sulfochlorierung und andere Reaktionen am Phthalocyanin-Grundgerüst bzw. -Komplex möglich, auf der anderen Seite lassen sich Substituenten auch ausgehend von substituierten Phthalodinitrilen im Zuge der Ringsynthese einbauen (vgl. 6), wobei X = CO_2H, SO_3H, NR_2 und anderes sein kann (auch Kronenether-artige Gruppen [6a])). Andere hydrophile Phthalocyanin-Komplexe enthalten anstelle der Benzo-Ringe alkylierte Heterocyclen (vgl. z.B. 7).

5.4.3 Eigenschaften der Phthalocyanine und ihrer Komplexe

Phthalocyanin (1; $C_{32}H_{18}N_8$) hat die Molekularmasse 514.55. Die Dichte der Phthalocyanine liegt je nach Konstitution um 1.4 cm^3, diejenige des Polychlorkupferphthalocyanins beträgt 2.14 cm^3. Die üblichen Metallphthalocyanine sind blau bis grün. Kupferphthalocyanin sublimiert in Inertgas-Atmosphäre bei 500-800°C unzersetzt. Die Löslichkeit der Phthalocyanine und ihrer Metallkomplexe in organischen Lösungsmitteln ist meist dürftig; auch in hochsiedenden Solventien wie Trichlorbenzen, aus denen man einige umkristallisieren kann, lösen sich meist nur einige Milligramm pro Liter.

Phthalocyanin-Komplexe sind oft so stabil, daß sie z.B. in konzentrierter Schwefelsäure oder in wasserfreier Fluorwasserstoffsäure unzersetzt gelöst werden können. Beim Ausgießen in Wasser flocken oder kristallisieren die Komplexe häufig in reiner Form wieder aus.

Mit abnehmender Teilchengröße der Phthalocyanin-Komplexe nimmt die Farbstärke der Pigmente naturgemäß zu. Für α-Kupferphthalocyanin wurde eine mittlere Teilchengröße von 0.04 μm bestimmt, für ß-Kupferphthalocyanin eine solche von 0.054 μm.

Die Phthalocyanin-Komplexe liefern unterschiedliche UV/Vis-Spektren, je nachdem, ob sie im festen oder gelösten Zustand vorliegen. Blaue bis blaugrüne Phthalocyanin-Komplexe absorbieren üblicherweise im Bereich von 600 bis 700 nm. Der Farbton hängt von der Kristallmodifikation ab.

Beim Übergang von Phthalocyanin (1) zu den Ni-, Cu- und Co-Komplexen verändert sich der Farbton von grünstichig nach rotstichig-blau. Ersatz von Benzen durch Pyridinringe im Phthalocyanin führt zu einer Rotverschiebung.

Die Molekülgeometrie der Phthalocyanine und ihrer Komplexe wurde immer wieder durch *Röntgen*-Einkristallstrukturanalyse bestimmt (*Robertson, Linstead* [7]). In Tabelle 1 seien die aus *Röntgen*-Strukturanalysen bestimmten Atomabstände in einigen Phthalocyanin-Komplexen miteinander verglichen.

Tab.1.   *Röntgen*-Kristallstrukturdaten einiger Phthalocyanin-Komplexe [1]; Pc
≙ Phthalocyanin (1), M ≙ Metall, pic ≙ Picolin

Verbindung	Abstand [pm] M-N [a]	Abstand [pm] M-L [b]	Δ [c]
ß-Cu(II)-Pc	194	-	0
α-Pt(II)-Pc	198	-	0
Mg(II)[H$_2$O]-Pc	204	202	50
Zn(II)[NH$_2$C$_6$H$_{11}$]-Pc	206	218	48
Fe(II)[γ-pic]$_2$-Pc	192	200	0
Co(II)[γ-pic]$_2$-Pc	191	230	0
Si(IV)[OSi(CH$_3$)$_3$]$_2$-Pc	192	168	0
Sn(IV)-[Cl]$_2$-Pc	205	245	0
Sn(IV)-Pc$_2$	235	-	135
Sn(II)-Pc	225	-	111
U(IV)-Pc$_2$	243	-	140

[a]   Abstand M zu den inneren Stickstoffatomen des Pc-Liganden
[b]   Abstand M zu axialen Liganden L
[c]   Entfernung von M aus der Ebene der inneren vier Stickstoffatome des
Pc-Liganden

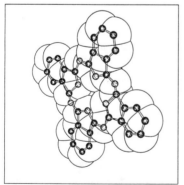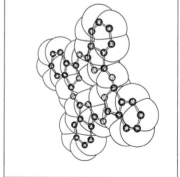

Abb.2.   Metallfreies Phthalocyanin (1; *Röntgen*-Struktur [8], Stereobild)

Das Phthalocyanin-Molekül (Abb.2) ist als solches wie das Porphin-System und ebenso als Gerüst in den Kupfer-, Nickel-und Platin-Komplexen in der Regel planar.

Die α-Modifikation des freien Phthalocyanins wandelt sich beim Erhitzen auf 300°C in die ß-Modifikation um.

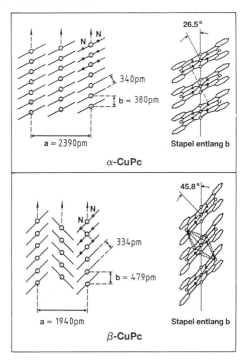

Abb.3. Stapelung der Moleküle im Kristall der α- (oben) und ß-Modifikation (unten) des Kupfer-Phthalocyanins [1]

Das Kupferphthalocyanin kann je nach Darstellungsverfahren fünf unterschiedliche polymorphe Formen α, ß, γ, δ und ε bilden. Die ß-Modifikation ist die thermodynamisch stabilste (um 14 kJ/mol energieärmer als die metastabile α-Modifikation).

In beiden Modifikationen des Kupferphthalocyanins (Abb.3) sind die einzelnen Moleküle eindimensional gestapelt. Die Anordnung der Stapel zueinander macht den Unterschied aus: Die α-Modifikation ist dichter gestapelt, während in der ß-Modifikation eine oktaedrische Koordination des Metallions aufgrund zusätzlich koordinierender Stickstoffatome benachbarter Mole-

322   5 Heterocyclen und Wirkstoffe

küle vorliegt.

Höhere Koordinationszahlen können bei den Phthalocyanin-Komplexen mit anderen Metallen vorliegen (vgl. Abb.4). So ist z.B. das $Zn(II)[NH_2C_8H_{11}]$-Pc quadratisch pyramidal (mit der Koordinationszahl 5), die folgenden Phthalocyanin-Komplexe sind tetragonal angeordnet: $Fe(II)[\gamma\text{-pic}]_2$-Pc, $Co(II)$ $[\gamma\text{-pic}]_2$-Pc (vgl. Abb.5), $Sn(IV)[Cl]_2$-Pc (vgl. Abb.6), $Si(IV)[OSi(CH_3)_3]_2$-Pc (pic $\triangleq$ Picolin).

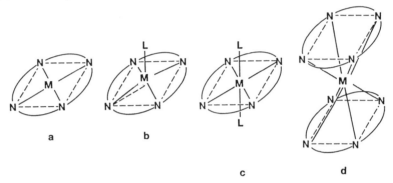

a   b   c   d

Abb.4.   Verschiedene Koordinationsgeometrien in Pc-Metallkomplexen (vgl. Text)

Beim $Sn(IV)$-Pc_2 und bei einigen Lanthaniden-Komplexen liegen ungewöhnliche Sandwich-Strukturen vor, wie in den Abbildungen 5-8 räumlich gezeigt ist. Wegen der Größe des $Sn(IV)$-Zentralatoms ist in diesem Komplex der Ligand stufenförmig verzerrt.

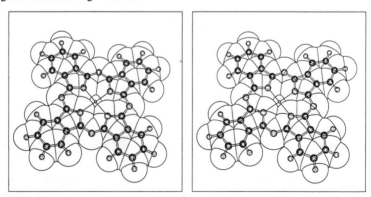

Abb.5.   Kobalt(II)-Phthalocyanin-Komplex (*Röntgen*-Struktur, Stereobild) [9]

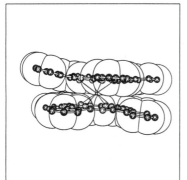 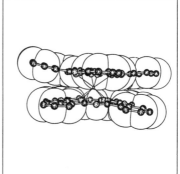

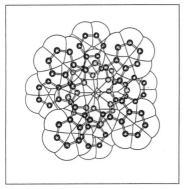 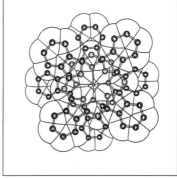

Abb.6. Zinn(IV)-Komplex des Phthalocyanins (*Röntgen*-Struktur [10]), Stereobilder). Oben: Seitenansicht; darunter: Blick auf die Ringebene. Der Phthalocyaninring ist hier wegen des zu großen Zinn(IV)-Ions zu einer stufenartigen Anordnung verzerrt. Die Phthalsäure-Einheiten sind - vergleichbar mit den Verhältnissen im UPc_2-Komplex - um 42° gegeneinander verdreht und bilden mit ihren N-Atomen eine quadratisch-antiprismatische Anordnung. Der Abstand der beiden durch jeweils vier Donor-Stickstoffatome gebildeten Quadrate voneinander beträgt 270 pm. Die beiden Liganden sind weder perfekt planar noch exakt parallel zueinander angeordnet; vielmehr sind Molekülteile voneinander weggebogen, so daß schüsselförmige Phthalocyaninringe resultieren

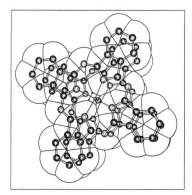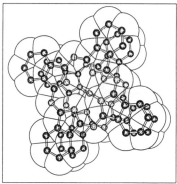

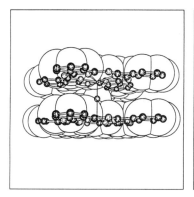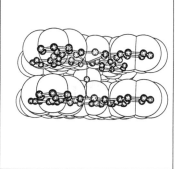

Abb.7.   Aluminium(III)-Komplex des Phthalocyanins (*Röntgen*-Struktur, Stereobilder) [11]. Hier liegen zwei durch Phthalocyanin-Einheiten komplexierte Aluminiumionen vor, die durch eine Sauerstoffbrücke miteinander verbunden sind (Al-O-Al). oben: Blickrichtung senkrecht zur Phthalocyaninring-Ebene; unten: Blickrichtung in der Ebene der Phthalocyaninringe

Sandwichstrukturen können allgemein dann auftreten, wenn der Ionenradius gegenüber dem Hohlraum des Phthalocyaninrings zu groß ist [wie bei Sn (IV)] und wenn die Oxidationszahl des Zentralatoms 3 oder 4 beträgt.

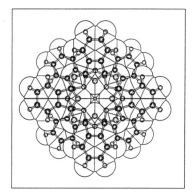 

<u>Abb.8.</u> Lutetium(III)-Pc₂-CH₂Cl₂-Komplex (*Röntgen*-Struktur [12]), Stereobild). Es handelt sich um einen Sandwich-Komplex, in dem das Lutetium-Ion achtfach von den Isoindol-Stickstoffatomen zweier gestaffelt angeordneter Phthalocyaninringe koordiniert ist. Beide Phthalocyanin-Liganden sind konvex verbogen

CHEMISCHE EIGENSCHAFTEN DER PHTHALOCYANINE

Die Phthalocyanine sind als Reduktions- und Oxidationsmittel für präparativorganisch-chemische Umsetzungen eingesetzt worden. Dabei können Multielektronen-Redox-Prozesse ablaufen.

Besonders auf der Reduktionsseite ist eine Vielzahl von reversiblen Elektronen-Übergängen möglich, wie u.a. voltammetrische und polarographische Messungen der Phthalocyanin-Komplexe zeigten.

Möglich sind:

A) Reversible stufenweise Vierelektronen-Reduktionen des Phthalocyanin-Liganden

B) Stufenweise Zweielektronen-Oxidation des Phthalocyanin-Liganden (oft nicht reversibel)

C) Zweielektronen-Redoxprozesse am Metallion.

Das Metallion beeinflußt das Redoxpotential des Liganden stark. Die Oxidation des Phthalocyanins ist umso schwieriger durchzuführen, je stärker die Elektronen-anziehende Kraft des Metallions ist, und umso leichter ist der Phthalocyaninring zu reduzieren. Starke Reduktionsmittel (Alkali-Metalle) können zu Mehrfach-Reduktionen führen.

Wichtig für die organische Synthese ist die starke Nucleophilie und das reversible Redoxverhalten des Co(II)-Pc/Co(I)-Pc-Paares. Beispielsweise können Nitroverbindungen bei Raumtemperatur in Lösungsmitteln wie Methanol in guter Ausbeute und mit hoher Selektivität mit Co(I)-Pc zu Aminen reduziert werden. Dabei stören Halogen- und Carbonylgruppen nicht. Mit Co(I)-Pc kann die Abspaltung ß-halogenierter Alkylreste wie z.B. ß,ß,ß-Trichlor-*tert*-butyl-Reste in 2,2,2-Trichlor-*tert*-butyloxycarbonyl (TCBOC) erleichtert werden (letzterer ist als Schutzgruppe in der Peptid-Chemie gebräuchlich). Dabei sind stöchiometrische Mengen des Co(I)-Pc notwendig. Zugesetztes NaBH$_4$ reduziert das entstandene Co(II)-Pc zu Co(I)-Pc, wodurch nur wenig des Phthalocyanin-Komplexes verbraucht wird (Abb.9).

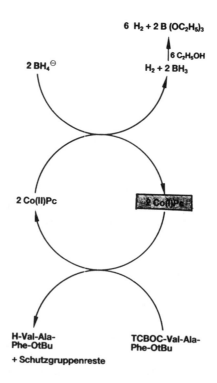

Abb.9. Schema der Abspaltung der TCBOC-Schutzgruppe mit Hilfe von Co (I)-Pc [1]

Abbildung 10 zeigt einen Vergleich der **Infrarotspektren** von Phthalocyanin und Kupferphthalocyanin:

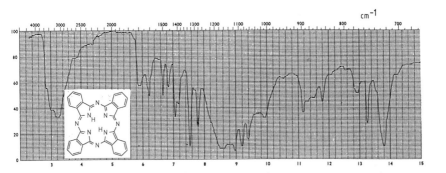

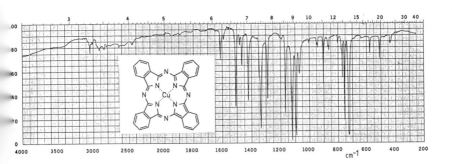

Abb.10. IR-Spektren von Phthalocyanin (oben) und Kupferphthalocyanin (unten); KBr-Preßlinge [12a)

Man erkennt, daß die breite Valenzschwingung bei 3150 cm^{-1} beim Kupfer-phthalocyanin-Komplex erwartungsgemäß fehlt.

Im UV/VIS-Spektrum (Abb.11) weist Phthalocyanin (1) zwischen 650 und 720 nm zwei starke Absorptionsbanden auf, die der grünen bis blaugrünen Farbe zugrundeliegen. Dagegen findet man für den Kupferphthalocyanin-Komplex eine einzige starke Absorption um 690 nm. Die Phthalocyanine können deshalb von ihren Komplexen gut unterschieden werden:

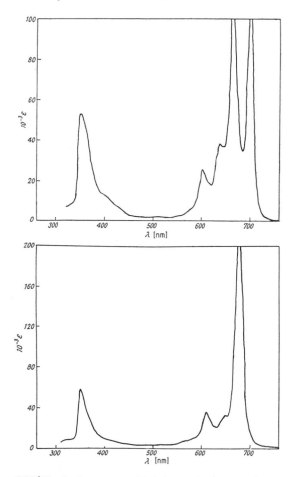

__Abb.11.__ UV/Vis-Spektrum von Phthalocyanin (1; oben) und von Kupferphthalocyanin (unten)

Das Massenspektrum des Chlor-Indiumphthalocyanins ist in __Abb.12__ wiedergegeben. Aufgrund der hohen Stabilität der Phthalocyanin-Komplexe ist erwartungsgemäß der Molekülpeak ($M^{\oplus}$) auch der Basispeak. Intensive Peaks
findet man dementsprechend auch für die doppelt geladenen Ionen ($M^{2\oplus}$
und $M\text{-}Cl^{2\oplus}$). Auch die Elektronenanlagerungs-Massenspektrometrie wurde
auf Phthalocyanine und deren Komplexe angewendet, wobei deutliche Mole-
külpeaks registriert wurden.

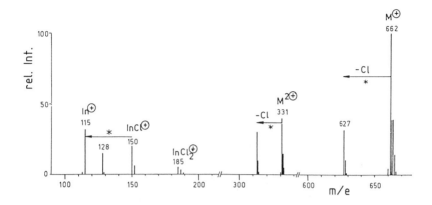

Abb.12. Massenspektrum des Chlor-Indiumphthalocyanins. Probentemperatur
400°C, Elektronenenergie 70 eV

5.4.4 Neuere Entwicklungen am Phthalocyanin-System

PHTHALOCYANINE ALS SENSIBILISATOREN BEI PHOTOREDOX-
VORGÄNGEN

Die Verwandtschaft der Phthalocyanine mit dem π-System des Chlorophylls,
dem Sensibilisator der Photosynthese, macht es verständlich, daß Phthalocyanin-Komplexe für Photoredox-Vorgänge eingesetzt wurden. Hierzu zählt insbesondere die *photochemische Wasserspaltung* unter Verwendung von Sonnenlicht als Energiequelle (vgl. hierzu das Studienbuch "Supramolekulare
Chemie", Teubner, Stuttgart 1989):

$$H_2O \; [fl] \rightarrow H_2 \; [g] + 1/2 \; O_2 \; [g]$$

$$(\Delta G^{298} = - 238 kJ/mol)$$

Aufgrund der thermodynamischen Daten ist die H_2O-Spaltung mit sichtba-
rem Licht möglich. Da jedoch Wasser in diesem Bereich absorbiert, ist ein
Sensibilisator erforderlich.

Der bei der Wasserspaltung zu gewinnende Wasserstoff besitzt die höchste
Energie-Speicherdichte aller bisher bekannten chemischen Energieträger und

dient daher als Rohstoff im Rahmen der *"Wasserstoff-Technologie"*. Die Phthalocyanine weisen verglichen mit den Porphinen und dem bekannten Sensibilisator Ruthenium-*tris*-bipyridyl (vgl. Studienbuch "Supramolekulare Chemie, Teubner 1989, <u>Abschnitt</u> "Bipyridin") günstigere Absorptionscharakteristika auf (<u>Abb.13</u>).

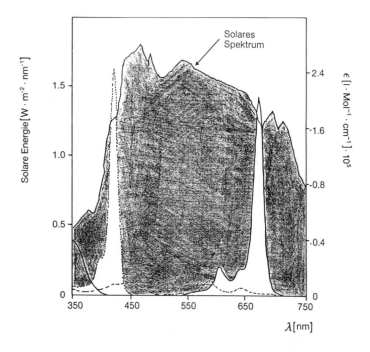

<u>Abb.13</u>. Vergleich des solaren Spektrums mit den Absorptionen von MgPc (——), Zn·TPP(····; TPP ≙ Tetraphenylporphin) und $Ru(bpy)_3^{2\oplus}$ (---); Konzentrationen: $10^{-5}M$

Die intensivsten Absorptionen liegen im langwelligen Solaremissionsbereich. Insbesondere durch Kombination mit Porphinen, deren Hauptabsorptionsmaximum kürzerwellig ist, müßte eine effektive Ausnutzung des Sonnenlichts möglich sein. Dafür ist allerdings eine effektive Energieübertragung mittels eines Sensibilisators notwendig, ebenso wie gute Quantenausbeuten (Φ) und hohe Lebensdauer (τ) der entsprechenden photoangeregten Zustände. Einige Phthalocyanin-Komplexe (Mg, Al) besitzen im Triplett-Zustand eine mittlere

Lebensdauer von ungefähr 10^{-4} Sekunden, die sich für Energieübertragungen eignet. Derzeit erfüllen allerdings einige Porphinkomplexe die obengenannten Bedingungen noch besser als die entsprechenden Phthalocyanine. Zum Studium von Photoredox-Prozessen benutzt man vergleichsweise einfache Reaktionen. Redox-Systeme enthalten als Komponenten beispielsweise Phthalocyanine als Sensibilisator, EDTA als Donor und Methylviologen ($MV^{2\oplus}$) als Acceptor.

Die von den Phthalocyaninen absorbierte Energie wird in der Regel in reduktiven Cyclen übertragen, wobei der oxidierte Sensibilisator mit dem Donor reagiert. Dagegen erfolgt bei einem oxidativen Cyclus ("oxidatives Quenching") eine Photoreduktion des $MV^{2\oplus}$ durch den Sensibilisator. Ein Beispiel für eine solche reduktive Löschung ("Quenching") des Sensibilisators ist in Abb.14 gegeben:

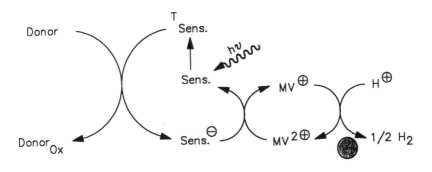

Abb.14. Beispiel für eine Photoredox-Reaktion (zugesetztes Platin führt zu katalytischer H_2-Entwicklung)

Bei dieser Reaktionsführung wird auf der Oxidationsseite das EDTA irreversibel oxidiert.

PHTHALOCYANINE ZUR OPTISCHEN INFORMATIONSSPEICHERUNG

Bei der Übertragung, Speicherung und Verarbeitung von Informationen haben optische Methoden zunehmend an Bedeutung gewonnen. Die metallfreien Phthalocyanine (vgl. 1) erwiesen sich als geeignete photoreaktive Moleküle, insbesondere beim sogenannten *"photochemischen Lochbrennen"*. Um eine Speicherung zu erzielen, wird H_2Pc in einer transparenten, amorphen Polymermatrix wie Polymethylenmethacrylat gelöst (mehr als 10^{17} Moleküle

pro cm^3). Man erhält einen breiten Absorptionsbereich (Q-Bande im Bereich von 670-700 nm), in dem mit einem durchstimmbaren Laser Löcher
"gebrannt" werden. Bei einer bestimmten Frequenz tautomerisieren H_2Pc-
Moleküle unter konzertierter Wanderung der inneren Protonen und Bildung
des energetisch unterschiedlichen Isomers (Abb.15 und Abb.16).

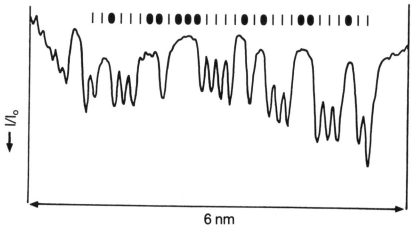

Abb.15. Photochemisches Lochbrennen in Phthalocyanin. | ≙ Loch; ● ≙
Fehlen eines Lochs

Auf diese Weise werden Informationen im 1/0-Code gespeichert und können
wieder abgerufen werden. Allerdings ist mit einem Verlust der Information
durch thermische Rücktautomerisierung (oberhalb 100 K) zu rechnen.

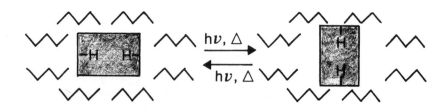

Abb.16. Tautomerisierung intraannularer H-Atome des H_2Pc bei Energie-
zufuhr

PHTHALOCYANINE ALS ELEKTRONENSPEICHER

Elektrochemische Studien an Phthalocyanin-Elektroden in einem Elektro-
lyten, der kein Redoxpaar enthält, ermöglichen Aussagen über die Elektro-
nenspeicher-Kapazität von Pc-Schichten. Solche *"molekularen Elektronenspei-
cher"*, die auf Phthalocyanin-Festkörpern   aufbauen, erscheinen möglich, da
sich Phthalocyanine in Lösung mehrfach reduzieren lassen und bei Verwendung von Pc-Elektroden auch "charge-transfer-Prozesse" möglich sind. Experimentelle Untersuchungen ergaben allerdings, daß derartige Elektroden-An-
ordnungen aufgrund irreversibler Vorgänge nicht stabil sind.
Stabile elektrochrome Reduktions- und Reoxidationscyclen wurden aber mit
Elektroden erzielt, die mit Filmen aus Octacyanophthalocyaninen wie 8 be-
schichtet waren:

8

Diese und andere Ergebnisse lassen die Phthalocyanine als günstige Bausteine einer künftigen *"molekularen Elektronik"* ("molekulare Speicher, molekulare Schalter") erscheinen.

ELEKTRISCHE LEITFÄHIGKEIT VON PHTHALOCYANINEN

Der Entwicklung elektrisch leitfähiger organischer Materialien [13,14] auf der
Basis von Phthalocyanin-Komplexen wird großes Interesse entgegengebracht
(vgl. Studienbuch "Supramolekulare Chemie", Teubner 1989).
Die Leitfähigkeit der Phthalocyanin-Komplexe hängt von der Kristallmodifikation, dem peripheren und axialen Substituenten des Phthalocyanin-Gerüsts,
dem zentralen Metallion sowie insbesondere von der Dotierung mit Elektro-

nenacceptoren ab. Hierdurch lassen sich gezielt Materialien mit halbleiten-
den bis metallisch-leitenden Eigenschaften herstellen.

__Tab.2.__   Dunkelleitfähigkeiten von Phthalocyaninen und deren Metallkom-
plexen (unter bestimmten Bedingungen) [1)]

Verbindung	σ_{298} [S·cm^{-1}]	ΔE_t [eV] [a)]
α-H_2Pc	10^{-9}	1.42
β-H_2Pc	10^{-14}	1.74
α-CuPc	10^{-7}	0 6
β-CuPc	10^{-10}	1.7
α-NiPc	10^{-8}	1.2
PbPc	10^{-2}	-
$CuPc(CH_3)_8$	10^{-8}	0.41
$CuPc(CN)_8$	10^{-2}	0.1
poly-CuPc	10^{-2}	0.15
$[SiPcO]_n$	10^{-7}	0.8
$[Al(F)Pc]_n$	10^{-7}	-
$[Fe(pyz)Pc]_n$	10^{-6}	-

[a)] $1 \text{ eV} = 1.6021 \cdot 10^{-19}$ J

Bei entsprechenden polymeren Phthalocyanin-Komplexen können darüber
hinaus durch Variation des Polymerisationsgrades, der Art der Verknüpfung,
der Kristallinität und der Dotierung unterschiedliche Leitfähigkeitsbereiche
erreicht werden. Untersuchungen auf diesem Gebiet sind nicht nur wegen
der zu erwartenden neuartigen Materialien interessant, sondern auch, weil
sie einen Zugang zum Verständnis des Ladungstransportes in leitenden organischen Substanzen bieten. Die mit niedermolekularen Phthalocyanin-Komplexen erzielten Leitfähigkeiten zwischen 10^{-15} und 10^{-1} S·cm^{-1} (vgl. Tab.2)
werden mit entsprechenden polymeren Verbindungen bei weitem übertroffen.
Die elektrische Leitfähigkeit der *polymeren Phthalocyanine* wurde zunächst
mit den entlang der Polymerkette ausgedehnten π-Elektronensystemen gedeutet (intramolekularer Ladungstransport). Neuere Untersuchungen deuten jedoch darauf hin, daß bei den polymeren Phthalocyanin-Komplexen keine extreme π-Delokalisation eintritt, sondern die Leitfähigkeit vielmehr durch *intermolekulare Wechselwirkungen* bestimmt ist.

Durch Dotierung kann eine beträchtliche Steigerung der elektrischen Leitfähigkeit erreicht werden. Hierzu werden Elektronenacceptoren wie Tetracyanochinodimethan, Tetracyanethylen, *ortho*-Chloranil, besonders aber I_2 verwendet. Die Leitfähigkeiten lassen sich so auf bis zu 10^3 S·cm^{-1} steigern (Tab.3). Die schon seit den sechziger Jahren bekannten bemerkenswerten Leitfähigkeiten führten zu zahlreichen Studien über die Dotierung von Phthalocyaninen und zur Prägung des Begriffs *"Molekulare Porphyrin-Metalle"*.

Die beträchtliche Leitfähigkeit des Iod-dotierten NiPc (Tab.3) wird auf folgende Faktoren zurückgeführt:

1. auf den durch die Dotierung veränderten intermolekularen Aufbau (Schichten mit einem Ni-Ni-Abstand von 324.4 pm)

2. auf die partielle Bildung von Phthalocyanin-Radikalkationen unter gleichzeitiger Reduktion von Iod zu $I^{3\ominus}$.

Dabei resultiert eine Struktur, bei der das Polyiodid-Anion in den unpolaren Tunneln stabilisiert wird. Die formale Stöchiometrie wurde als NiPc$^{0.33\oplus}$ $(I_3^{\ominus})_{1/3}$ bestimmt. Auf diese partielle Oxidation ("mixed valence", "incomplete charge transfer" oder "non-integral oxidation state") wird, abgesehen von der Schichtstruktur, die Metall-ähnliche Leitfähigkeit zurückgeführt. Der Ladungstransport wird in derartigen *"molekularen Metallen"* mit verschiedenen Modellen beschrieben. Zum einen sollen unterschiedliche Oxidationszustände des jeweiligen Phthalocyanin-Komplexes eine Rolle spielen, wobei Phthalocyanine und verwandte Verbindungen je nach Lage der Ligand-LUMO und der Metallorbitale sowohl am Liganden als auch am Metall oxidiert werden ($M^{\oplus}$Pc).

Dieses Elektronen-Defizit ist in einigen Fällen innerhalb des Moleküls verschiebbar (MPc$^{\oplus}$ $\rightleftarrows$ $M^{\oplus}$Pc). Daher sind neben einem Ligand-Ligand-Ladungstransport auch "doubly-mixed valence-Zustände" mit Ligand-Metall-Übergängen zu berücksichtigen (Abb.17).

Abgesehen von den guten Leitfähigkeiten der dotierten Pc spielen aber auch die Halbleitereigenschaften der Phthalocyanine selbst eine Rolle bei Anwendungen. Darüber hinaus ist auch die *Photoleitfähigkeit* der Phthalocyanine und ihrer Komplexe mit Hilfe von Elektronen-Acceptoren wie z.B. *o*-Chloranil oder Tetracyanoethen variierbar, so daß sie als Gleichrichter, thermoelektrische Bauelemente, Gasdetektoren, Photowiderstandszellen, Photoelemente und spektral-empfindliche Detektoren aussichtsreich erscheinen. Schließlich führt auch der Zusatz von Phthalocyaninen zu anderen hochleitfähigen Materialien oft zu einer Stabilisierung der elektrischen Eigenschaften. Bei der elektrochemischen Oxidation von Pyrrol führt das Vorhandensein von $CoPc(SO_3^{\ominus})_4$ als Elektrolyt in einem Polypyrrolfilm (PP; vgl. Studienbuch "Supramolekulare Chemie", Teubner 1989) zu guten elektrochemischen Eigenschaften (Pc als Gegenion).

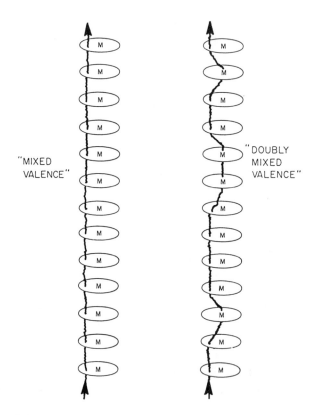

Abb.17. Schema der Ladungsträger-Bewegung in einem "non integral oxidation state". Links: Gemischter Valenzzustand durch partielle Oxidation des Liganden. Rechts: Doppelt gemischter Valenzzustand durch partielle Oxidation des Metalls und Bewegung der Ladungsträger zwischen Metall und Ligand

Mit bestimmten Modifikationen der Phthalocyanine können photoleitende Schichten hergestellt werden, die wegen ihrer raschen Ansprechzeit kommerziell u.a. in Tonermaterialien für Kopiergeräte eingesetzt werden.

Tab.3. Dunkelleitfähigkeiten dotierter Phthalocyanin-Komplexe

Phthalocyanin-Komplex	Acceptor	Mol-verhältnis	σ_{298} [S·cm^{-1}]	ΔE [eV]
NiPc	I_2	1.0	300-1000	0.036 [a)]
[SiPcO]$_n$	I_2	1.4	10^{-1} [a)]	0.04
[Al(F)Pc]$_n$	I_2	2.4	0.6 [a)]	0.03

[a)] Polykristalline Probe

Es sei jedoch hier noch erwähnt, daß Phthalocyanine und ihre Komplexe nicht nur als solche für *"molecular devices"* interessant sind, sondern daß sie auch als Bausteine zusammengesetzter molekularer Einheiten dienen können (*"molekulare elektronische Anordnungen"*). Bei diesem Beispiel aus der Molekülphysik mit Blick auf *"molekulare Elektronik"* steht der Einsatz von geeignet konzipierten und konstruierten Molekülen als Energieleiter im Vordergrund.

Die Verknüpfung von Porphinen (bzw. Phthalocyaninen) mit konjugierten Polyenen sollte zum intermolekularen Energietransport genutzt werden. Die Entwicklung auf diesem Gebiet, Moleküle herzustellen, in denen Energie, die an einem Ende des Moleküls absorbiert wurde, intramolekular zu einem Molekülteil transportiert wird, der sich am anderen Ende des Moleküls befindet, erfreut sich zunehmenden Interesses. In einem solchen *"Supramolekül"* wirkt der Mittelteil gewissermaßen als Draht, jedoch nicht für elektrische Leitung, sondern als Draht für den Energietransport (vgl. hierzu auch den Abschnitt "Organische Leiter, Molekulare Gleichrichter und Transistoren" im Studienbuch "Supramolekulare Chemie", Teubner 1989).

Zum Thema "molekulare Elektronik", des intramolekularen Energietransports in konjugierten Polyenen, die an den Enden Porphyrin-Einheiten und Anthracen-Einheiten tragen, sei auf die neue Kurzübersicht von *C. H. Wolf* [15)] verwiesen.

Der Ausflug in die Phthalocyanin-Chemie sollte zeigen, daß diese Substanzklasse eine für organische Verbindungen große Variationsbreite im Hinblick auf physikalische Festkörper-Eigenschaften besitzt. Darüber hinaus ist es ähnlich wie das Bipyridin-System [16)] ein geeigneter Baustein für *Supramoleküle*, d.h. Moleküle, in denen verschiedene molekulare Untereinheiten so miteinander verknüpft sind, daß sie dem Gesamtmolekül oder dem Gesamtkomplex oder dem aus solchen Molekülen zusammengesetzten Festkörper bestimmte neue *supramolekulare Eigenschaften* verleihen, die mit den isolierten Bausteinen nicht zu erreichen sind (vgl. Studienbuch "Supramolekulare Chemie", Teubner 1989).

Ausklang: Neue Tetrapyrrol-Makrocyclen

Im obigen Schlußkapitel dieses Bandes "Reizvolle Moleküle der Organischen Chemie" ist, wie mehrfach erwähnt, der Übergang *"vom Molekül zum Supramolekül"* in besonderem Maße vollzogen worden. Nichtsdestotrotz soll der Blick abschließend noch einmal auf besonders reizvolle molekulare Eigenschaften gelenkt werden. Dabei seien den Phthalocyaninen strukturell sehr verwandte neue Moleküle herausgestellt, die formal vom Porphin abgeleitet sind. Diese neuen reizvollen Moleküle enthalten, wie die Phthalocyanine und die Porphine, ein makrocyclisches konjugationsfähiges π-System und fallen wie jene durch ihre intensive Farbigkeit auf. Im einen Fall geht es um die kürzlich von *E. Vogel* veröffentlichten Makrocyclen des Typs **9** (*"Porphycene"*) [17], das zweite Beispiel stammt von *B. Franck* und bezieht sich auf oktavinyloge Porphyrine (**10**) mit aromatischen [34]Annulen-Systemen [18] (s.u.). Das interessante *"Porphycen"* **9**, ein Strukturisomeres des Phorphins (**2b**) wurde 1986 von *Vogel* dargestellt [17]. Struktur und Aromatizität von **9** werden durch die Spektren der Verbindung überzeugend belegt:

9   **2b**

Das ^{1}H-NMR-Spektrum zeigt lediglich ein Singulett für die vier Protonen der beiden Ethenobrücken, zwei AB-Systeme für die Wasserstoffatome an der Peripherie der vier Fünfringe sowie ein breites Signal für die beiden NH-Protonen. Die Gleichwertigkeit der vier Pyrrolringe, die sich in der Einfachheit der ^{1}H- und ^{13}C-NMR-Spektren manifestiert, kommt dadurch zustande, daß **9** - ähnlich vielen Porphyrinen - einer in der NMR-Zeitskala raschen **NH-Tautomerie** unterliegt. Die NH-Absorption von **9** ist verglichen mit dem NH-Signal des Pyrrols deutlich weniger Hochfeld-verschoben, wofür intramolekulare N-H···N-Wasserstoffbrückenbindungen verantwortlich gemacht werden, für die in **9** bei ebenem Molekülbau günstige geometrische Voraussetzungen gegeben sind. Das UV/VIS-Spektrum von **9** (in Benzen) läßt die Porphyrin-artige Natur des Moleküls ebenfalls klar erkennen. Den Porphyrinen entspricht auch, daß im Massenspektrum von **9** das Molekülion den Basispeak bildet und das doppelt geladene Molekülion einen weiteren prominenten Peak hervorruft. Das IR-Spektrum von **9** ist insofern bemerkenswert, als es keine typische NH-Bande (Streckschwingung) zeigt.

Nach der *Röntgen*-Kristallstrukturanalyse (Abb.18) [17)] liegt **9** im Kristall partiell fehlgeordnet vor. Die Moleküle sind (im Mittel) zentrosymmetrisch und wie Porphin praktisch eben, jedoch gespannt, da die Einebnung zur Folge hat, daß die CCC-Winkel im 16-gliedrigen Ring auf 131° und 132° aufgeweitet sind. Wie bereits Molekülmodelle erkennen ließen, ist der für die Eigenschaften von **9** wichtige Hohlraum zwischen den vier Pyrrolringen kleiner als beim Porphin: Die vier Stickstoffatome in **9** bilden ein Rechteck, dessen Seiten 283 pm und 263 pm lang sind (NN-Abstand im Porphin: 289 pm). Demnach muß **9** starke N-H···N-Wasserstoffbrückenbindungen aufweisen; dies umso mehr, als die NH-Bindung des einen und das freie Elektronenpaar des anderen Stickstoffatoms näherungsweise colinear orientiert sind.

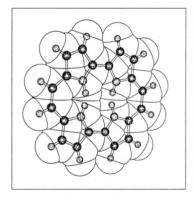
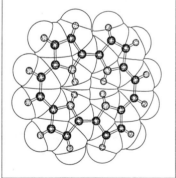

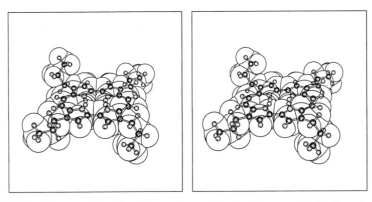

Abb.18. *Röntgen*-Kristallstrukturanalysen des Porphycens **9** (oben) und seines 2,7,12,17-Tetra-*n*-propyl-Abkömmlings (unten) [17]

Porphycen (**9**) liefert trotz des kleineren Hohlraums stabile Metallkomplexe (z.B. mit Nickel), deren Bildungstendenz - nach den Herstellungsbedingungen zu schließen - jedoch offenbar geringer ist als die der Phthalocyanin- oder Porphyrin-Metallkomplexe.

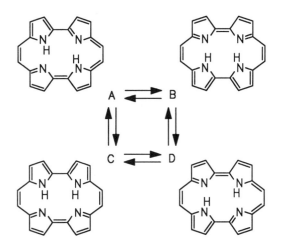

Abb.19. Zur Tautomerie des Porphycens (**9**): Die Umwandlung der Tautomere ineinander erfolgt rascher als im Falle des Porphins [17]

Die Frage der NH-Tautomerie wurde mit Hilfe der hochauflösenden Festkörper-^{15}N-CPMAS-NMR-Spektroskopie bei variablen Temperaturen näher untersucht. Zusammenfassend ergibt sich folgendes: Während sich die beiden inneren H-Atome im kristallinen Porphin (2b) in einem innerhalb der Fehlergrenzen symmetrischen Doppelminimum-Potential mit meßbaren Austauschgeschwindigkeiten bewegen, existiert im "Siebenring-H-Chelat" Porphycen (9) zwischen den vier NH-Tautomeren A - D, deren paarweise Äquivalenz durch Kristalleffekte leicht gestört ist, eine Energiebarriere, die aufgrund der kurzen N-H···N-Abstände jedoch sehr klein ist (Abb.19). Die gegenseitige Umwandlung der Tautomere erfolgt daher - anders als im Falle des Porphins (2b) - so rasch, daß es nicht möglich ist, die Geschwindigkeitskonstanten für den Protonentransfer durch Linienformanalyse der ^{15}N-CPMAS-NMR-Spektren zu ermitteln.

Das in Lösung tiefblaue *[34]Porphyrin* (10) zeigt einen extrem hohen diamagnetischen Ringstromeffekt im ^{1}H-NMR-Spektrum [18]. Die maximale Verschiebungsdifferenz $\Delta\delta$ der Resonanzsignale zwischen inneren (δ = -14.27) und äußeren Protonen (δ = 17.19) beträgt 31.5 ppm! Mit diesem Wert übertrifft der diamagnetische Ringstromeffekt von 10 signifikant den $\Delta\delta$-Wert des analogen [26]Porphyrins und den des [18]Annulens (12.1 ppm). Das ^{1}H-NMR-Spektrum von 10 dürfte das erste einer nicht metallorganischen Verbindung sein, bei dem sich die gemessenen Protonenresonanzsignale über mehr als 30 ppm-Einheiten erstrecken.

10

Die Synthese von 10 mit seinem hohen, den aromatischen Charakter kennzeichnenden Ringstromeffekt belegt die Gültigkeit der (4n+2)-Regel für höhere Annulensysteme. Das diatrope Verhalten ist bei den vinylogen Porphyrinen wesentlich stärker ausgeprägt als bei den Annulenen. Dieser Befund läßt sich mit der einebnenden und Ringinversionen verhindernden Wirkung der Pyrrolkerne begründen. Es ist derart effizient, daß sogar vinyloge Porphyrine mit dem großen 34π-Ringsystem - d.h. C_5-Ketten zwischen den Pyrrolkernen - das [18]Annulen an konformativer Stabilität übertreffen.

Hinsichtlich eines neuen, aus drei Indol-Einheiten aufgebauten makrocyclischen Liganden sei auf die Literatur verwiesen [19].

Schlußbetrachtung

In diesem Buch wurden einige niedermolekulare, mehr oder weniger "exotische Moleküle" herausgegriffen und beleuchtet. Weitere interessante und ästhetische molekulare (und supramolekulare) Strukturen sind mühelos zu finden. Es stellen sich die Fragen: Lohnen sich die oft mühsamen Synthesen? Sind reizvolle Moleküle zu etwas anderem nützlich als lediglich "das Auge zu erfreuen"?

Betrachtet man die hier ausgewählten Moleküle, so fällt auf, daß es sich ausnahmslos um Ringverbindungen - meist hoher Symmetrie - handelt. Manche der vorgestellten Ringe kommen in der Natur nicht vor, sie sind synthetisiert worden. Symmetrie (und Symmetrieerhaltung) spielen jedoch im Naturgeschehen eine wichtige Rolle, etwa bei der Steuerung chemischer Reaktionen und in der Elementarteilchen-Physik. Obwohl die Natur selbst hochkomplizierte Moleküle synthetisiert hat, geschah dies nicht nach ästhetischen Kriterien, sondern aus Zweckmäßigkeit.

Hochsymmetrische, ornamentartige Molekülgeometrien um ihrer selbst willen aufzubauen, kann nicht ausschließlich Sinn und Zweck der Forschung sein. Zweifellos übten die geometrisch ästhetischen Formen von Molekülen in den vergangenen 25 Jahren einen besonderen Reiz auf viele Forscher aus, und präparativ arbeitende Chemiker sahen in ihrer Synthese eine Herausforderung. Die Erfolge und Mißerfolge ihrer Bemühungen waren aber darüber hinaus für andere Gebiete der organischen Chemie eine Bereicherung. Die Beschäftigung mit hochsymmetrischen Strukturen erforderte neuartige Methoden und Verfahren, ähnlich wie der Hochleistungssport und der Motorsport Anregungen und Produkte für den Breitensport und normale Autos, und wie die Raumfahrt Fortschritte in der Metallurgie und Sonnenenergie-Nutzung brachte.

Zahlreiche Substanzen, die aufgrund früherer theoretischer Überlegungen als nicht darstellbar oder nicht isolierbar oder nicht einmal nachweisbar galten, konnten oft wider Erwarten synthetisiert und charakterisiert werden. Damit einher ging auch die Weiterentwicklung präparativer, analytischer und spektroskopischer Methoden und Techniken. Durch Grundlagenstudien an interessanten Molekülgerüsten wurde das Verständnis für chemische Reaktivität, die Entwicklung neuer physikalisch-chemischer Methoden und theoretischer Berechnungen angeregt.

Ähnlich wie exotische Tiere und Pflanzen die Neugier, sie zu erforschen, herausforderten, so haben "exotische Moleküle" zur Weiterentwicklung der gesamten Chemie und zur Kenntnis der Naturgesetze beigetragen. Sie sind somit von allgemein-wissenschaftlicher Bedeutung.

"Symmetriebrüche deuten auf Verständnislücken in unserem Verständnis fundamentaler Zusammenhänge hin." (M. *Eigen*) Noch gibt es vieles, das wir nicht oder nur ungenügend verstehen. Nur wer die Natur und ihre Gesetze kennt, kann im Einklang mit ihr leben [20]. Die faszinierende Geschichte der reizvollen Moleküle und Strukturen zeigt, wie wichtig Grundlagenforschung auf nicht anwendungsbezogenen Gebieten ist.

Wie im Vorwort und an bestimmten Textstellen vermerkt, führen einige der behandelten Moleküle (insbesondere die Phthalocyanine) weiter zu *Molekülverbänden,* die im - zugehörigen zweiten - Band "Supramolekulare Chemie - Eine Einführung" beispielhaft erörtert sind.

Modifiziert nach S. Misumi (Chemistry Today Nr. 78, S. 12, 22, Tokyo Kagaku Dozin 1977) von F. Vögtle, A. Schröder (Computer—Zeichnung, AutoCad—Programm)

Literaturhinweise und Anmerkungen –
zu den einzelnen Abschnitten

Literatur zu Vorwort und Abschnitt 1:
Reizvolle Strukturen in den Naturwissenschaften

1a) *F.Vögtle, L.Rossa, W.Bunzel*, Kontakte (Darmstadt) 1982/2, 37;

 b) *F.Vögtle, L.Rossa, W.Bunzel*, Chemie für Labor und Betrieb 35, 178 (1984)

 2) Vgl. *F.Vögtle, L.Rossa, W.Bunzel*, in: Schriftenreihe des Fonds der Chemischen Industrie, Heft 23: Chemie - Aufgaben und Lösungen in der Praxis, Frankfurt am Main 1985

3a) Vgl. *H.Weyl:* "Symmetry". Princeton Press, Princeton 1952;

 b) *I.Hargittai, M.Hargittai:* Symmetry through the Eyes of a Chemist. VCH-Verlagsgesellschaft mbH, Weinheim 1986;

 c) *H.Genz:* Symmetrie - Bauplan der Natur. Piper, Zürich 1987;

 d) *S.Hildebrandt, A.Tromba:* Panoptimum - Mathematische Grundmuster des Vollkommenen. Spektrum-Bibl. Bd. 12, Heidelberg 1987;

 e) *N.J.Turro:* Geometrisches und topologisches Denken in der Organischen Chemie. Angew.Chem. 98, 872 (1986);

 f) Vgl. auch *R.Wille* (Hrsg.): Symmetrie in Geistes- und Naturwissenschaft. Springer, Berlin, Heidelberg 1988;

 g) Vgl. *D.Seebach*, Angew.Chem. 100, 1685 (1988)

 4) Aus: *G. Fischer*, Bild der Wissenschaft 10, 114 (1986)

 5) *J.Brickmann, M.Klöffler, H.-U.Raab*, Chemie Unserer Zeit 12, 23 (1978)

 6) *W.L.Jorgensen, L.Salem*, Academic Press, New York, London 1973; *J.M.Tedder, A.Nechvatal:* Pictorial Orbital Theory. Pitman Publ. Ltd., London 1985

 7) *M.Eigen, R.Winkler:* "Das Spiel. Naturgesetze steuern den Zufall". Piper, München, Zürich 1975

 8) "Die Welten des M.C.Escher". M.Palak Verlagsgesellschaft, Herrsching, 3.Aufl. 1971.- Copyright 1989 M.C.Escher Heirs/Cordon Art - Baarn - Holland

 9) Vgl. hierzu auch *R.D.Hofstadter: Gödel, Escher, Bach,* Ein endloses

geflochtenes Band. Klett-Cotta, 5.Aufl., Stuttgart 1985; *R.Wille* (Hrsg.): Symmetrie in Geistes- und Naturwissenschaft. Springer, Berlin, Heidelberg 1988

10) *W.Schön:* Als Zeus den Kugelmenschen spaltete. Rheinischer Merkur/ Christ und Welt 49, 28. Nov. 1986, S. 20

11) *W.Schön:* Der Kosmos - ein Fehler im System? Was die Welt im Innersten zusammenhält: Die inderdisziplinäre Ausstellung zum Thema "Symmetrie" auf der Darmstädter Mathildenhöhe. Rheinischer Merkur/Christ und Welt Nr. 24, 7. Juni 1986, S. 19

12) *H.Genz, U.Deker:* Die Symmetrie birgt die Weltformel. Das Konstruktionsmittel des Kosmos. Bild der Wissenschaft 23, 56 (1986); vgl. auch *R.Wille* (Hrsg.): Symmetrie in Geistes- und Naturwissenschaft. Springer, Berlin, Heidelberg 1988

13) *M.Globig,* Rheinischer Merkur Nr. 41, 3. Okt. 1986; *J.Barrow, J.Silk,* "Die symmetrische Schöpfung". Piper, München 1986

14) Vgl. hierzu *F.Vögtle* et al., Stereochemie in Stereobildern. VCH-Verlagsgesellschaft mbH, Weinheim 1987

15) *G.E.Tranter,* Nachr.Chem.Tech.Lab. 34, 866 (1986)

16) Vgl. z.B. *H.A.Staab, R.Kuhn,* Chemie Unserer Zeit 2, 26 (1968)

17) *F.Vögtle,* "Supramolekulare Chemie - eine Einführung", Teubner Studienbücher, Stuttgart 1989

18) Nicht alle davon sind im Buch näher erläutert. Die im Text ausgewählten Moleküle eignen sich für eine erste Auswahl aus verschiedenen Gründen am ehesten

19) *A.Greenberg, J.F.Liebman,* "Strained Organic Molecules" (Hrsg.H.H. Wassermann), Vol. 38, Academic Press Inc., New York, San Francisco, London 1978, S. 85

20a) *J.F.Stoddart:* "Molecular Lego", Chemistry in Britain 1988, 1203;

b) "[12]Collaren". Vorstufe: *P.R.Ashton, N.S.Isaacs, F.H.Kohnke, A.M. Z.Slawin, C.M.Spencer, J.F.Stoddart, J.F.Williams,* Angew.Chem. 100, 981 (1988)

21) *H.W.Kroto, R.E.Smalley* et al., Nature 318, 162 (1985); J.Am.Chem. Soc 107, 7779 (1985); vgl. Nachr.Chem.Tech.Lab. 34, 95 (1986)

22) *J.Castells, F.Serratosa,* J.Chem.Educ. 60, 941 (1983)

Literatur zu Abschnitt 2.1:

Tetra-*tert*-butyltetrahedran

1) *W.Grahn*, Chemie Unserer Zeit 15, 52 (1981)

2) *H.A.Staab*, *E.Wehinger*, *W.Thorwart*, Chem.Ber. 105, 2290 (1972)

3) *L.T.Scott*, *M.Jones*, *Jr.*, Chem.Rev. 72, 181 (1972)

4) *G.Maier*, Angew.Chem. 86, 491 (1974); Angew.Chem., Int.Ed.Engl. 13, 425 (1974)

5) *J.F.Liebman*, *A.Greenberg*, Chem.Rev. 76, 311 (1976)

6) Für die Verbindung C_4Li_4 wurde ein Tetrahedran-Gerüst postuliert, bei dem sich über jeder Dreiecksfläche ein Lithiumatom befindet: *G.Rauscher*, *T.Clark*, *D.Poppinger*, *P.v.Rague-Schleyer*, Angew.Chem. 90, 306 (1978); Angew.Chem., Int.Ed.Engl. 17, 276 (1978). *P.Eaton*, Tetrahedron 35, 2189 (1979)

7a) *G.Maier*, *S.Pfriem*, *U.Schäfer*, *R.Matusch*, Angew.Chem. 90, 552 (1978); Angew.Chem., Int.Ed.Engl. 17, 520 (1978);

b) *G.Maier*, *S.Pfriem*, Angew.Chem. 90, 551 (1978); Angew.Chem., Int. Ed.Engl. 17, 519 (1978);

c) *G.Maier*, *F.Bosslet*, Tetrahedron Lett. 1972, 1025;

d) *G.Maier*, Angew.Chem. 100, 317 (1988);

e) *C.Hoogzand*, *W.Hübel*, Tetrahedron Lett. 1961, 637

8) *Röntgen*-Kristallstruktur des Tetra-*tert*-butyltetrahedrans: *H.Irngartinger*, *A.Goldmann*, *R.Jahn*, *M.Nixdorf*, *H.Rodewald*, *G.Maier*, *K.-D. Malsch*, *R.Emrich*, Angew.Chem. 96, 967 (1984); Angew.Chem., Int. Ed.Engl. 23, 993 (1984)

9) *H.Irngartinger*, *R.Jahn*, *G.Maier*, *R.Emrich*, Angew.Chem. 99, 356 (1987)

Literatur zu Abschnitt 2.2:

Cuban

1a) *P.E.Eaton*, Tetrahedron 35, 2189 (1979);

b) Erst in den 80er Jahren gelang die Synthese des unsubstituierten Dodecahedrans (s. Abschnitt 2.3)

2) *P.E.Eaton*, *T.W.Cole*, *Jr.*, J.Am.Chem.Soc. 86, 3157 (1964)

3) Wir danken *Prof.Dr.P.E.Eaton*, University of Chicago, USA, sehr für

die Information anläßlich seines Vortrags ("New Chemistry with the Cubane System") im Institut für Org. Chemie und Biochemie der Universität Bonn am 22.02.1988

4) Bezeichnung dieses Kohlenwasserstoffs nach IUPAC: Pentacyclo[3.3.- 0.0^{2,4}.0^{3,7}.0^{6,8}]octan

5) *C.W.Jefford*, J.Chem.Educ. <u>53</u>, 477 (1976)

6) *A.J.H.Klunder, B.Zwanenburg*, Tetrahedron <u>28</u>, 4131 (1972)

7) *N.Bodor, M.J.S.Dewar, S.L.Worley*, J.Am.Chem.Soc. <u>92</u>, 19 (1970)

8) *P.Bischof, P.E.Eaton, R.Gleiter, E.Heilbronner, T.B.Jones, J.Musso, A.Schmelzer, R.Stober*, Helv.Chim.Acta <u>61</u>, 547 (1978)

9) *T.W.Cole,Jr., C.J.Mayers, L.M.Stock*, J.Am.Chem.Soc. <u>96</u>, 4555 (1974)

10) *T.-Y.Luh, L.M.Stock*, J.Org.Chem. <u>43</u>, 3271 (1978)

11) *B.D.Kybett, S.Carroll, P.Natalis, D.W.Bonnell, J.L.Margrave, J.L. Franklin*, J.Am.Chem.Soc. <u>88</u>, 626 (1966)

12) *E.W.Della, P.T.Hine, H.K.Patney*, J.Org.Chem. <u>42</u>, 2940 (1977)

13) *T.Y.Luh, L.M.Stock*, J.Am.Chem.Soc. <u>96</u>, 3712 (1974)

14) *L.L.Loeffler*, U.S.Pat. 1203538 und 1909666, Merck und Co., Inc.

15) *J.C.Barborak, L.Watts, R.Pettit*, J.Am.Chem.Soc. <u>88</u>, 1328 (1966)

16) *C.G.Chin, H.W.Cuts, S.Masamune*, J.Chem.Soc., Chem.Commun. <u>1966</u>, 880

17) *P.E.Eaton, T.W.Cole, Jr.*, J.Am.Chem.Soc. <u>86</u>, 962 (1964)

18) *P.E.Eaton, T.W.Cole, Jr.*, J.Chem.Soc., Chem.Commun. <u>1970</u>, 1493

19) *T.-Y.Luh, L.M.Stock*, J.Org.Chem. <u>37</u>, 338 (1972)

20) *P.E.Eaton, H.Higuchi, R.Millikan*, Tetrahedron Lett. <u>28</u>, 1055 (1987)

21) *N.B.Chapman, J.M.Key, K.J.Toyne*, J.Org.Chem. <u>35</u>, 3860 (1970)

22) *I.F.Pelosi, W.T.Miller*, J.Am.Chem.Soc. <u>98</u>, 4311 (1976)

23) *O.Ermer, J.Lex*, Angew.Chem. <u>99</u>, 455 (1987)

23a) *P.E.Eaton, B.K.Ravi Shankar, G.D.Price, J.J.Pluth, E.E.Gilbert, J.Al- ster, O.Saudus*, J.Org.Chem. <u>49</u>, 185 (1984)

24) *D.A.Hrovat, W.T.Borden*, J.Am.Chem.Soc. <u>110</u>, 4710, 7229 (1988)

25) *D.A.Hrovat, W.T.Borden*, J.Am.Chem.Soc. <u>110</u>, 4710 (1988)

26) *J.Schäfer, G.Szeimies*, Tetrahedron Lett. <u>29</u>, 5253 (1988); *N.Chen, M. Jones, Jun., M.Jun*, J.Phys.Org.Chem. <u>1988</u>, 305

27) *P.E.Eaton, M.Magini*, J.Am.Chem.Soc. <u>110</u>, 7230 (1988); Vgl. Nachr. Chem.Tech.Lab. <u>36</u>, 1306 (1988)

28) *M.Magini, P.E.Eaton*, J.Am.Chem.Soc. <u>110</u>, 7232 (1988)

29) *A.Bashir-Hashemi*, J.Am.Chem.Soc. <u>110</u>, 7234 (1988)

Literatur zu Abschnitt 2.3:

Dodecahedrane

1) *W.Grahn*, Chemie Unserer Zeit <u>15</u>, 52 (1981)

2a) *L.A.Paquette, D.W.Balogh, R.Usha, D.Kountz, G.G.Christoph*, Science <u>211</u>, 575 (1981);

b) *G.G.Christoph, P.Engel, R.Usha, D.W.Balogh, L.A.Paquette*, J.Am. Chem.Soc. <u>104</u>, 784 (1982)

3) *P.E.Eaton*, Tetrahedron <u>35</u>, 2189 (1979)

4) *R.J.Ternasky, D.W.Balogh, L.A.Paquette*, J.Am.Chem.Soc. <u>104</u>, 4503 (1982)

5a) *N.J.Jones, W.D.Deadman, E.Le Goff*, Tetrahedron Lett. <u>1973</u>, 2087;

b) *J.L.Frey, P.v.Rague-Schleyer*, unveröffentlicht; vgl. *P.E.Eaton*, Tetrahedron <u>35</u>, 2189 (1979)

6) *L.A.Paquette, D.W.Balogh*, J.Am.Chem.Soc. <u>104</u>, 774 (1982)

7) *R.B.Woodward, T.Fukunaga, R.C.Kelly*, J.Am.Chem.Soc. <u>86</u>, 3162 (1964)

8) *P.E.Eaton*, J.Am.Chem.Soc. <u>94</u>, 1014 (1972)

8a) Vgl. hierzu auch *G.Mehta* und *K.R.Reddy*, Tetrahedron Lett. <u>29</u>, 3607, 5309 (1988)

9) Übersicht: *L.A.Paquette*, "Plato's Solid in a Retort: The Dodecahedrane Story", in *Th.Lindberg* (Hrsg.), Strategies and Tactics in Organic Synthesis, Academic Press Inc., London 1984, S. 175-200

10) *E.Carceller, M.L.Garcia, A.Moyano, M.A.Pericàs, F.Serratosa*, Tetrahedron <u>42</u>, 1831 (1986)

11) *J.C.Gallucci, C.W.Doecke, L.A.Paquette*, J.Am.Chem.Soc. <u>108</u>, 1343 (1986).- Erreichter R-Wert: 0.049, basierend auf 118 Intensitätsmessungen. Der Kristall war aus zwei ungleich verteilten Zwillingen zusammengesetzt

12) *W.-D.Fessner, B.A.R.C.Murty, J.Wörth, D.Hunkler, H.Fritz, H.Prinzbach, W.D.Roth, P.v.R.Schleyer, A.B.McEwen, W.F.Maier*, Angew. Chem. <u>99</u>, 484 (1987); <u>99</u>, 486, 482 (1987)

13a) *G.A.Olah, G.K.S.Prakash, T.Kobayashi, L.A.Paquette*, J.Am.Chem. Soc. <u>110</u>, 1304 (1988);

b) *H.Prinzbach* et al., Angew. Chem. <u>101</u>, 307, 309, 312, 314 (1989); vgl. Nachr.Chem.Tech.Lab. <u>37</u>, 101 (1989); vgl. *L.A.Paquette, J.C. Weber, T.Kobayashi, Y.Miyahara*, J.Am.Chem.Soc. <u>110</u>, 8591 (1988);

c) *L.A.Paquette*, *T.Kobayashi*, *J.C.Gallucci*, J.Am.Chem.Soc. <u>110</u>, 1305 (1988)

14) *L.A.Paquette*, *T.Kobayashi*, *M.A.Kesselmayer*, J.Am.Chem.Soc. <u>110</u>, 6568 (1988); *G.A.Olah*, *G.K.S.Prakash*, *W.-D.Fessner*, *T.Kobayashi*, *L. A.Paquette*, J.Am.Chem.Soc. <u>110</u>, 8599 (1988)

15) *L.A.Paquette*, *J.C.Weber*, J.Org.Chem. <u>53</u>, 5315 (1988)

16) *L.A.Paquette*, *J.C.Weber*, *T.Kobayashi*, *Y.Miyahara*, J.Am.Chem.Soc. <u>110</u>, 8591 (1988)

Literatur zu Abschnitt 2.4:
Adamantan

1) Übersichten:
a) *H.Stetter*, Angew.Chem. <u>66</u>, 217 (1954);
b) ebenda <u>74</u>, 361 (1962); siehe auch Lit. [18,19];
c) *A.Greenberg*, *J.F.Liebman*, Strained Organic Molecules, S. 178ff, Academic Press, New York 1978 (Organic Chemistry, A Series of Monographs, Vol. 38);
d) *R.C.Fort*, in: Adamantane: The chemistry of diamond molecules, S. 233, [in *P.Gassman* (Hrsg.): Studies in Organic Chemistry, Vol.5], *M.Dekker*, New York - Basel 1976;
e) *R.C.Bingham*, *P.v.R.Schleyer*, Chemistry of Adamantanes: Recent developments in the chemistry of adamantanes and related polycyclic hydrocarbons, Fortschr.Chem.Forsch. <u>18</u> (1971)

2) *S.Landa*, Chem.Listy <u>27</u>, 415 (1933)

3) *S.Landa*, *S.Hála*, Chem.Listy <u>51</u>, 2325 (1957)

4) *S.Landa*, *V.Macháček*, Collect.Czech.Chem.Commun. <u>5</u>, 1 (1960); *S. Landa*, *S.Hála*, ebenda <u>24</u>, 93 (1959)

4a) Siehe hierzu (und zu anderen Namensgebungen) *A.Nickon*, *E.F.Silversmith*: Organic Chemistry - The Name Game. Pergamon Press, New York 1987

5) *B.J.Mair*, *M.Shamaiengar*, *N.C.Krouskop*, *F.D.Rossini*, Anal.Chem. <u>31</u>, 2082 (1959); Praktikumsvorschrift zur Isolierung über die Thioharnstoff-Einschlußverbindung siehe Lit. [15,16]

6) *S.Landa*, *S.Hála*, Erdöl u. Kohle <u>11</u>, 698 (1958)

7) *V.Prelog*, *R.Seiwerth*, Ber.Dtsch.Chem.Ges. <u>74</u>, 1644, 1769 (1941)

8) *H.Stetter*, *O.E.Bänder*, *W.Neumann*, Chem.Ber. <u>89</u>, 1922 (1956)

352   Literaturhinweise und Anmerkungen

9) *H.Stetter, O.E.Bänder,* Chem.Ber. <u>88</u>, 1535 (1955)

10) *S.Landa, Z.Kamycek,* Collect.Czech.Chem.Commun. <u>24</u>, 4004 (1959)

11) *P.v.R.Schleyer,* J.Am.Chem.Soc. <u>79</u>, 3292 (1957)

12) *P.v.R.Schleyer, M.M.Donaldson,* J.Am.Chem.Soc. <u>82</u>, 4645 (1960)

13) *E.I.Du Pont de Nemours & Co.,* Belg.Pat. 583519 (1959; DOS. 1097438 (1959), Erf. *R.E.Ludwig*

14) *H.Koch, J.Franken,* Brennstoff-Chemie <u>42</u>, 90 (1961)

15) *P.v.R.Schleyer, R.D.Nicholas,* Tetrahedron Lett. <u>1961</u>, 305

16) *P.v.R.Schleyer, M.M.Donaldson, R.D.Nicholas, C.Cupas, W.G.Dauben, F.G.Willey,* Org.Synth., Coll.Vol.<u>5</u>, 16 (1973)

17) *A.Ault, R.Kopet,* Chemie Unserer Zeit <u>4</u>, 127 (1970)

18) *K.Tominaga, M.Haya,* Chem.Economy & Eng. Rev. <u>17</u>, 23 (1985)

19) *K.Kurisaki,* Chem.Economy & Eng. Rev. <u>10</u>, 19 (1976)

19a) *O.Farooq, S.M.F.Farnia, M.Stephenson, G.A.Olah,* J.Org.Chem. <u>53</u>, 2840 (1988)

20) *P.v.R.Schleyer, R.D.Nicholas,* J.Am.Chem.Soc. <u>83</u>, 2700 (1961). Vgl. hierzu auch: *C.A.Grob, P.Sawlewicz,* Tetrahedron Lett. <u>28</u>, 951 (1987)

21) *H.Hamill, M.A.McKervey,* Chem.Commun. <u>1969</u>, 864; *J.Applequist, P. Rivers, D.E.Applequist,* J.Am.Chem.Soc. <u>91</u>, 5705 (1969)

22) *K.Naemura, Y.Hokura, M.Nakazaki,* Tetrahedron <u>42</u>, 1763 (1986)

23) *T.Laube,* Angew.Chem. <u>98</u>, 368 (1986); Vgl. *T.Laube, H.U.Stilz,* J. Am.Chem.Soc. <u>109</u>, 5876 (1987)

24) *G.A.Olah, J.J.Svoboda, A.T.Ku,* Synthesis <u>1973</u>, 492

25) *O.Ermer,* Aspekte von Kraftfeldrechnungen. W.Baur Verlag, München 1981; *W.F.Maier, P.v.R.Schleyer,* J.Am.Chem.Soc. <u>103</u>, 1891 (1981); *R.T.Conlin, R.D.Miller, J.Michl,* J.Am.Chem.Soc. <u>101</u>, 7637 (1979)

26) *J.G.Radziszewski, W.Downing, C.Wentrup, P.Kaszynski, M.Jawdosiuk, P.Kovacic, J.Michl,* J.Am.Chem.Soc. <u>107</u>, 2799 (1985)

27) *C.Wentrup,* Reaktive Zwischenstufen, Bd. II, Thieme, Stuttgart 1979

Literatur zu Abschnitt 2.5:
Pagodan

1) *W.-D.Fessner, H.Prinzbach, G.Rihs*, Tetrahedron Lett. <u>24</u>, 5857 (1983)

2) Vgl. hierzu auch *T.Drewello, W.D.Fessner, A.J.Kos, C.B.Lebrilla, H. Prinzbach, P.v.R.Schleyer, H.Schwarz*, Chem.Ber. <u>121</u>, 187 (1988); vgl. auch *M.Bremer, P.v.R.Schleyer, U.Fleischer*, J.Am.Chem.Soc. <u>111</u>, 1147 (1989)

3) *G.K.S. Prakash, V.V.Krishnamurthy, R.Herges, R.Bau, H.Yuan, G.A. Olah, W.-D.Fessner, H.Prinzbach*, J.Am.Chem.Soc. <u>108</u>, 836 (1986); vgl. Seco[1.1.1]pagodyl-Kation und dessen C-C-σ-Hyperkonjugation: *G.K.S.Prakash, W.-D.Fessner, G.A.Olah, G.Lutz, H.Prinzbach*, J.Am. Chem.Soc. <u>111</u>, 746 (1989). Vgl.auch Lit. [13b) in Abschnitt 2.3 (Dodecahedrane)

Literatur zu Abschnitt 2.6:
[1.1.1]Propellan

1) *K.B.Wiberg*, Inverted Geometries at Carbon. Acc.Chem.Res. <u>17</u>, 379 (1984); Angew.Chem. <u>98</u>, 312 (1986)

1a) Über eine neue, mit 70% Ausbeute verlaufende Synthese ausgehend von 1,1-Bis(chlormethyl)ethen und Dibromcarben vgl.: *J.Belzner, U. Bunz, K.Semmler, G.Szeimies, K.Opitz, A.-D.Schlüter*, Chem.Ber. <u>122</u>, 397 (1989)

2) *E.Honegger, H.Huber, E.Heilbronner, W.P.Dailey, K.Wiberg*, J.Am. Chem.Soc. <u>107</u>, 7172 (1985)

3) *K.B.Wiberg, S.T.Wadell*, Tetrahedron Lett. <u>28</u>, 151 (1987)

4) *J.Belzner, G.Szeimies*, Tetrahedron Lett. <u>27</u>, 5839 (1986); *P.Seiler, J. Belzner, U.Bunz, G.Szeimies*, Helv.Chim.Acta <u>71</u>, 2100 (1988)

5) *A.D.Schlüter*, Angew.Chem. <u>100</u>, 283 (1988); *K.Opitz, A.D.Schlüter*, ebenda <u>101</u>, 513 (1989)

6) *P.Kaszynski, J.Michl*, J.Am.Chem.Soc. <u>110</u>, 5225 (1988)

Literatur zu Abschnitt 3.1:
Triphenylcyclopropenyl-Kation

1) *W.v.E.Doering, L.H.Knox,* J.Am.Chem.Soc. 76, 3203 (1954)
2) *R.Breslow, C.Yuan,* J.Am.Chem.Soc. 80, 5991 (1958)
3a) *E.A.Chanchross, G.Smolinsky,* Tetrahedron Lett. 1960, 19;
 b) *R.Breslow, H.W.Chang,* J.Am.Chem.Soc. 83, 2367 (1961)
4a) *S.O.Tobey, R.West,* Tetrahedron Lett. 1963, 1179;
 b) *S.O.Tobey, R.West,* J.Am.Chem.Soc. 88, 2478 (1966);
 c) *S.O.Tobey, R.West,* ebenda 88, 2481 (1966);
 d) *R.West, D.Dado,* ebenda 88, 2488 (1966);
 e) *R.West, D.C.Zecher, W.Goyeit,* ebenda 92, 149 (1970)
5) *R.Weiss, H.Kölbl, C.Schlierf,* J.Org.Chem. 41, 2258 (1976)
6) *A.O.Krebs,* Angew.Chem. 77, 10 (1965); Angew.Chem., Int.Ed.Engl.
   4, 10 (1965)
7) *R.Breslow, T.Eicher, A.Krebs, R.A.Peterson, J.Posner,* J.Am.Chem.
   Soc. 87, 1320 (1965)
8a) *M.Sundaralingam, L.H.Jensen,* J.Am.Chem.Soc. 85, 3303 (1963);
 b) *M.Sundaralingam, L.H.Jensen,* ebenda 88, 1986 (1966)
9) *B.Föhlisch, P.Bürgle,* Liebigs Ann.Chem. 701, 67 (1967)
10) *K.Komatsu, R.West, D.Stanislavski,* J.Am.Chem.Soc. 99, 6286 (1977)
11a) *M.A.Battiste, B.Halton,* Chem.Commun. 1968, 1368;
 b) *P.Györösi, G.Hvistendahl, K.Undheim,* Org.Mass Spectr. 1975, 744
12) *R.Weiss, C.Schlierf, H.Kölbl,* Tetrahedron Lett. 1973, 4827
13) *A.Padwa, L.A.Cohen, H.L.Gingrich,* J.Am.Chem.Soc. 106, 1065 (1984)
14) *E.E.van Tamelen, R.H.Greeley, H.Schumacher,* J.Am.Chem.Soc. 93,
    6151 (1971)
15) *A.Heydt, H.Heydt, B.Weber, M.Regitz,* Chem.Ber. 115, 2965 (1982)
16) *E.D.Jemmis, R.Hoffmann,* J.Am.Chem.Soc. 102, 2570 (1980)
17) *W.A.Donaldson, R.P.Hughes, R.E.Davis, S.M.Gadol,* Organomet. 1,
    812 (1982); vgl. *J.Potinza, R.Johnson, D.Mashopaolo, A.Efratu,* J.
    Organomet.Chem. 1974, 64, C13
18) *R.Gompper, E.Bartmann, H.Nöth,* Chem.Ber. 112, 218 (1979)
19) *F.Cecconi, C.A.Ghilardi, S.Midollini, S.Moneti, A.Orlandini,* Angew.
    Chem. 98, 815 (1986); Angew.Chem., Int.Ed.Engl. 25, 833 (1986)
20) Vgl. Chemie Unserer Zeit 22, 69 (1988); weitere Literaturhinweise:
    K.Komatsu, H.Akamatsu, Y.Jinbu, K.Okamoto, J.Am.Chem.Soc. 110,

633 (1988)

21) A.Korth et al., Nature 337, 53 (1989)

Literatur zu Abschnitt 3.2:
Azulen

1) Übersichten:
a) L.Ruzicka, E.A.Rudolph, Helv.Chim.Acta. 9, 118 (1926);
b) A.St.Pfau, Pl.A.Plattner, Helv.Chim.Acta. 19, 858 (1936);
c) A.J.Haagen-Smit, Fortschr.Chem.org.Naturstoffe 5, 40 (1948);
d) M.Gordon, Chem.Rev. 50, 127 (1952);
e) W.Treibs, W.Kirchhof, W.Ziegenbein, Fortschr.chem.Forsch. 3, 334 (1955);
f) T.Nozoe, S.Ito, Fortschr.Chem.org.Naturstoffe 19, 32 (1961);
g) K.Hafner, Angew.Chem. 70, 419 (1958);
h) J.A.Marshall, Synthesis 1972, 517
2) E.Kovats, H.S.H.Günthard, Pl.A.Plattner, Helv.Chim.Acta. 37, 2123 (1954)
3) K.Hafner, K.-D.Asmus, Liebigs Ann.Chem. 671, 31 (1964)
4) K.Hafner, Liebigs Ann.Chem. 606, 79 (1957)
5) K.Hafner, H.Kaiser, Liebigs Ann.Chem. 618, 140 (1958)
6) R.W.Alder, G.Whittaker, Chem.Commun. 1971, 776
7) T.Nozoe, I.Murata, Int.Rev.Science, Org.Chem.Ser.One 3, 201
8) H.Prinzbach, H.-J.Herr, Angew.Chem. 84, 117 (1972); Angew.Chem. Int.Ed.Engl. 11, 135 (1972)
9a) E.V.Dehmlow, M.Slopianka, Angew.Chem 94, 461 (1982); Angew. Chem.Int.Ed.Engl. 21, 444 (1982);
b) G.Boche, H.Weber, J.Benz, Angew.Chem. 86, 238 (1974); Angew. Chem.Int.Ed.Engl. 13, 207 (1974)
10a) E.V.Dehmlow, G.C.Ezimora, Tetrahedron Lett. 1970, 4047;
b) E.V.Dehmlow, H.Klabuhn, E.-Ch.Hass, Liebigs Ann.Chem. 1973, 1063
11) Beilstein-Richter, III. Ergänzungswerk, 5, 1548
12) J.M.Robertson, H.M.M.Shearer, G.A.Sim, D.G.Watson, Acta Crystallogr. 15, 1 (1962)
13) H.Beyer, W.Walter, Lehrbuch der Organischen Chemie. Hirzel Verlag, Stuttgart 1984, 20.Aufl. 1984, S.619
14) A.L.Mc.Clellan, "Tables of Experimental Dipol Moments", W.H.Free-

man, San Francisco 1963

15) *R.A.Y.Jones*, "Physical and Mechanistic Organic Chemistry", Cambridge, University Press, Cambridge, 2.Aufl. 1984, S.122; *M.J.S. Dewar*, Progr.Org.Chem. 2, 1 (1953)

16) *J.March*, "Advanced Organic Chemistry", John Wiley and Sons, New York 1985

17) *J.Michl, E.W.Thulstrup*, Tetrahedron 32, 205 (1976)

18) *J.Griffiths* (Hrsg.), "Colour and Constitution of Organic Molecules", Academic Press, London 1976

19) *E.Heilbronner*, "Optische Anregung organischer Systeme", (2. Internationales Farbensymposium), Verlag Chemie, Weinheim 1966; *E.Heilbronner*, "Das HMO-Modell und seine Anwendung", Bd. III, Verlag Chemie, Weinheim 1970

20a) *T.Drakenberg, J.Sandström, J.Seita*, Org.Magn.Resonance 11, 246 (1978);

b) *C.A.Coulson*, Proc.Phys.Soc.(London) 65, 933 (1952); *B.Pullman, M. Mayot, G.Berthier*, J.Chem.Phys. 18, 257 (1950)

21) *S.Braun, J.Kinkeldei, L.Walther*, Org.Magn.Resonance 14, 466 (1980)

22) *T.A.Holak, S.Sadigh-Esfandiary, F.R.Carter, D.J. Sardella*, J.Org. Chem. 45, 2400 (1980)

23) *R.Stolze, H.Budzikiewicz*, Monatsh.Chem. 109, 325 (1978)

24) *D.H.Reid*, Tetrahedron 3, 339 (1958)

25) *E.C.Kirby, D.H.Reid*, Tetrahedron Lett. 27, 1 (1960)

26) *K.Hafner, H.Patzelt, H.Kaiser*, Liebigs Ann.Chem. 656, 24 (1962)

27) *W.Treibs*, Naturwissenschaften 52, 452 (1965)

28) *K.Hafner, K.-F.Bangert*, Liebigs Ann.Chem. 650, 98 (1961)

29) *K.Hafner, W.Senf*, Liebigs Ann.Chem. 656, 34 (1962)

30) *K.Hafner, H.Weldes*, Liebigs Ann.Chem. 606, 90 (1957)

31) *K.Hafner, C.Bernhard, R.Müller*, Liebigs Ann.Chem. 650, 35 (1961)

32) *K.Hafner, A.Stephan, C.Bernhard, Liebigs Ann.Chem. 650, 42 (1961)*

33) *K.Hafner, H.Pelster, J.Schneider*, Liebigs Ann.Chem. 650, 62 (1961)

34) *K.Hafner, H.Pelster*, Angew.Chem. 72, 781 (1960)

35) *K.Hafner, H.Pelster, H.Patzelt*, Liebigs Ann.Chem. 650, 80 (1961)

36) *R.E.Merrifield, W.D.Phillips*, J.Am.Chem.Soc. 80, 2778 (1958)

37a) *T.L.Cairns*, J.Am.Chem.Soc. 80, 2775 (1958);

b) *B.C.McKusick, R.E.Heckert, T.L.Cairns, D.D.Coffman, H.F.Mower*, ebenda 80, 2806 (1958);

c) *G.N.Sausen, V.A.Engelhardt, W.J.Middleton*, ebenda 80, 2815 (1958)

38) *K.Hafner, K.-L.Moritz*, Liebigs Ann.Chem. 650, 92 (1961)

39) *M.R.Churchill*, Progr.Inorg.Chem. 11, 53 (1970)

40) *E.O.Fischer, J.Müller*, J.Organometal.Chem. 1, 464 (1964)

41) *J.Becker, C.Wentrup, E.Katz, K.-P.Zeller*, J.Am.Chem.Soc. 102, 5110 (1980)

42) *K.-P.Zeller*, Angew.Chem. 94, 448 (1982); Int.Ed.Engl. 21, 440 (1982)

43) *M.Müller, S.Braun, K.Hafner*, Angew.Chem. 92, 635 (1980); Int.Ed. Engl. 19, 621 (1980)

44) *F.Vögtle, H.-G.Löhr, J.Franke, D.Worsch*, Angew.Chem. 97, 721 (1985); Int.Ed.Engl. 24, 727 (1985)

45) *H.-G.Löhr, F.Vögtle*, Chem.Ber. 118, 905 (1985)

46) *S.Hünig, B.Ort*, Liebigs Ann.Chem. 1984, 1905

47) *T.Kawashima, T.Otsubo, Y.Sakata, S.Misumi*, Tetrahedron Lett. 1978, 1063

48) *Y.Fukazawa, M.Sobukawa, S.Ito*, Tetrahedron Lett. 23, 2129 (1982)

49) *Y.Nesumi, T.Nakazawa, I.Murata*, Chem.Lett. 1979, 771

50) *Y.Fukazawa, M.Aoyagi, S.Ito*, Tetrahedron Lett. 1978, 1067

51) *Y.Fukazawa, M.Aoyagi, S.Ito*, ebenda 1979, 1055

52) *S.Ito*, Pure Appl.Chem. 54, 957 (1982)

53) *T.Koenig, K.Rudolph, R.Chadwick, H.Geiselmann, T.Patapoff, C.E. Klopfenstein*, J.Am.Chem.Soc. 108, 5024 (1986)

54) *M.Kataoka, T.Nakajima*, Tetrahedron Lett. 27, 1823 (1986)

55a) *S.Ito*, Pure Appl.Chem. 54, 957 (1982);

 b) *K.Rudolf, D.Robinette, T.Koenig*, J.Org.Chem. 52, 641 (1987);

 c) *A.G.Anderson Jr., E.D.Daugs*, J.Org.Chem. 52, 4391 (1987);

 d) *T.Asao, S.Ito, N.Morita*, Tetrahedron Lett. 29, 2839 (1988)

56a) *K.Hafner, G.F.Thiele, C.Mink*, Angew.Chem. 100, 1213 (1987);

 b) *K.Hafner, B.Stowasser, H.-P.Krimmer, S.Fischer, M.C.Böhm, H.J. Lindner*, Angew.Chem. 98, 646 (1986);

 b) *K.Hafner, V.Kühn*, Angew.Chem. 98, 648 (1986);

 c) *K.Hafner*, Pure Appl.Chem. 54, 939 (1982)

57) *A.Messmer, G.Hajós, G.Timári*, Monatsh.Chem. 119, 1113 (1988)

58) *S.Takekuma, Y.Matsubara, H.Yamamoto, T.Nozoe*, Bull.Chem.Soc.Jpn. 61, 475 (1988)

59) *K.Müllen, N.T.Allison, J.Lex, H.Schmickler, E.Vogel*, Tetrahedron 43, 3225 (1987)

60) *F.Gerson, G.Gescheidt*, Helv.Chim.Acta 71, 1011 (1988)

61) *V.Sampath, E.C.Lund, M.J.Knudsen, M.M.Olmstead, N.E.Schore,* J. Org.Chem. 52, 3595 (1987)

Literatur zu Abschnitt 3.3:
Biphenylen

1a) *W.Hosaeus,* Monatsh. Chem. 14, 323 (1893);

  b) *S.von Niementowski,* Ber.dtsch.Chem.Ges. 34, 3331 (1901);

  c) *N.M.Cullinane, N.M.E.Morgan, C.A.J.Plummer,* Rec.trav.chim.Pays-Bas 56, 627 (1937)

2a) *J.J.Dobbie, J.J.Fox, A.J.H.Gauge,* J.Chem.Soc. 99, 683, 1615 (1911); ebenda 103, 36 (1913);

  b) *M.Nierenstein,* Liebigs Ann.Chem. 386, 318 (1911)

3a) *H.W.Schwechten,* Chem.Ber. 65, 1605 (1932);

  b) *L.Mascarelli, D.Gatti,* Gazz.Chim.Ital. 63, 661 (1933)

4) *W.C.Lothrop,* J.Am.Chem.Soc., 63, 1187 (1941)

5) *W.Baker,* Nature 150, 210 (1942)

6) *W.Baker, M.P.V.Boarland, J.F.W.McOmie,* J.Chem.Soc. 1954, 1476

7) *W.Baker, J.F.W.McOmie,* Chem.Soc.Special Publication 12, 49 (1958)

8a) *A.F.Bedford, J.G.Carey, I.T.Millar, C.T.Mortimer, H.D.Springall,* J. Chem.Soc. 1962, 3895;

  b) *M.P.Cava, J.F.Stucker,* J.Am.Chem.Soc. 77, 6602 (1955);

  c) *E.R.Ward, B.D.Pearson,* J.Chem.Soc. 1961, 515

9) *J.L.Salefeld, E.Baume,* Tetrahedron Lett. 28, 3365 (1987)

10) *J.W.Barton, K.E.Whitaker,* J.Chem.Soc.(C) 1967, 2097

11) *R.S.Berry, G.N.Spokes, R.M.Stiles,* J.Am.Chem.Soc. 82, 5240 (1960)

12) *F.M.Logullo, A.H.Seitz, L.Friedman,* Org.Synth. 48, 12 (1968)

13a) *C.D.Campbell, C.W.Rees,* J.Chem.Soc 5, 742 (1969);

  b) *G.Wittig,* Angew.Chem 69, 245 (1956);

  c) *G.Wittig, L.Pohmer,* Chem.Ber. 90, 1334 (1956)

14) *G.Wittig, R.W.Hoffmann,* Chem.Ber. 95, 2718 (1962)

15) *G.Wittig, H.F.Ebel,* Liebigs Ann.Chem. 650, 20 (1961); Angew.Chem. 72, 564 (1960)

16) *W.Baker, M.P.V.Boarland, J.F.W.McOmie,* J.Chem.Soc. 1954, 1476

17) *J.Waser, V.Schomaker,* J.Am.Chem.Soc. 65, 1451 (1943)

18a) *T.C.W.Mak, J.Trotter,* J.Chem.Soc. 1962, 1;

  b) *J.Waser, C.S.Lu,* J.Am.Chem.Soc. 66, 2035 (1944);

c) *J.K.Fawcett, J.Trotter*, Acta Crystallogr. <u>20</u>, 87 (1966)

19) *K.Saitmacher, F.Ebmeyer, F.Vögtle*, Force-Field-(Kraftfeld)berechnungen mit Computerprogramm QCPE 395 (Prof. *W. Thiel*); vgl. Lit. [20]

20) *K.Saitmacher, F.Vögtle, S.Peyerimhoff, D.Hippe, P.Büllesbach*, Angew.Chem. <u>99</u>, 459 (1987); MNDO-Programm nach *M.J.S.Dewar, W.Thiel*, J.Am.Chem.Soc. <u>99</u>, 4899, 4907 (1977)

21) *C.A.Coulson*, Nature <u>150</u>, 577 (1942)

22) *C.A.Coulson, W.Moffit*, Phil.Mag. <u>40</u>, 26 (1949)

23a) *M.Milun, N.Trinajstic*, Z.Naturforsch. <u>2B</u>, 478 (1973);

b) *M.J.S.Dewar, G.J.Gleicher*, Tetrahedron <u>21</u>, 1817 (1965)

24a) *R.C.Class, H.D.Springall, P.G.Quincey*, J.Chem.Soc <u>1955</u>, 1188;

b) *A.F.Bedford, J.G.Carey, I.T.Millar, C.T.Mortimer, H.D.Springall*, J. Chem.Soc. <u>1962</u>, 3895

25) *R.D.Brown*, J.Chem.Soc., Faraday Trans. <u>45</u>, 296 (1949); ebenda <u>46</u>, 146 (1950)

26) *G.Wittig, G.Lehmann*, Chem.Ber. <u>90</u>, 875 (1957)

27) *R.F.Curtius, G.Viswanath*, J.Chem.Soc. <u>1959</u>, 1670

28) *C.Pecile, B.Lunelli*, J.Chem.Phys. <u>1968</u>, 1336

29a) *W.Baker, M.P.V.Boarland, J.F.W.McOmie*, J.Chem.Soc. <u>1954</u>, 1476;

b) UV-Atlas organischer Verbindungen, Bd. II, Verlag Chemie, Weinheim, Butterworths, London 1966

30a) *H.P.Figeys*, J.Chem.Soc., Chem.Commun. <u>1967</u>, 495;

b) *H.P.Figeys, N.Defay, R.H.Martin, J.F.W.McOmie, B.E.Ayres*, J.B. *Chadwick*, Tetrahedron <u>32</u>, 2571 (1976)

31) *W.Baker, J.W.Barton, J.F.W.McOmie*, J.Chem.Soc. <u>1958</u>, 2666

32a) *W.Baker, J.F.W.McOmie, D.R.Preston, V.Rogers*, J.Chem.Soc <u>1960</u>, 414;

b) *W.Baker, J.F.W.McOmie, V.Rogers*, Chem.Ind.(London) <u>1958</u>, 1236

33) *J.M.Blatchly, A.J.Boulton, J.F.W.McOmie*, J.Chem.Soc. <u>1965</u>, 4930

34) *A.J.Boulton, J.B.Chadwick, C.R.Harrison, J.F.W.McOmie*, J.Chem.Soc., Chem.Commun. <u>1968</u>, 328

35) *J.W.Barton, K.E.Whitaker*, J.Chem.Soc.(C), <u>1971</u>, 1384

36) *J.W.Barton, D.E.Henn, K.A.McLauchlan, J.W.McOmie*, J.Chem.Soc. <u>1964</u>, 1622

37) *D.G.Farnum, E.R.Atkinson, W.C.Lothrop*, J.Org.Chem. <u>26</u>, 3204 (1961)

38) *J.Chatt, R.G.Guy, H.R.Watson*, J.Chem.Soc. <u>1961</u>, 2332

39) *F.Vögtle, K.Saitmacher, S.Peyerimhoff, D.Hippe, H.Puff, P.Bülles-*

bach, Angew.Chem. 99, 459 (1987)

40) *K.Kimura, H.Ohno, K.Morikawa, Y.Hiramatsu, Y.Odaira*, Bull.Chem. Soc.Jpn. 55, 2169 (1982)

41) *A.Nickon, E.F.Silversmith*: Organic Chemistry: The Name Game. Pergamon Press, New York 1987

Literatur zu Abschnitt 3.4:
Circulene {Coronen, [5]- und [7]Circulen}

1) *H.A.Staab, F.Diederich*, Chem.Ber. 116, 3487 (1983); *H.A.Staab, F. Diederich, C.Krieger, D.Schweitzer*, ebenda 116, 3504 (1983); *F.Vögtle, H.A.Staab*, ebenda 101, 2709 (1968); *H.A.Staab, M.Sauer*, Liebigs Ann.Chem. 1984, 742

2) Vgl. *D.Hellwinkel, T.Kosack*, Liebigs Ann.Chem. 1985, 226

3) *R.Scholl, H.Dehnert, L.Wanka*, Liebigs Ann.Chem. 493, 56 (1932)

4) *R.Scholl, H.K.Meyer, W.Winkler*, Liebigs Ann.Chem. 494 201 (1932)

5) *R.Scholl, K.Meyer*, Chem.Ber. 65, 902 (1932)

6) *E.Clar, M.Zander*, J.Chem Soc. 1957, 4616

7) *M.S.Newman*, J.Am.Chem.Soc. 62, 1683 (1940)

8) *W.Baker, J.F.W.McOmie, W.K.Warburton*, J.Chem.Soc. 1952, 2991

9) *W.Baker, F.Glockling, J.F.W.McOmie*, J.Chem.Soc. 1951, 1118

10) *W.Baker, J.F.W.McOmie, J.M.Norman*, J.Chem.Soc. 1951, 1114

11) *J.R.Davy, J.A.Reiss*, J.Chem.Soc., Chem.Comm. 1973, 806

12a) *B.R.Brown, A.W.Johnson, J.R.Qualye, A.R.Todd*, J.Chem.Soc. 1954, 107;

b) *B.R.Brown, A.Calderbank, A.W.Johnson, B.S.Joshi, J.R.Quayle, A.R. Todd*, J.Chem.Soc. 1955, 959

13) *R.B.Du Vernet, T.Otsubo, J.A.Lawson, V.Boekelheide*, J.Am.Chem. Soc. 97, 1629 (1975)

14) *Römpps* Chemie-Lexikon, Franckh'sche Verlagsbuchhandlung, Stuttgart 1983

15a) *J.M.Robertson, J.G.White*, J.Chem.Soc. 1945, 607;

b) *J.M.Robertson*, Acta Christallogr. 1, 101 (1948)

16) *L.Pauling, L.O.Brockway*, J.Am.Chem.Soc. 59, 1223 (1937)

17) *A.Zinke, F.Hanus, O.Ferrares*, Monatsh.Chem. 78, 343 (1948)

18) *A.Almenninger, O.Bastiansen, F.Dyvik*, Acta Crystallogr. 14, 1056 (1961)

19) *I.Shibuya*, Busei 2, 636 (1961)

20) *H.Fromherz*, *L.Thaler*, *G.Wolf*, Z.Elektrochem. 49, 387 (1943)

21a) General Anilin & Film Corp., Amer.Patent 2210041 (1939);

b) Chem.Zbl. 1941 I, 1069

22) *H.Reimlinger*, *J.P.Golstein*, *J.Jadot*, *P.Jung*, Chem.Ber. 97, 349 (1964)

23) *K.-D.Gundermann*, *C.Lohberger*, *M.Zander*, Naturwissenschaften 70, 574 (1983)

24) *E.Clar*, *M.Zander*, J.Chem.Soc. 1958, 1577

25) *J.A.Elvidge*, *R.E.Marks*, *M.A.Qureshi*, J.Chem.Soc.Pak. 6, 167 (1984)

26) *H.Hopff*, *H.R.Schweizer*, Helv.Chim.Acta 40, 541 (1957)

27) *H.Hopff*, *H.R.Schweizer*, Helv.Chim.Acta 42, 2315 (1959)

28) *M.Zander*, *W.Franke*, Chem.Ber. 91, 2794 (1958)

29) *R.Ott*, *A.Zinke*, Monatsh.Chem. 84, 1132 (1953)

30) *R.Ott*, *A.Zinke*, Monatsh.Chem. 83, 546 (1952)

31) *E.Clar*, Polycyclic Hydrocarbons, Volume 2, Academic Press, London, New York 1964

32) *J.W.Patterson*, J.Am.Chem.Soc. 64, 1485 (1942)

33) *I.Boente*, Brennstoffchemie 36, 211 (1955)

34) *E.Clar*, *M.Zander*, Chem.Ber. 89, 749 (1956)

35) *M.Zander*, Naturwissenschaften 47, 443 (1960)

36) *Th.Förster,* Fluoreszenz organischer Verbindungen, S.261 ff. Vandenhock & Ruprecht, Göttingen 1951

37) *B.Brocklehurst*, J.Chem.Soc. 1953, 3318

38) *E.J.Bowen*, *B.Brocklehurst*, J.Chem.Soc. 1955, 4320

39) *E.J.Bowen*, *B.Brocklehurst*, J.Chem.Soc. 1954, 3875

40) *P.Pollmann*, *K.-J.Mainusch*, *H.Stegemeyer*, Berichte der Bunsen-Gesellschaft 103, 295 (1976)

41) *H.Sakai*, *T.Matsuyama*, *H.Yamaoka*, *Y.Maeda*, Bull.Chem.Soc.Jpn. 56, 1016 (1983)

42) *W.E.Barth*, *R.G.Lawton*, J.Am.Chem.Soc. 93, 1730 (1971); *R.C.Haddon*, J.Am.Chem.Soc. 109, 1676 (1987)

43) *K.Yamamoto*, *T.Harada*, *M.Nakazaki*, J.Am.Chem.Soc. 105, 7171 (1983); *K.Yamamoto*, *T.Harada*, *Y.Okamoto*, *H.Chikamatsu*, *M.Nakazaki*, *Y.Kai*, *T.Nakao*, *M.Tanaka*, *S.Harada*, *N.Kasai*, J.Am.Chem.Soc. 110, 3578 (1988)

44) *J.H.Dopper*, *H.Wynberg*, Tetrahedron Lett. 1972, 763; J.Org.Chem. 40, 1957 (1975)

45) *D.J.H.Funhoff*, *H.A.Staab*, Angew.Chem. 98, 757 (1986)

Literatur zu Abschnitt 3.5:

[7]Helicen - und weitere Helicene

1) *M.S.Newman, D.Lednicer*, J.Am.Chem.Soc. 78, 4765 (1956).

2) *R.H.Martin*, Angew.Chem. 86, 727 (1974); Angew.Chem., Int.Ed.Engl.
   13, 649 (1974)

3) Vgl. *K.Mislow:* "Einführung in die Stereochemie", Verlag Chemie,
   Weinheim 1972, S. 25; *K.Mislow:* "Introduction to Stereochemistry",
   W.A.Benjamin Inc., New York 1966; *H.Brunner,* Kontakte (Darm-
   stadt) 1981 (3), 3; (-)- und (+)-DNA: *A.Nordheim, M.L.Pardue, E.
   M.Lafer, A.Möller, B.D.Stollar, A.Rich,* Nature 294, 417 (1981); *K.P.
   Meurer, F.Vögtle,* Top.Curr.Chem. 127, 1 (1985)

4) *P.T.Beurskens, G.Beurskens, Th.E.M.van den Hark,* Cryst.Struct.Com-
   mun. 5, 241 (1976); *Th.E.M.van den Hark, P.T.Beurskens,* Cryst.
   Struct.Commun. 5, 247 (1976); sowie "Structure Reports" (*J.Trotter,
   G.Ferguson,* Hrsg.), Vol. 42B, S.149; Bohn, Schelten und Holthema
   Verlag, Utrecht 1976

5) *M.Joly, N.Defay, R.H.Martin, J.P.Declercq, G.Germain, B.Soubrier-
   Payen, M.van Meerssche,* Helv.Chim.Acta 60, 537 (1977)

6) *M.Flammang-Barbieux, J.Nasielski, R.H.Martin,* Tetrahedron Lett.
   1967, 743

7) Hexahelicen zeigt beim Kristallisieren eine Besonderheit: Aus der
   racemischen Lösung wachsen optisch aktive Kristalle, die aus alternierenden Schichten von (+)- und (-)-Hexahelicen-Molekülen aufgebaut sind.nach Lösen der Kristalle fand man nur Drehwerte, die
   einem Enantiomerenüberschuß von maximal 2% entsprechen. Die La-
   mellen ließen sich von den Kristallen abspalten; Lösungen der einzelnen Schichten zeigten die Drehwerte der reinen Enantiomere. Die
   "lamellar verzwillingten" Kristalle treten allerdings schon bei 20-pro-
   zentigem Überschuß eines Enantiomeren nicht mehr auf; es kristallisieren dann die optisch reinen Enantiomere aus. *B.S.Green, M.Knos-
   sow,* Science 214, 795 (1981)

8) *R.H.Martin, M.J.Marchant,* Tetrahedron 30, 343, 347 (1974)

9) *R.H.Martin, M.Flammang-Barbieux, J.P.Cosyn, M.Gelbcke,* Tetrahedron Lett. 1968, 3507

10) *R.H.Martin, G.Morren, J.J.Schurter,* Tetrahedron Lett. 1969, 3683

11) *K.I.Yamada, S.Ogashiwa, H.Tanaka, H.Nakagawa, H.Kawazura,* Chem.

Lett. 1981, 343

12)   H.Wynberg, Acc.Chem.Res. 4, 65 (1971)

12a) G.Le Bas, A.Navaza, Y.Mauguen, C.de Rango, Cryst.Struct.Commun.
      5, 357 (1976)

13)   M.S.Newman, D.Lednicer, J.Am.Chem.Soc. 78, 4765 (1956)

14)   IUPAC-Nomenklatur-Regeln A-21, S-22, B-3, B-4

15)   I.Navaza, G.Tsoucaris, G.Le Bas, A.Navaza, C.de Rango, Bull.Soc.
      Chim.Belg. 88, 863 (1979)

16)   C.de Rango, G.Tsoucaris, Cryst.Struct.Commun. 2, 189 (1973)

17a) P.T.Beurskens, G.Beurskens, Th.E.M.van den Hark, Cryst.Struct.Com-
      mun. 5, 241 (1976);

  b) Th.E.M.van den Hark, P.T.Beurskens, ebenda 5, 247 (1976)

18)   Th.E.M.van den Hark, J.H.Noordik, P.T.Beurskens, Cryst.Struct.Com-
      mun. 3, 443 (1974)

19)   G.Le Bas, A.Navaza, Y.Mauguen, C.de Rango, Cryst.Struct.Commun.
      5, 357 (1976)

20)   G.Le Bas, A.Navaza, M.Knossow, C.de Rango, Cryst.Struct.Commun.
      5, 713 (1976)

21)   H.M.Doesburg, Cryst.Struct.Commun. 9, 137 (1980)

22)   Th.E.M.van den Hark, J.H.Noordik, Cryst.Struct.Commun. 2, 643
      (1973)

23)   J.C.Dewan, ActaCrystallogr. B37, 1421 (1981)

24)   R.H.Martin, M.J.Marchant, Tetrahedron 30, 343 (1974)

25)   M.S.Newman, R.S.Darlak, L.Tsai, J.Am.Chem.Soc. 89, 6191 (1967)

26)   J.H.Brokent, W.H.Laarhoven, Tetrahedron 34, 2565 (1978)

27)   Ch.Goedicke, H.Stegemeyer, Tetrahedron Lett. 1970, 751

28)   R.H.Martin, Angew.Chem. 86, 727 (1974); Angew.Chem., Int.Ed.Engl.
      13, 649 (1974)

29)   A.Brown, G.M.Kemp, S.F.Manson, J.Chem.Soc. (A) 1971, 75

30)   M.S.Newman, C.H.Chen, J.Org.Chem. 37, 1312 (1972)

31)   A.J.Lindner, B.Kitschke, Bull.Soc.Chim.Belg. 88, 831 (1979)

32)   M.Scholz, M.Mühlstadt, F.Dietz, Tetrahedron Lett. 1967, 665; C.Goe-
      dicke, H.Stegemeyer, Chem.Phys.Lett. 17, 492 (1972); A.Bromberg,
      K.A.Muszkat, E.Fischer, Isr.J.Chem. 10, 765 (1972); T.Knittel, G.Fi-
      scher, E.Fischer, J.Chem.Soc., Chem.Commun. 1972, 84

33a) R.H.Martin, J.M.Vanest, M.Gorsane, V.Libert, J.Pecher, Chimia 29,
      343 (1975);

  b) R.H.Martin, V.Libert, J.Chem.Res. (S) 1980, 130; J.Chem.Res. (M)

1980, 1940

34) *Th.J.H.M.Cuppen, W.H.Laarhoven*, J.Chem.Soc., Perkin Trans. II, 1978, 315

35) *R.Peter, W.Jenny*, Helv.Chim.Acta 49, 2123 (1966); vgl. auch Lit. 30, 31)

36) *F.Mikes, G.Boshardt*, J.Chem.Soc., Chem.Commun. 1976, 99

37) *F.Mikes, G.Boshardt*, J.Chem.Soc., Chem.Commun. 1978, 174; *P.M.op den Brouw, W.H.Laarhoven*, Rec.Trav.Chim.Pays-Bas 97, 265 (1978)

38) *H.Häkli, M.Mintas, A.Mannschreck*, Chem.Ber. 112, 2028 (1979); *G.Hesse, R.Hagel*, Liebigs Ann.Chem. 1976, 996

39) *Y.Okamoto, H.Yuki*, "Resolution by Optically Active Poly(triphenyl-methyl-methacrylate" in: "Asymmetric Reactions and Processes in Chemistry" (*E.L.Eliel, S.Otsuka*, Hrsg.), ACS Symposium Series 185, 1982; *Y.Okamoto, I.Okamoto, H.Yuki*, Chem.Lett. 1981, 835; *H.Yuki, Y.Okamoto, I.Okamoto*, J.Am.Chem.Soc. 102, 6356 (1980)

40) *F.Mikes, G.Boshardt, E.Gil-Av*, J.Chromatogr. 112, 205 (1970)

41) *R.H.Martin, G.Morren, J.J.Schuster*, Tetrahedron Lett. 1969, 3683

42) *G.Stulen, G.J.Visser*, J.Chem.Soc., Chem.Commun. 1969, 965

43) *K.Yamada, T.Yamada, H.Kawazura*, Acta Crystallogr. B36, 1680 (1980)

44a) *M.B.Groen, G.Stulen, G.J.Visser, H.Wynberg*, J.Am.Chem.Soc. 92, 7218 (1970);

   b) *H.Wynberg, M.B.Groen*, ebenda 90, 5339 (1968)

45) *W.Fuchs, J.Niszel*, Ber.Dtsch.Chem.Ges. 60, 279 (1927)

46) *H.-J.Teuber, L.Vogel*, Chem.Ber. 103, 3319 (1970)

47) *H.Wynberg, M.B.Groen*, J.Chem.Soc., Chem.Commun. 1969, 964

48) *H.Wynberg, M.Cabell*, J.Org.Chem. 38, 2814 (1973)

49) *H.Numan, R.Helder, H.Wynberg*, Rec.Trav.Chim.Pays-Bas 95, 211 (1976)

50) *H.Nakagawa, S.Ogashiwa, H.Tanaka, K.Yamada, H.Kawazura*, Bull. Chem.Soc.Jpn. 54, 1903 (1981)

51) *K.Yamada, S.Ogashiwa, H.Tanaka, H.Nakagawa, H.Kawazura*, Chem. Lett. 1981, 343

52) *M.B.Groen, H.Wynberg*, J.Am.Chem.Soc. 93, 2968 (1971)

53) *J.H.Dopper, D.Oudman, H.Wynberg*, J.Am.Chem.Soc. 95, 3692 (1973)

54) Übersicht: *H.Kawazura, K.Yamada*, Yuki Gosei Kagaku Kyokai Shi. 34, 11 (1976) [Chem.Abstr. 85, 21158c (1976)]

55) *H.Numan, R.Helder, H.Wynberg*, J.Royal Neth.Chem.Soc. 95, 211

(1976)

56) *H.Rau, O.Schuster*, Angew.Chem. <u>88</u>, 90 (1976); Angew.Chem., Int. Ed.Engl. <u>15</u>, 114 (1976)

57) *W.Marsh, J.D.Dunitz*, Bull.Soc.Chim.Belg. <u>88</u>, 847 (1979).

58) *R.H.Martin, Ch.Eyndels, N.Defay*, Tetrahedron <u>30</u>, 3339 (1974)

59) *W.H.Laarhoven, M.H.de Jong*, Rec.Trav.Chim.Pays-Bas <u>92</u>, 651 (1973)

60) *W.H.Laarhoven, Th.H.J.M.Cuppen*, Rec.Trav.Chim.Pays-Bas <u>92</u>, 553 (1973)

61) *W.H.Laarhoven, Th.H.J.M.Cuppen, R.J.F.Nivard*, Tetrahedron <u>30</u>, 3343 (1974)

62) *J.Tribout, R.H.Martin, M.Dogle, H.Wynberg*, Tetrahedron Lett. <u>1972</u>, 2839

62a) *H.-H.Hopf, C.Mlynek, S.El-Tamany, L.Ernst*, J.Am.Chem.Soc. <u>107</u>, 6620 (1985)

63) *M.Nakazaki, K.Yamamoto, M.Maeda*, Chem.Lett. <u>1980</u>, 1553

64) *T.J.Katz, J.Pesti*, J.Am.Chem.Soc. <u>104</u>, 346 (1982)

65a) *W.H.Laarhoven, R.G.M.Veldhurs*, Tetrahedron Lett. <u>1972</u>, 1823; *E.M. Kosower, H.Dodink, B.Thulin, O.Wennerström*, Acta Chem.Scand. <u>B31</u>, 526 (1977);

 b) *B.Thulin, O.Wennerström*, Acta Chem.Scand. <u>B30</u>, 688 (1976); *E.M. Kosower, H.Dodink, B.Thulin, O.Wennerström, ebenda* <u>B31</u>, 526 (1977)

 c) *D.N.Leach, H.A.Reiss*, J.Org.Chem. <u>43</u>, 2484 (1978). *B.Thulin, O. Wennerström*, Tetrahedron Lett. <u>1977</u>, 929

66) *D.Hellwinkel*, Chem.-Ztg. <u>94</u>, 715 (1970); siehe auch: *E.Clar*, "Polycyclic Hydrocarbons", Academic Press, New York, N.Y. 1964

67) *W.E.Barth, R.G.Lawton*, J.Am.Chem.Soc. <u>88</u>, 380 (1966); *W.E.Barth, R.G.Lawton, ebenda* <u>93</u>, 1730 (1971)

68) *R.Scholl, K.Meyer*, Ber.Dtsch.Chem.Ges. <u>65</u>, 902 (1932); *E.Clar, M. Zander*, J.Chem.Soc. <u>1957</u>, 4616; *J.R.Davy, J.A.Reiss*, J.Chem.Soc., Chem.Commun. <u>1973</u>, 806; *J.M.Robertson, J.G.White*, J.Chem.Soc. <u>1945</u>, 607

69) *K.Yamamoto, T.Harada, M.Nakazaki, T.Naka, Y.Kai, S.Harada, N.Kasai*, J.Am.Chem.Soc. <u>105</u>, 7171 (1983)

70) *J.H.Dopper, H.Wynberg*, J.Org.Chem. <u>40</u>, 1957 (1975)

71) *J.H.Dopper, D.Oudman, H.Wynberg*, J.Org.Chem. <u>40</u>, 3398 (1975)

72a) *M.Joly, N.Defay, R.H.Martin, J.P.Declerq, G.Germain, B.Soubrier-Payen, M.van Meersche*, Helv.Chim.Acta <u>60</u>, 537 (1977);

366   Literaturhinweise und Anmerkungen

b) *H.A.Staab, F.Diederich, V.Caplar,* Liebigs Ann.Chem. 1983, 2262

73) *A.Numan, H.Wynberg,* Tetrahedron Lett. 1975, 1097

74) *M.Nakazaki, K.Yamamoto, T.Ikeda, T.Kitsuki, Y.Okamoto,* J.Chem. Soc., Chem.Commun. 1983, 787

75) Der Kronenring in (M)-(-)-43 hat P-Helicität, der in (M)-(-)-44 M-Helicität!

76) *C.H.Goedicke, H.Stegemeyer,* Tetrahedron Lett. 1970, 937

77) *D.A.Lightner, D.T.Helfelfinger, J.W.Power, G.W.Frank, K.N.True-blood,* J.Am.Chem.Soc. 92, 7218 (1970); *W.S.Brickel, A.Brown, C.M. Kemp, S.F.Mason,* J.Chem.Soc.(A) 71, 756; *W.Hug, G.Wagniere,* Tetrahedron 38, 1241 (1972)

78) *E.P.Kyba, M.G.Siegel, L.R.Sousa, G.D.Y.Sogah, D.J.Cram,* J.Am. Chem.Soc. 95, 2691 (1973)

79) *J.M.Lehn, C.Sirlin,* J.Chem.Soc., Chem.Commun. 1978, 949

80) *W.D.Curtis, D.A.Laidler, J.F.Stoddart, G.H.Jones,* J.Chem.Soc., Perkin Trans. I, 1977, 1756; und weitere Veröffentlichungen [83]

81) *J.G.de Veris, R.M.Kellog,* J.Am.Chem.Soc. 101, 2759 (1979)

82) *F.Wudl, F.Gaeta,* J.Chem.Soc., Chem.Commun. 1972, 107

83) Übersicht: *S.T.Jolley, J.S.Bradshaw, R.M.Izatt,* Heterocycl.Chem. 19, 3 (1982)

84a) *G.Gottarelli, M.Hilbert, M.Samori, G.Solladie, G.P.Spada, R.Zimmermann,* J.Am.Chem.Soc. 105, 7318 (1983);

b) *J.Jacques, C.Forquey, R.Viterbo,* Tetrahedron Lett. 1971, 4617

85) *S.Sakane, J.Fujiwara, K.Maruoka, H.Yamamoto,* J.Am.Chem.Soc. 105, 6154 (1983)

86) *V.Prelog, S.Mutak,* Helv.Chim.Acta. 66, 2274 (1983); *V.Prelog, S.Mutak, K.Kovacevic,* ebenda 66, 2279 (1983)

87) *F.Vögtle, J.Struck, H.Puff, P.Woller, H.Reuter,* J.Chem.Soc., Chem. Commun. 1986, 1248

88) *F.Vögtle, K.Mittelbach, J.Struck,* J.Chem.Soc., Chem.Commun. 1989, 65

Literatur zu Abschnitt 4.1:
Triptycen und Iptycene

1) *E.Clar*, Ber.Dtsch.Chem.Ges. 64B, 1676 (1931)

2) *P.D.Bartlett, M.J.Ryan, S.G.Cohen*, J.Am.Chem.Soc. 64, 2649 (1942)

3) *A.C.Craig, C.F.Wilcox, Jr.*, J.Org.Chem. 24, 1619 (1959)

4) *W.Theilacker, U.Berger-Brose, K.H.Beyer*, Chem.Ber. 93, 1658(1960)

5) *P.D.Bartlett, S.G.Cohen, J.D.Cotman, Jr., N.Kornblum, J.R.Landry, E.S.Lewis*, J.Am.Chem.Soc. 72, 1003 (1950)

6) *P.D.Bartlett, F.D.Greene*, J.Am.Chem.Soc. 76, 1088 (1954)

7) *W.Theilacker, K.-H.Beyer*, Chem.Ber. 94, 2968 (1961)

8) *G.Wittig, R.Ludwig*, Angew.Chem. 68, 40 (1956)

9) *G.Wittig, E.Benz*, Chem.Ber. 91, 873 (1958)

10) *G.Wittig*, Org.Synth., Coll.Vol. IV/2, S. 964

11) *G.Wittig, E.Benz*, Angew.Chem. 70, 166 (1958)

12) *G.Wittig, E.Benz*, Tetrahedron 10, 37 (1960)

13) *G.Wittig, H.Härle, E.Knaus, K.Niethammer*, Chem.Ber. 93, 951 (1960)

14) *G.Wittig, R.W.Hoffmann*, Angew.Chem. 73, 435 (1961)

15) *G.Wittig, R.W.Hoffmann*, Chem.Ber. 95, 2718 (1962)

16) *E.Le Goff*, J.Am.Chem.Soc. 84, 3786 (1962)

17) *H.Guenther*, Chem.Ber. 96, 1801 (1963)

18) *T.E.Stevens*, J.Org.Chem. 33, 855 (1968)

19) *A.T.Fanning, Jr., G.R.Bickford, T.D.Roberts*, J.Am.Chem.Soc. 94, 8505 (1972)

20) *L.Friedman, F.M.Logullo*, J.Am.Chem.Soc. 85, 1549 (1963)

21) *M.Stiles, R.G.Miller, U.Burckhardt*, J.Am.Chem.Soc. 85, 1792 (1963)

22) *L.Friedman, F.M.Logullo*, J.Org.Chem. 34, 3089 (1969)

23) *W.Theilacker, K.Albrecht, H.Uffmann*, Chem.Ber. 98, 428 (1965)

24) *P.D.Bartlett, F.D.Greene*, J.Am.Chem.Soc. 76, 1088 (1954)

25) *K.G.Kidd, G.Kotowycz, T.Schaefer*, Can.J.Chem. 45, 2155 (1967)

26) *R.K.Harris, R.H.Newman*, Mol.Phys. 38, 1315 (1979)

27) *R.G.Hazell, G.S.Pawley, C.E.L.Petersen*, Mol.Struct. 1, 319 (1971)

28) *W.Anzenhofer, J.J.de Boer*, Z.Kristallogr. 131, 103 (1970)

28a) *N.Sakabe, K.Sakabe, K.Ozeki-Minakata, J.Tanaka*, Acta Cryst. B28, 3441 (1972)

368   Literaturhinweise und Anmerkungen

29) *M.I.Bruce*, Chem.Commun. 1967, 593
30) *T.Goto, A.Tatematsu, Y.Hata, R.Muneyuki, H.Tanida, K.Tori*, Tetrahedron 22, 2213 (1966)
31) *P.D.Bartlett, E.S.Lewis*, J.Am.Chem.Soc. 72, 1005 (1950)
32) *R.Huisgen, C.Rüchardt*, Liebigs Ann.Chem. 601, 1(1956)
33) *G.Wittig, U.Schöllkopf*, Tetrahedron 3, 91 (1958)
34) *G.Wittig, W.Tochtermann*, Liebigs Ann.Chem. 660, 23 (1962)
35) *G.Molle, J.-E.Dubois, P.Bauer*, Tetrahedron Lett. 1978, 3177
36) *A.Streitwieser, Jr., R.A.Caldwell, M.R.Granger*, J.Am.Chem.Soc. 86, 3578 (1964)
37) *W.Theilacker, E.Möllhoff*, Angew.Chem. 74, 781 (1962)
38) *C.J.Paget, A.Burger*, J.Org.Chem. 30, 1329 (1965)
39) *B.H.Klandermann, W.C.Perkins*, J.Org.Chem. 34, 630 (1969)
40) *V.K.Shalaev, W.C.Getmanova, V.R.Skvarchenko*, Vestn.Mosk.Univ., Khim. 14, 740 (1973)
41) *V.K.Shalaev, V.R.Skvarchenko*, Vestn.Mosk.Univ.Khim. 15, 726 (1974)
42) *V.R.Skarchenko, I.I.Brunovlenskaya, A.M.Novikov, R.Y.Levina*, Zh. Org.Khim. 6, 1501 (1970); *V.R.Skarchenko, I.I.Brunovlenskaya, K.F. Abdulla, T.M.Vereshchagina, R.Y.Levina*, Zh.Org.Khim. 7, 1948 (1971); *B.H.Nguyen, V.R.Skarchenko*, Vestn.Mosk.Univ.Khim. 15, 330 (1974)
43) *F.Vögtle, P.Koo Tze Mew*, Angew.Chem. 90, 58 (1978); Angew. Chem., Int.Ed.Engl. 17, 60 (1978)
44) *E.Hoffmeister, J.E.Kropp, R.H.Michel, W.L.Rippie*, U.S.At.Energy Comm.Publ. 1967, 233
45) *Y.Kawada, H.Iwamura*, J.Org.Chem. 45, 2547 (1980)
46) *L.H.Schwartz, C.Koukotas, C.S.Yu*, J.Am.Chem.Soc. 99, 7710 (1977)
47) *G.Yamamoto, M.Oki*, J.Chem.Soc., Chem.Commun. 1974, 713; *M.Nakamura, M.Oki*, Bull.Chem.Soc.Jpn. 48, 2106 (1975)
48) *B.H.Klandermann*, J.Am.Chem.Soc. 87, 4649 (1965)
49) *H.Iwamura*, Chem.Lett. 1974, 5
50) *N.J.Turro, M.Tobin, L.Friedman, J.B.Hamilton*, J.Am.Chem.Soc. 91, 516 (1969)
51) *R.L.Pohl, B.R.Willeford*, J.Organomet.Chem. 23, C45 (1970)
52) *G.A.Moser, M.D.Rausch*, Syn.React.Inorg.Metal-Org. 4, 37 (1974)
53) *R.A.Gancarz, J.F.Blount, K.Mislow*, Organometallics 4, 2028 (1985)
54) *P.W.Rabideau, D.W.Jessup, J.W.Ponder, G.F.Beckman*, J.Org.Chem. 44, 4594 (1979)

55) *C.Morandi, E.Mantica, D.Botta, M.T.Gramegna*, Tetrahedron Lett. <u>1973</u>, 1141; *M.Farina, C.Morandi, E.Mantica, D.Botta*, J.Org.Chem. <u>42</u>, 2399 (1977)

56) *H.Iwamura, K.Makino*, J.Chem.Soc., Chem.Commun. <u>1978</u>, 720

57) *G.A.Russel, N.K.Suleman, H.Iwamura, O.W.Webster*, J.Am.Chem.Soc. <u>103</u>, 1560 (1981)

58) *V.R.Skvarchenko, V.K.Shalaev*, Dokl.Akad.Nauk SSSR, Ser.Khim. (Engl. Transl.) <u>216</u>, 307 (1974)

59) *H.Hart, A.Bashier-Hashemi, J.Luo, M.A.Meador*, Tetrahedron <u>42</u>, 1641 (1986)

60) *H.Hart, S.Shamouilian, Y.Takehira*, J.Org.Chem. <u>46</u>, 4427 (1981); *C. F.Huebner, R.T.Puckett, M.Brzechfta, S.L.Schwartz*, Tetrahedron Lett. <u>1970</u>, 359

61) *A.Bashier-Hashemi, H.Hart, D.L.Ward*, J.Am.Chem.Soc. <u>108</u>, 6675 (1986)

62) *A.Bashier-Hashemi, H.Hart, D.L.Ward*, J.Am.Chem.Soc. <u>108</u>, 6675 (1986); vgl. auch Lit. [63]

63) *A.Bashier-Hashemi, H.Hart, D.L.Ward*, J.Am.Chem.Soc. <u>110</u>, 5237 (1988)

64) *G.Wittig, G.Steinhoff*, Angew.Chem. <u>75</u>, 453 (1963)

65) *C.Jongsma, J.P.De Kleijn, F.Bickelhaupt*, Tetrahedron <u>30</u>, 3465 (1974)

66) *H.Vermeer, P.C.J.Kevenaar, F.Bickelhaupt*, Liebigs Ann.Chem. <u>763</u>, 155 (1972)

67) *C.Jongsma, J.J.De Kok, R.J.M.Weustink, M.Van der Ley, J.Bulthuis, F.Bickelhaupt*, Tetrahedron <u>33</u>, 205 (1977)

68) *N.A.A.Al-Jabar, D.Bowen, A.G.Massey*, J.Organomet.Chem. <u>295</u>, 29 (1985)

69) *F.G.Mann, F.C.Baker*, J.Chem.Soc. <u>1952</u>, 4142

70) *C.M.Woodward, G.Hughes, A.G.Massey*, J.Organomet.Chem. <u>112</u>, 9 (1976)

71) *N.A.A.Al-Jabar, A.G.Massey*, J.Organomet.Chem. <u>287</u>, 57 (1985)

Literatur zu Abschnitt 4.2:

Methanonaphthalen

1) *R.J.Bailey, H.Shechter*, J.Am.Chem.Soc. 96, 8116 (1974)

2) *E.Ayers*, Brit.Pat. 394, 511 (29. Juni 1933) [Chem.Abstr. 28, 181 (1934)]

3a) *A.J.Gordon*, J.Org.Chem. 35, 4261 (1970);

b) *D.C.de Jongh, G.N.Evenson*, Tetrahedron Lett. 1971, 4093

4a) *R.W.Hoffmann, W.Sieber*, Angew.Chem. 77, 810 (1965); Angew.Chem, Int.Ed.Engl. 4, 786 (1965);

b) *R.W.Hoffmann, W.Sieber*, Liebigs Ann.Chem. 703, 96 (1967)

5a) *E.M.Burgess, R.Carithers, McCullagh*, J.Am.Chem.Soc. 90, 1923 (1968);

b) *W.Reid, H.Lowasser*, Liebigs Ann.Chem. 683, 118 (1965);

c) *D.C.de Jongh, R.Y.Van Fossen*, Tetrahedron 28, 3603 (1972)

6a) *W.D.Crow, C.Wentrup*, J.Chem.Soc., Chem.Commun. 1968, 1026;

b) *P.Flowerday, M.J.Perkins*, J.Chem.Soc., Chem.Commun. 1970, 298;

c) *D.C.de Jongh, G.N.Evenson*, J.Org.Chem. 37, 2152 (1972)

7) *T.A.Engler, H.Shechter*, Tetrahedron Lett. 23, 2715 (1982)

8) *L.S.Yang, T.A.Engler, H.Shechter*, J.Chem.Soc., Chem.Commun. 1983, 866

9) *J.Meinwald, S.Knapp*, J.Am.Chem.Soc. 96, 6532 (1974)

10) *J.Meinwald, S.Knapp*, J.Am.Chem.Soc. 98, 6643 (1976)

11) *J.Nakayama, T.Fukushima, E.Seki, M.Hoshino*, J.Am.Chem.Soc. 101, 7684 (1979)

12) *M.Gessner, P.Card, H.Shechter, C.G.Christoph*, J.Am.Chem.Soc. 99, 2371 (1977)

13) *D.W.Cruickshank*, Acta Crystallogr. 10, 504 (1957)

14) *H.W.W.Ehrlich*, Acta Crystallogr. 10, 699 (1957)

15) *R.J.Bailey, P.J.Card, H.Shechter*, J.Am.Chem.Soc. 105, 6096, 6104 (1983)

16) *F.E.Friedli, H.Shechter*, J.Org.Chem. 50, 5710 (1985)

17) *H.C.Brown, J.H.Brewster, H.Shechter*, J.Am.Chem.Soc. 76, 467 (1954)

18) *J.R.Sampey, J.M.Cox, A.B.King*, J.Am.Chem.Soc. 71, 3697 (1949)

Literatur zu Abschnitt 4.3:
[2.2.2](1,3,5)Cyclophane

1) Phan-Bezeichnung: [2.2.2](1,3,5)Cyclophan; IUPAC-Bezeichnung: Tetracyclo[6.6.2.1^{3,13}.1^{6,10}]octadeca-1,3(17),6(18),7,9,13-hexaen

2) Phan-Bezeichnung: [2.2.2](1,3,5)Cyclophan-1,9,17-trien; IUPAC-Bezeichnung: Tetracyclo[6.6.2.1^{3,13}.1^{6,10}]octadeca-1,3(17),4,6(18),7,9,11,-13,15-nonaen

3) M.Nakazaki, K.Yamamoto, Y.Miura, J.Org.Chem. 43, 1041 (1978)

4) C.J.Brown, A.C.Farthing, Nature (London) 164, 915 (1949)

5) D.J.Cram, H.Steinberg, J.Am.Chem.Soc. 73, 5691 (1951)

6) D.J.Cram, R.A.Reeves, J.Am.Chem.Soc. 80, 3094 (1958)

7) A.J.Hubert, J.Dale, J.Chem.Soc. C, 1965, 3160

8) F.Vögtle, Chemiker-Ztg. 95, 668 (1971)

9) F.Vögtle, Liebigs Ann.Chem. 735, 193 (1970)

10) F.Vögtle, L.Rossa, Angew.Chem. 91, 534 (1979); Angew.Chem., Int. Ed.Engl. 18, 515 (1979)

11) V.Boekelheide, R.A.Hollins, J.Am.Chem.Soc. 92, 3512 (1970)

12) R.F.Borch, J.Org.Chem. 34, 627 (1969)

13) V.Boekelheide, R.A.Hollins, J.Am.Chem.Soc. 95, 3201 (1973)

14) B.Kovac et al., J.Am.Chem.Soc. 102, 4314 (1980); V.Boekelheide, W. Schmidt, Chem.Phys.Lett. 17, 410 (1972); E.Heilbronner, Z.Yang, Top.Curr.Chem. 115, 3 (1983)

15) C.L.Coulter, K.N.Trueblood, Acta Crystallogr. B16, 667 (1963)

16) A.W.Hanson, H.Röhrl, Acta Crystallogr. B28, 2287 (1972)

17) A.W.Hanson, Acta Crystallogr. B33, 2003 (1977)

18) A.W.Hanson, T.S.Cameron, J.Chem.Res. (S) 1980, 336; (M) 1980, 4201; C.J.Brown, J.Chem.Soc. 1953, 3265

19) J.Kleinschroth, H.Hopf, Angew.Chem. 94, 485 (1982)

20) R.Gray, V.Boekelheide, Angew.Chem. 87, 138 (1975)

21) P.F.T.Schirch, V.Boekelheide, J.Am.Chem.Soc. 101, 3125 (1979)

22) Y.Sekine, V.Boekelheide, J.Am.Chem.Soc. 101, 1326 (1979)

23) Y.Sekine, V.Boekelheide, J.Am.Chem.Soc. 103, 1777 (1981)

24) F.Vögtle, P.Neumann, Angew.Chem. 84, 75 (1972); Angew.Chem., Int. Ed.Engl. 11, 73 (1972)

25) M.Hisatome, J.Watanabe, K.Yamakawa, Y.Iitaka, J.Am.Chem.Soc. 108, 1333 (1986)

372   Literaturhinweise und Anmerkungen

26) *G.Hohner, F.Vögtle,* Chem.Ber. <u>110</u>, 3052 (1977)

27) *W.Kißener, F.Vögtle,* Angew.Chem. <u>97</u>, 782 (1985); Angew.Chem., Int.
     Ed.Engl. <u>24</u>, 794 (1985)

Literatur zu Abschnitt 4.4:
Superphan

1) *F.Vögtle, P.Neumann,* Angew.Chem. <u>84</u>, 75 (1972); Angew.Chem., Int.
    Ed.Engl. <u>11</u>, 73 (1972)

2) *R.D.Stevens,* J.Org.Chem. <u>38</u>, 2260 (1973)

3) *J.A.Gladysz, J.G.Fulcher, S.J.Lee, A.B.Bocavsley,* Tetrahedron Lett.
    <u>1977</u>, 3421

4) *Y.Sekine, M.Brown, V.Boekelheide,* J.Am.Chem.Soc. <u>101</u>, 3126 (1979)

5) *H.Hopf,* erwähnt in Lit. [4]; vgl. *A.Nickon, E.Silversmith:* Organic
    Chemistry: The Name Game. Pergamon Press, New York 1987

6) *Y.Sekine, V.Boekelheide,* J.Am.Chem.Soc. <u>103</u>, 1777 (1981)

7a) Übersichten über [2...]Phane: *B.H.Smith,* "Bridged Aromatic Com-
    pounds", Academic Press, New York 1964;

b) *D.J.Cram, J.M.Cram,* Acc.Chem.Res. <u>4</u>, 204 (1971);

c) *F.Vögtle, P.Neumann,* Synthesis <u>1973</u>, 85;

d) *S.Misumi, T.Otsubo,* Acc.Chem.Res. <u>11</u>, 251 (1978);

e) *F.Vögtle, G.Hohner,* Top.Curr.Chem. <u>74</u>, 1 (1978);

f) Übersicht:*V.Boekelheide* in: *Th.Lindberg* (Hrsg.), Strategies and Tac-
    tics in Organic Synthesis, Academic Press Inc., London 1984, S. 1 -
    19

8) *E.Heilbronner, Z.Yang,* Top.Curr.Chem. <u>115</u>, 1 (1983); *F.Gerson,*
    ebenda <u>115</u>, 57 (1983); vgl. *V.Boekelheide,* Top.Curr.Chem. <u>113</u>, 87
    (1983); sowie *H.Hopf,* in "Cyclophanes", (Hrsg. *P.M.Keehn, S.M.Ro-
    senfeld)* Academic Press, New York - London 1983

9a) *F.Vögtle,* Chemiker-Ztg. <u>96</u>, 396 (1972);

b) *W.Baker, J.F.W.McOmie, W.D.Ollis,* J.Chem.Soc. <u>1951</u>, 200;

c) *D.A.Laidler, J.F.Stoddart* in: "The chemistry of ethers, crown ethers,
    hydroxyl groups and their sulphur analogues" (*S.Patai,* Hrsg.), Part I,
    Suppl. E, John Wiley and Sons, Chichester, New York, Brisbane, To-
    ronto 1980, S. 1-15;

d) *J.Buter, R.M.Kellog,* J.Chem.Soc., Chem.Commun. <u>1980</u>, 466;

e) *W.H.Kruizinga, R.M.Kellog,* J.Am.Chem.Soc. <u>103</u>, 5183 (1981);

f) *F.Vögtle*, *B.Klieser*, Synthesis 1982, 294

10) *F.Vögtle*, Angew.Chem. 81, 258 (1969); Angew.Chem., Int.Ed.Engl. 8, 274 (1969)

11) *M.P.Cava*, *A.A.Deana*, J.Am.Chem.Soc. 81, 4266 (1959)

12) *F.R.Jensen*, *W.E.Coleman*, *A.J.Berlin*, Tetrahedron Lett. 1962, 15

13) *A.Rieche*, *H.Gross*, *E.Höft*, Chem.Ber. 93, 88 (1960)

14) *H.Hopf*, Nachr.Chem.Tech.Lab. 28, 311 (1980)

15) *E.A.Truesdale*, *D.J.Cram*, J.Am.Chem.Soc. 95, 5825 (1973)

16) *S.El-Tamany*, *H.Hopf*, Chem.Ber. 116, 1682 (1983); *W.D.Rohrbach*, *R. Sheley*, *V.Boekelheide*, Tetrahedron 40, 4823 (1984)

17) *J.Kleinschroth*, *S.El-Tamany*, *H.Hopf*, *J.Bruhin*, Tetrahedron Lett. 23, 3345 (1982)

18) *J.L.Marshall*, *B.-H.Song*, J.Org.Chem. 39, 1342 (1974)

19) *R.Gray*, *V.Boekelheide*, J.Am.Chem.Soc. 101, 2128 (1979)

20) *H.Iwamura*, *M.Katoh*, *H.Kihara*, Tetrahedron Lett. 1980, 1757

21) *W.Kißener*, *F.Vögtle*, Angew.Chem. 97, 782 (1985); Angew.Chem., Int. Ed.Engl. 24, 794 (1985)

22) *N.Sendhhoff*, *K.-H.Weißbarth*, *F.Vögtle*, Angew.Chem. 99, 794 (1987); *N.Sendhhoff*, *W.Kißener*, *F.Vögtle*, *S.Franken*, *H.Puff*, Chem.Ber. 121, 2179 (1988)

23) *M.Misatome*, *J.Watanabe*, *K.Yamakawa*, *Y.Iitaka*, J.Am.Chem.Soc. 108, 1333 (1986)

24) *R.Gleiter*, *M.Karcher*, *M.L.Ziegler*, *B.Nuber*, Tetrahedron Lett. 28, 195 (1987); Angew.Chem. 100, 851 (1988)

Literatur zu Abschnitt 5.1:
Tröger-Base

1) *J.Tröger*, J.prakt.Chem. 36, 227 (1887)

2) *W.Löb*, Z.Elektrochem. 4, 428 (1898)

3) *E.Goecke*, Z.Elektrochem. 9, 470 (1903)

4a) *R.Lepetit*, *C.Maimeri*, Atti accad.Lincei 26, 558 (1917);

b) *R.Lepetit*, *G.Maffei*, *C.Maimeri*, Gazz.Chim.Ital. 57, 862 (1927)

5) *A.Eisner*, *E.C.Wagner*, J.Am.Chem.Soc. 56, 1938 (1934)

6) *M.A.Spielman*, J.Am.Chem.Soc. 57, 583 (1935)

7a) *E.C.Wagner*, J.Am.Chem.Soc. 57, 1296 (1935);

b) *T.R.Miller*, *E.C.Wagner*, ebenda 63, 832 (1941);

c)   *E.C.Wagner*, J.Org.Chem. 19, 1862 (1941)

8)   *F.C.Cooper, M.W.Partrige*, J.Chem.Soc. 1955, 991

9)   *W.V.Farrar*, J.Appl.Chem. 14, 389 (1964)

10) *V.Prelog, P.Wieland*, Helv.Chim.Acta 27, 1127 (1944)

11) *B.M.Wepster*, Rec.Trav.Chim.Pays-Bas 72, 661 (1953)

12) *M.Aroney, L.H.Chia, R.J.-W.Le Fèvre*, J.Chem.Soc. 1961, 4144

13) *E.Weber, U.Müller, D.Worsch, F.Vögtle, G.Will, A.Kirfel*, J.Chem. Soc., Chem.Comm. 1985, 1578

14a) *C.S.Wilcox*, Tetrahedron Lett. 26, 5749 (1985);

b)   *S.B.Larson, C.S.Wilcox*, Acta Crystallogr. B42, 224 (1986)

15a) *J.Meisenheimer, L.Angermann, O.Finn, E.Vieweg*, Chem.Ber. 57, 1747 (1924);

b)   *J.Meisenheimer, W.Theilacker* in: *K.Freudenberg*, Stereochemie, *Deuticke*, Wien 1933

16) *G.Hesse, R.Hagel*, Chromatographia 6, 277 (1973)

17) *K.R.Lindner, A.Mannschreck*, J.Chromatogr. 193, 308 (1980)

18) *Y.Okamoto, I.Okamoto, H.Yuki*, Chem.Lett. 1981, 835

19) *O.Cervinka, A.Fábryová, V.Novák*, Tetrahedron Lett. 1966, 5375

20a) *S.F.Mason, K.Schofield, R.J.Wells, J.S.Whitehurst, G.W.Vane*, Tetrahedron Lett. 1967, 137;

b)   *S.F.Mason, G.W.Vane, K.Schofield, R.J.Wells, J.S.Whitehurst*, J.Chem. Soc.(B) 1967, 553

21) *M.Härig*, Helv.Chim.Acta 46 (3), 2970 (1963)

22) *T.R.Miller, E.C.Wagner*, J.Am.Chem.Soc. 63, 832 (1941)

23) *L.I.Smith, W.M.Schubert*, J.Am.Chem.Soc. 70, 2656 (1948)

24) *M.Fukae, T.Inazu*, J.Incl.Phenom. 2, 223 (1984)

25) *U.Müller*, Dissertation Univ. Bonn, 1986

26) *C.S.Wilcox, M.D.Cowart*, Tetrahedron Lett. 27, 5563 (1986)

Literatur zu Abschnitt 5.2:
Acetylsalicylsäure

1)   *H.L.Karcher*, Ein Hausmittel voller Überraschungen. Bild der Wissenschaft 1983 (3), 100

2)   Aspirin®, ein Jahrhundertpharmakon. Bayer AG, Leverkusen, 1983. Red.: Dr. med. *R.Alstaedter*, Köln

3)   *R.Jaretzky*, Lehrbuch der Pharmakognosie. Vieweg, Braunschweig

1949, 2.Aufl., S.87

4) *E.Steinegger, R.Hänsel*, Lehrbuch der Pharmakognosie. 3.Aufl., Springer Verlag, Berlin, Heidelberg, New York 1972,

5) *D.Lednicer, L.A.Mitscher*, The Organic Chemistry of Drug Synthesis, Wiley, New York, London, Sidney, Toronto 1977

6) *H.Kolbe*, Am.Chem.Pharm. 113, 125 (1860)

7) *Römpps* Chemie-Lexikon. 8.Aufl., 1979, S.47f., Acetylsalicylsäure

8) *I.Raskin, H.Ehmann, W.R.Melander, B.J.D.Meeuse*, Science 237, 1601 (1987), siehe auch Chemie Unserer Zeit 21, 209 (1987)

9) Ullmanns Enzyklopädie der technischen Chemie, 4.Aufl., Verlag Chemie, Weinheim, Bd. 7, S.542 (1974); Bd. 20, S.299ff (1981)

10a) Beilstein, EIII 10, S.102ff.;

b) ebenda EIV 10, S.138f

11) *P.J.Wheatley*, J.Chem.Soc. 1964, 6036

12) *H.Hess:* Tabletten, von ganz nah betrachtet. Pharmazie Unserer Zeit 6, 131 (1977)

13) *K.-H.Beyer*, Biotransformation der Arzneimittel, Wissenschaftliche Verlagsgesellschaft mbH, Stuttgart 1975, S.300f

14) *G.Fülgraff, D.Palm* (Hrsg.), Pharmakotherapie, Klinische Pharmakologie, 4.Aufl., Fischer, Stuttgart 1982

15) *S.Pfeiffer, H.-H.Borchert*, Biotransformation von Arzneimitteln, Verlag Chemie, Weinheim, Deerfield Beach, Basel 1983

16) *E.Bamann, E.Ullmann*, Chemische Untersuchung von Arzneigemischen, Arzneispezialitäten und Giftstoffen. Institut für Pharmazie und Lebensmittelchemie der Univ. München, 1951

17) *W.Wirth, Ch.Gloxhuber*, Toxikologie, 3.Aufl., Thieme Verlag, Stuttgart 1981, S.228

18) *W.Forth, D.Henschler, W.Rummel*, Allgemeine und spezielle Pharmakologie und Toxikologie, 3.Aufl., Mannheimer Bibliographisches Institut, 1980

19) *J.R.Vane*, Nature New Biol. 231, 232 (1971)

20) Selecta Nr. 29, Juli 1982, S.2926 ff. Bericht von *H.L.Karcher* über das Symposium "New Perspectives of Aspirin Therapy" der Aspirin Foundation of America

21) *J.L.Sullivan*, Lancet 1981/I, 1293; J.Am.Med.Ass. 247, 751(1982)

22) *O.E.Schultz, J.Schnekenburger*, Einführung in die Pharmazeutische Chemie, Verlag Chemie, Weinheim, Deerfield Beach, Basel 1984

23) *L.Stryer*, Biochemistry. 2.Aufl., W.H.Freemann, San Francisco 1981

24) *C.Walsh*, Enzymatic Reaction Mechanisms. W.H.Freemann, San Francisco 1979

25) *T.M.Devlin* (Hrsg.), Textbook of Biochemistry with clinical correlation, Wiley, New York, Chichester, Brisbane, Toronto, Sydney 1982

26) *K.Jungermann, H.Möhler*, Biochemie. Springer, Berlin, Heidelberg, New York 1980

27) Acetylation of Human Serum Albumin by ASS. *D.Hawkins, R.N. Pinckard, R.S.Fahr*, Science 160, 780 (1968)

28) Bayer Herz-Kreislauf-Forschung, Tradition und Fortschritt. Bayer AG, Leverkusen, 1985. Redaktion: *Dr.R.Alstaedter*, Köln, S.41ff

29) Physicians Health Study, Harvard Medical School and Brigham and Womens Hospital Boston, N.Engl.J.Med. 318, 262 (1988)

30) Neuere Übersicht über diese und andere Wirkungen der ASS: *Th. Ewe*, "Das große Staunen über Aspirin". Bild der Wissenschaft 1988 (12), 81

Literatur zu Abschnitt 5.3:
Vitamin B$_6$

1) *P.Walden*, 3 Jahrtausende Chemie. Wilhelm Limpert Verlag, Berlin 1944

2) *G.György*, Biochem.J. 29, 741, 760, 767 (1935)

3) *P.György*, Biochem.J. 30, 304 (1936)

4) *R.Kuhn, G.Wendt*, Ber.Dtsch.Chem.Ges. 71, 780 (1938)

5) *J.C.Kerestesy, J.R.Stevens*, J.Am.Chem.Soc. 60, 1267 (1938)

6) *S.A.Harris, K.Folkers*, J.Am.Chem.Soc. 61, 1245 (1939)

7) *K.Westphal, G.Wendt*, Ber.Dtsch.Chem.Ges. 72, 305 (1939)

8) *E.T.Stiller, K.Folkers*, J.Am.Chem.Soc. 61, 1237 (1939)

9) *J.Yonalt*, Biochem.J. 68, 193 (1958)

10) *S.Romain*, Bull.Soc.Pharm.Bordeaux 97, 109, 111 (1958)

11) *E.T.Stiller, K.Folkers*, J.Am.Chem.Soc. 61, 1242 (1939)

12) Siehe *K.Westphal, G.Wendt, O.Westphal*, Naturwissenschaften 27, 469 (1939)

13) *J.Fragner*, Vitamine. Bd.2, Chemie und Biochemie, Fischer Verlag, Jena 1965

14) *N.Elming, N.Clauson-Kaas*, Acta Chem.Scand. 9, 23 (1955)

15) *E.E.Harris, R.A.Firestone, K.Pfister, R.R.Boettcher, F.J.Cross, R.B.*

Curre, M.Monaco, E.R.Peterson, W.Reuter, J.Org.Chem. 27, 2705 (1962)

16) *S.A.Harris,* J.Am.Chem.Soc. 62, 3198, 3201 (1940)

17) *W.Korytnyk, R.P.Singh,* J.Am.Chem.Soc. 85, 2813 (1963)

18) *C.Harruff, W.T.Jenkins,* Org.Magn.Res. 8, 548 (1976)

19) *H.Witherup, E.H.Abbott,* J.Org.Chem. 40, 2229 (1975)

20) *J.Longo, K.J.Franklin, M.F.Richardson,* Acta Crystallogr. B38, 2721 (1982)

21) *A.Mosset, J.J.Bonnet, J.Galy,* Acta Crystallogr. B33, 2639 (1977)

22) *A.Meister,* Biochemistry of the Amino Acids, Vol.I, Academic Press, New York, London 1965

23) *M.Blum, J.W.Thanassi,* Bioorg.Chem. 6, 31 (1977)

24) *J.Vederas, H.G.Floss,* Acc.Chem.Res. 13, 455 (1980)

24a) Neue Übersicht: *A.E.Martell,* Acc.Chem.Res. 22, 115 (1989)

25) *S.P.S.Rao, K.J.Varughese, H.Manohar,* Inorg.Chem. 25, 734 (1986); Neue Übersicht: *M.H.O'Leary,* Acc.Chem.Res. 21, 450 (1988)

26) *A.E.Martell, P.Taylor,* Inorg.Chem. 23, 2734 (1984)

Literatur zu Abschnitt 5.4:
Phthalocyanine und Schlußbetrachtung

1) *D.Wöhrle, G.Meyer,* Kontakte (Darmstadt) 1985 (3), 38

2) *D.Wöhrle,* Kontakte (Darmstadt) 1986 (1), 24

3) *P.Sayer, M.Gouterman, Ch.R.Connell,* Acc.Chem.Res. 15, 73 (1982)

4) *A.Braun, J.Tscherniak,* Ber.Dtsch.Chem.Ges. 40, 2711 (1907)

5) *H.de Diesbach, E.von der Weid,* Helv.Chim.Acta 10, 886 (1927)

6) *R.P.Linstead,* Ber.Dtsch.Chem.Ges. A72, 93 (1939); dort Hinweise auf frühere Arbeiten

6a) z.B. *S.Sarigül, Ö.Bekârogen,* Chem.Ber. 122, 291 (1989)

7) *J.M.Robertson,* J.Chem.Soc. 1935, 615; 1936, 1195; *J.M.Robertson, I. Woodward,* J.Chem.Soc. 1937, 219; 1940, 36; *R.P.Linstead, J.M.Robertson,* J.Chem.Soc. 1936, 1195; 1936, 1736

8) *J.M.Robertson,* J.Chem.Soc. 1936, 1195

9) *G.A.Williams, B.N.Figgis, R.Mason, S.A.Mason, P.Fielding,* J.Chem. Soc., Dalton 1980, 1688

10) *W.E.Bennett, D.E.Broberg, N.C.Baenziger,* Inorg.Chem. 12, 930 (1973)

378   Literaturhinweise und Anmerkungen

11) *K.J.Wynne*, Inorg.Chem. 24, 1339 (1985)

12) *A.D.Cian, M.Mousavi, J.Fischer, R.Weiß*, Inorg.Chem 24, 3162 (1985)

12a) Modifiziert in Anlehnung an *Sadtler* IR-Spektren-Atlas: 44967p, 8543k

13) *E.Rexer*, Organische Halbleiter. Akademie-Verlag, Berlin 1966; *F. Gutman, L.E.Lyons*, Organic Semiconductors. Wiley, New York, London, Sidney 1967; *H.Meier*, Organic Semiconductors, Verlag Chemie, Weinheim 1974

14) *J.Metz, M.Hanack*, J.Am.Chem.Soc. 105, 828 (1983); *A.Datz, J.Metz, O.Schneider, M.Hanack*, Synth.Metals 9, 31 (1984); *O.Schneider, M. Hanack*, Angew.Chem. 95, 804 (1983); *J.Metz, G.Pawlowski, M.Hanack*, Z.Naturforsch. 38b, 378 (1983)

15) *H.Ch.Wolf*, Nachr.Chem.Tech.Lab. 37, 350 (1989)

16) *V.Balzani*, "Supramolecular Photochemistry". Reidel, Dordrecht 1987

17) *E.Vogel, M.Köcher, H.Schmickler, J.Lex*, Angew.Chem. 98, 262 (1986); *B.Wehrle, H-H.Limbach, M.Köcher, O.Ermer, E.Vogel*, Angew.Chem 99, 914 (1987); *E.Vogel, M.Balci, K.Pramod, P.Koch, J. Lex, O.Ermer*, Angew.Chem. 99, 909 (1987); *E.Vogel, M.Köcher, M. Balci, I.Teichler, J.Lex, H.Schmickler, O.Ermer*, Angew.Chem. 99, 912 (1987)

18) *G.Knübel, B.Franck*, Angew.Chem. 100, 1203 (1988); dort Hinweise auf weitere Arbeiten

19) *D.St.C.Black, D.C.Craig, N.Kumar*, J.Chem.Soc., Chem.Commun. 1989, 425; dort Hinweise auf weitere Arbeiten zu diesen und ähnlichen Themen

20) Zu diesem und verwandten Themenkreisen vgl. *H.Eilingsfeld:* "Der sanfte Wahn - Ökologismus total". Südwestdeutsche Verlagsanstalt Mannheim, Mannheim 1989

Autorenverzeichnis

Sachverzeichnis